METODOLOGIA DO TRABALHO CIENTÍFICO

CB041244

Dados Internacionais de Catalogação da Publicação (CIP)
(Câmara Brasileira do Livro, SP, Brasil)

Severino, Antônio Joaquim, 1941 –
   Metodologia do trabalho científico / Antônio Joaquim
Severino. – 24. ed. rev. e atual. – São Paulo : Cortez, 2016

   Bibliografia
   ISBN 978-85-249-2448-4

   1. Metodologia   2. Método de estudo   3. Pesquisa
4. Trabalhos científicos   I. Título.

16-03313   CDD-001.42

Índices para catálogo sistemático:
   1. Metodologia de pesquisa   001.42
   2. Pesquisa : Metodologia   001.42

Antônio Joaquim Severino

METODOLOGIA DO TRABALHO CIENTÍFICO

24ª EDIÇÃO REVISTA E ATUALIZADA

4ª REIMPRESSÃO

 CORTEZ EDITORA

Capa: de Sign Arte Visual

Preparação: Agnaldo Alves

Revisão: Ana Paula Luccisano e Maria de Lourdes de Almeida *Composição*: MKX Editorial

Coordenação editorial: Danilo A. Q. Morales

Direitos para esta edição

CORTEZ EDITORA
Rua Monte Alegre, 1074 – Perdizes
05014-001 – São Paulo – SP
Tel.: (11) 3864-0111 Fax: (11) 3864-4290
e-mail: cortez@cortezeditora.com.br
www.cortezeditora.com.br

Impresso no Brasil – junho de 2024

A trajetória deste livro, ao longo das últimas três décadas, foi acompanhada e sustentada pelo apoio carinhoso de minha família. Aproveito então o ensejo do lançamento desta nova edição para reiterar, de público, meu agradecimento especial a minha esposa Francisca, pela dedicada parceria e rica contribuição humana e intelectual ao longo de nossa convivência. A meus filhos, noras e netos – Guilherme, Adriana, Sofia e Carolina; Orestes, Cristiane, Lucas e Vinicius; Estevão, Sirlane e Isabela – meu reconhecimento pela torcida solidária.

SUMÁRIO

Capítulo 3. Teoria e prática científica   105

Capítulo 4. A pesquisa na dinâmica da vida universitária   137

Capítulo 5. As modalidades de trabalhos científicos 211

Capítulo 6. A atividade científica na pós-graduação   225

PREFÁCIO À 24ª EDIÇÃO

Esta 24ª edição do *Metodologia do trabalho científico* reveste-se de uma significação particular por estar comemorando o seu 40º aniversário. Nascido nos idos de 1975, completa agora sua quarta década, mantendo até hoje o acolhimento que o recebeu àquela altura do tempo. Por isso, além de ajustes regulares que são feitos a cada nova edição, esta é portadora da renovação daqueles sentimentos que animaram seu nascimento, bem como de uma mensagem de novas esperanças alimentadas pelos desafios de que os tempos atuais são porta-vozes. As finalidades e objetivos do livro continuam os mesmos, que se busca assegurar mediante um investimento sistemático na orientação do trabalho acadêmico, com vistas a subsidiar o estudante universitário no seu aprendizado acadêmico. É hora de reiterar que esse apredizado só será fecundo se for conduzido mediante um efetivo processo de construção do conhecimento, o que só se dará se o estudante conseguir aprender apoiando-se numa contínua atividade de pesquisa, desenvolvida sempre sob uma postura investigativa. Assim, a pretensão substantiva do livro é subsidiar o estudante a adquirir e manter essa postura.

Cabe reiterar e insistir que todo o investimento teórico e prático com vistas a uma qualificada formação universitária só encontra sua legitimação no compromisso com uma educação que seja efetivamente uma força emancipatória. Seu compromisso fundamental é com a construção da cidadania, qualidade de vida humana digna. A formação universitária não se faz apenas como habilitação técnica, profissional e científica, no sentido estrito dessas expressões. Está necessariamente em pauta também uma dimensão ético-política. Trata-se de um equacionamento propriamente filosófico, ou seja, impõe-se explicitar qual o sentido possível da existência do homem brasileiro como pessoa situada na sua comunidade de tais contornos e em tal momento histórico. O desafio mais radical que cabe à educação brasileira é o questionamento do próprio significado do projeto civilizatório do Brasil. O país vive uma crise total de civilização e todo esforço para a articulação de um projeto político e social para a população brasileira pressupõe a discussão de questões básicas relacionadas à dignidade humana, à liberdade, à igualdade, ao valor da existência comunitária, às perspectivas de um destino comum. O projeto educacional universitário precisa ser também um projeto político, sustentado por um projeto antropológico. É por isso que não bastará à Universidade dar capacitação técnica e científica, se não contribuir significativamente para levar seus formados a uma nova consciência social.

Assim, é também por exigência ética que a educação deve se conceber e se realizar como investimento intencional sistematizado na consolidação das forças construtivas das mediações existenciais dos homens.

É isto que lhe dá, aliás, a sua qualificação ética. É por isso também que o investimento na formação e na atuação dos profissionais dos diversos campos não pode, pois, reduzir-se a uma suposta qualificação puramente técnica. Ela precisa ser também política, isto é, expressar sensibilidade às condições histórico-sociais da existência dos sujeitos envolvidos na educação. E é sendo política que a educação e a cultura se tornarão intrinsecamente éticas. O futuro da sociedade brasileira está na dependência da sua transformação em uma sociedade menos excludente.

E nesse processo, a educação, diretamente vinculada à produção econômica e à dinâmica política, terá papel relevante no compromisso de responder aos desafios da alta modernidade.

Construir o futuro, a meu ver, implica investir na educação, mas sempre na perspectiva de uma política educacional intrinsecamente voltada para os interesses humanos da sociedade, visando à superação intencional e planejada de suas forças de exclusão social. Isso nos permite aduzir que o desenvolvimento da educação numa sociedade historicamente determinada como a nossa, não é questão apenas do domínio e da aplicação de novos saberes e de tecnologias sofisticadas. E nesse compromisso da educação com a construção do futuro da sociedade brasileira, a Universidade tem papel fundamental. E ela só poderá exercê-lo se transformar em centro de ensino e extensão fundados na pesquisa.

Só assim responderá aos desafios da alta modernidade. Mas para construir a Universidade do futuro, é preciso investir na Universidade do presente.

Subsidiar, pois, uma competente preparação técnico-científica, finalidade deste manual, é apenas uma mediação para um fim mais elevado e necessário: despertar os jovens para um sentido maior de sua existência e para a solidariedade com todos os seres humanos.

Antônio Joaquim Severino
Janeiro de 2016

INTRODUÇÃO

Este livro tem por objetivo apresentar aos estudantes universitários alguns subsídios teóricos e práticos para o enfrentamento das várias tarefas que lhes serão solicitadas ao longo do desenvolvimento do processo ensino/aprendizagem de sua formação acadêmica. Trata-se, pois, de uma iniciação teórica, metodológica e prática ao trabalho científico a ser desencadeado desde o limiar da frequentação universitária. Mas, pela sua própria natureza, será eficiente ferramenta para o trabalho docente em sua interface com a aprendizagem dos alunos, podendo configurar--se como um bom roteiro para a intervenção didático-pedagógica dos professores, quaisquer que sejam suas áreas ou matérias de ensino. Além dos elementos conceituais que definem e explicam a natureza do conhecimento científico, são apresentadas diretrizes para o entendimento e a aplicação das atividades lógicas e técnicas relacionadas com a prática científica.

Com esses instrumentos, os estudantes e professores poderão conseguir maior aprofundamento na ciência, nas artes e na filosofia, o que, afinal, é o objetivo central do ensino e da aprendizagem na Universidade.

Trabalho científico é tomado aqui num sentido abrangente, envolvendo múltiplas perspectivas. De modo geral, refere-se ao processo de produção do próprio conhecimento científico, atividade epistemológica de apreensão do real; ao mesmo tempo, refere-se igualmente ao conjunto de processos de estudo, de pesquisa e de reflexão que caracterizam a vida intelectual do estudante; refere-se ainda ao relatório técnico que registra dissertativamente os resultados de pesquisas científicas, caso em que significa a própria monografia científica.

O contexto esclarecerá em que sentido a expressão está sendo usada em cada etapa do livro.

Este objetivo geral explica o movimento desenvolvido para a construção do texto. No primeiro capítulo, são apresentadas considerações sobre o sentido da formação universitária, que é entendida como tendo uma tríplice dimensão. Ela é simultaneamente formação científica, profissional e política. Visa equipar o estudante com um competente domínio do conhecimento científico, habilitá-lo tecnicamente para o exercício de uma profissão e desenvolver nele uma consciência social, de cunho analítico e crítico. Para atingir esses objetivos intrínsecos, a formação universitária conta com a ferramenta do conhecimento, a ser entendido e praticado como um processo de construção dos objetos que constituem a realidade.

No segundo capítulo, o livro trata dos principais hábitos de estudo, oferecendo diretrizes bem operacionais sobre como organizar a vida acadêmica, com destaque para os processos da leitura analítica, da leitura de documentação, das atividades didáticas, como o seminário.

Enfim, trata da utilização adequada dos instrumentos de aprendizagem que o ambiente universitário coloca à disposição dos estudantes. O terceiro capítulo aborda a fundamentação epistemológica do conhecimento científico, tratando da teoria e da prática científicas. Está em pauta uma discussão filosófica, necessariamente sucinta, sobre a natureza do método científico, sobre suas diferentes manifestações, sobre os fundamentos epistemológicos da ciência, aspectos abordados tanto pelo ângulo de sua formação histórica como pelo ângulo de sua constituição teórico-conceitual. Estas considerações visam mostrar a íntima vinculação entre fundamentos epistemológicos, procedimentos metodológicos e recursos técnicos, nos processos de pesquisa.

O quarto capítulo destina-se a apresentar a dinâmica da pesquisa, começando com a elaboração do projeto de investigação, passando pelo desenvolvimento da pesquisa e chegando à construção do relatório da pesquisa, sob a modalidade da monografia científica. Serão aí apresentadas todas as diretrizes metodológicas e técnicas para a elaboração do trabalho científico, destacando suas etapas, seus aspectos redacionais e suas diversas modalidades, no contexto mais amplo da vivência acadêmica.

O livro traz referências às fontes e aos recursos viabilizados hoje pelas novas tecnologias informatizadas da pesquisa, particularmente pela Internet e pelo computador.

Já no quinto capítulo, são apresentadas as principais modalidades que os trabalhos científicos assumem concretamente em nosso contexto acadêmico, desde o trabalho didático até a tese de doutorado. Todas essas modalidades desenham-se sobre uma estrutura lógica comum, mas adquirem feições específicas, levando-se em conta suas finalidades, níveis e configurações.

O capítulo sexto destaca a especificidade de situações da vivência nos cursos de pós-graduação, dadas as exigências próprias desse nível de ensino, em termos de profundidade, de sistematicidade e de rigor científico.

O capítulo sétimo, tratando da docência universitária, pretende explicitar a interface do ensino com a aprendizagem frente à necessária unidade do processo de construção do conhecimento. Deste ponto de vista, a ideia básica do capítulo é a íntima relação entre ensino e pesquisa, ou seja, do mesmo modo que o aluno só aprende construindo o conhecimento, também o professor só ensina eficazmente fundando sua atividade docente numa constante postura investigativa.

Em algumas etapas do texto, conceitos e categorias foram destacadas para enfatizar sua significação e relevância. Ao final, consta um índice remissivo dos principais temas abordados ao longo do livro para facilitar sua localização. Além disso, o livro traz uma bibliografia comentada, ampliando as referências sobre textos congêneres, que podem complementar as orientações aqui apresentadas.

Dado o seu caráter instrumental, este livro deve ser paulatinamente abordado, à medida que as solicitações vão surgindo, e continuamente retomado até que se adquira a familiaridade com as várias normas e se consolidem adequados hábitos de estudo, tornando-o então mais eficaz e gratificante. Não é necessária a leitura corrida do livro. O índice de assuntos, inserido ao final, servirá de guia para as demandas de consulta e de leitura. De qualquer modo, caso se opte por uma exploração do conjunto do texto, recomenda-se que o leitor, quando docente, o perpasse de trás para diante, abordando-o na ordem inversa dos capítulos, enquanto o leitor, quando discente, o faça na ordem direta dos capítulos. No entanto, a leitura do capítulo primeiro é muito importante antes de se utilizar os recursos técnicos e metodológicos disponibilizados pelo livro.

Universidade, Ciência e Formação Acadêmica

1

As condições específicas do ensino superior é que constituem o contexto para o desenvolvimento do trabalho científico, objeto temático do livro. Daí a necessidade de se explicitar essas referências que permitirão situar as propostas concretas de atividades acadêmicas. O objetivo deste capítulo é, pois, explicitar o sentido das relações entre ensino, aprendizagem, conhecimento e educação, no âmbito da vida universitária, descrevendo o contexto em que se insere a atividade científica dos estudantes.

1.1. EDUCAÇÃO SUPERIOR COMO FORMAÇÃO CIENTÍFICA, PROFISSIONAL E POLÍTICA

O ingresso no curso superior implica uma mudança substantiva na forma como professores e alunos devem conduzir os processos de ensino e de aprendizagem. Mudança muito mais de grau do que de natureza, pois todo ensino e toda aprendizagem, em qualquer nível e modalidade, dependem das mesmas condições. No entanto, embora sendo essas condições comuns a todo ato de ensino/aprendizagem, a sua implementação no ensino superior precisa ser intencionalmente assumida e efetivamente praticada, sob pena de se comprometer o processo, fazendo-o perder sua consistência e eficácia.

1.1.1. Os objetivos do ensino superior

A educação superior tem uma tríplice finalidade: profissionalizar, iniciar à prática científica e formar a consciência político-social do estudante.

O ensino superior, tal qual se consolidou historicamente, na tradição ocidental, visa atingir três objetivos, que são obviamente articulados entre si. O primeiro objetivo é o da formação de profissionais das diferentes áreas aplicadas, mediante o ensino/aprendizagem de habilidades e competências técnicas; o segundo objetivo é o da formação do cientista mediante a disponibilização dos métodos e conteúdos de conhecimento das diversas especialidades do conhecimento; e o terceiro objetivo é aquele referente à formação do cidadão, pelo estímulo de uma tomada de consciência, por parte do estudante, do sentido de sua existência histórica, pessoal e social. Neste objetivo está em pauta levar o aluno a entender sua inserção não só em sua sociedade concreta mas também no seio da própria humanidade. Trata-se de despertar no estudante uma consciência social, o que se busca fazer mediante uma série de mediações pedagógicas presentes nos currículos escolares e na interação educacional que, espera-se, ocorra no espaço/tempo universitário.

Ao se propor atingir esses objetivos, a educação superior expressa sua destinação última que é contribuir para o aprimoramento da vida humana em sociedade. A Universidade, em seu sentido mais profundo, deve ser entendida como uma entidade que, funcionária do conhecimento, destina-se a prestar serviço à sociedade no contexto da qual ela se encontra situada.

> Ensinar e prestar serviços à comunidade são tarefas da educação universitária, mas elas se realizam tendo sua fonte alimentadora na criação do conhecimento.

Este compromisso da educação, em geral, e da Universidade, em particular, com a construção de uma sociedade na qual a vida individual seja marcada pelos indicadores da cidadania, e a vida coletiva pelos indicadores da democracia, tem sua gênese e seu fundamento na exigência ético-política da solidariedade que deve existir entre os homens. É a própria dignidade humana que exige que se garanta a todos eles o compartilhar dos bens naturais, dos bens sociais e dos bens culturais. O que se espera é que, no limite, nenhum ser humano seja degradado no exercício do trabalho, seja oprimido em suas relações sociais ao exercer sua sociabilidade ou seja alienado no usufruto dos bens simbólicos, na vivência cultural.

1.1.2. A pesquisa como atividade mediadora fundamental

Para dar conta desse compromisso, a Universidade desenvolve atividades específicas, quais sejam, o *ensino*, a *pesquisa* e a *extensão*. Atividades essas que devem ser efetivamente articuladas entre si, cada uma assumindo uma perspectiva de prioridade nas diversas circunstâncias histórico-sociais em que os desafios humanos são postos. No entanto, no âmbito universitário, dada a natureza específica de seu processo, a educação superior precisa ter na pesquisa o ponto básico de apoio e de sustentação de suas outras duas tarefas, o ensino e a extensão.

De modo geral, a educação pode ser mesmo conceituada como o processo mediante o qual o conhecimento se produz, se reproduz, se conserva, se sistematiza, se organiza, se transmite e se universaliza, disseminando seus resultados no seio da sociedade. E esse tipo de situação se caracteriza então, de modo radicalizado, no caso da educação universitária. No entanto, a tradição cultural brasileira privilegia a condição da Universidade como lugar de ensino, entendido e sobretudo praticado como transmissão de conteúdos acumulados de produtos do conhecimento. Mas, apesar da importância dessa função, em nenhuma circunstância pode-se deixar de entender a Universidade igualmente como lugar priorizado da produção do conhecimento. A distinção entre as funções de ensino, de pesquisa e de extensão, no trabalho universitário, é apenas uma estratégia operacional, não sendo aceitável conceber-se os processos de transmissão da ciência e da socialização de seus produtos, desvinculados de seu processo de geração.

É assim que a própria extensão universitária deve ser entendida como o processo que articula o ensino e a pesquisa, enquanto interagem conjuntamente, criando um vínculo fecundante entre a Universidade e a sociedade, no sentido de levar a esta a contribuição do conhecimento para sua transformação. Ao mesmo tempo que a extensão, enquanto ligada ao ensino, enriquece o processo pedagógico, ao envolver docentes, alunos e comunidade num movimento comum de aprendizagem, enriquece o processo político ao se relacionar com a pesquisa, dando alcance social à produção do conhecimento.

Na Universidade, ensino, pesquisa e extensão efetivamente se articulam, mas a partir da pesquisa, ou seja: só se aprende, só se ensina, pesquisando; só se presta serviços à comunidade, se tais serviços nascerem e se nutrirem da pesquisa.[1]

---

[1] É claro que não se trata de confundir a Universidade com os institutos especializados de pesquisa. O que estou defendendo aqui é a ideia de que o processo de aprendizagem significativa, bem

1.2. A PRODUÇÃO DO CONHECIMENTO COMO CONSTRUÇÃO DO OBJETO

Mas o que vem a ser produzir conhecimento? O que se quer dizer é que conhecimento se dá como construção do objeto que se conhece, ou seja, mediante nossa capacidade de reconstituição simbólica dos dados de nossa experiência, apreendemos os nexos pelos quais os objetos manifestam sentido para nós, sujeitos cognoscentes... Trata-se, pois, de redimensionar o próprio processo cognoscitivo, até porque, em nossa tradição cultural e filosófica, estamos condicionados a entender o conhecimento como mera representação mental. O que se deve concluir é que o conceito é uma representação mental, mas esta não é o ponto de partida do conhecimento, e sim o ponto de chegada, o término de um complexo processo de constituição e reconstituição do sentido do objeto que foi dado à nossa experiência externa e interna.

Por sua vez, a atividade de ensinar e aprender está intimamente vinculada a esse processo de construção de conhecimento, pois ele é a implementação de uma equação de acordo com a qual educar (ensinar e aprender) significa conhecer; e conhecer, por sua vez, significa construir o objeto; mas construir o objeto significa pesquisar.

> Uma equação básica preside todo esse processo:
> Ensinar e aprender = conhecer
> Conhecer = construir o objeto
> Construir o objeto = pesquisar
> Pesquisar = abordar o objeto em suas fontes primárias

Em decorrência disso, o processo de ensino/aprendizagem no curso superior tem seu diferencial na forma de se lidar com o conhecimento. Aqui, o conhecimento deve ser adquirido não mais através de seus *produtos* mas de seus *processos*. O conhecimento deve se dar mediante

---

como a prestação de serviços extensionais à comunidade, só são fecundos e eficazes se decorrentes de uma atitude investigativa.

a *construção* dos objetos a se conhecer e não mais pela *representação* desses objetos. Ou seja, na Universidade, o conhecimento deve ser construído pela experiência ativa do estudante e não mais ser assimilado passivamente, como ocorre o mais das vezes nos ambientes didático-pedagógicos do ensino básico.

1.2.1. A centralidade da pesquisa

> Participar do desenvolvimento de projetos de investigação como previstos no Programa de Iniciação Científica e elaborar Trabalhos de Conclusão de Curso é praticar, da forma mais pertinente, a construção do conhecimento científico, modalidade mais adequada de aprendizagem.

Sendo o conhecimento construção do objeto que se conhece, a atividade de pesquisa torna-se elemento fundamental e imprescindível no processo de ensino/aprendizagem. O professor precisa da prática da pesquisa para ensinar eficazmente; o aluno precisa dela para aprender eficaz e significativamente; a comunidade precisa da pesquisa para poder dispor de produtos do conhecimento; e a Universidade precisa da pesquisa para ser mediadora da educação.

Assim, ensino e aprendizagem só serão motivadores se seu processo se der como processo de pesquisa. Daí estarem cada vez mais reconhecidas e implementadas as modalidades de atividades de iniciação ao procedimento científico, envolvendo os estudantes em práticas de construção de conhecimento, mediante participação em projetos de investigação. É o que ocorre com o *Programa de Iniciação Científica (PIBIC)* e com a exigência da realização dos *Trabalhos de Conclusão de Curso (TCC)*. Além de eventual contribuição de seus conteúdos, executar esses trabalhos é praticar a pesquisa, iniciar-se à vida científica e vivenciar a forma mais privilegiada de aprender.

1.2.2. As três dimensões da pesquisa no ensino superior: epistemológica, pedagógica e social

A pesquisa, como processo de construção de conhecimento, tem uma tríplice dimensão: uma dimensão propriamente epistêmica, uma vez que se trata de uma forma de conhecer o real; uma dimensão pedagógica, pois é por intermédio de sua prática que ensinamos e aprendemos significativamente; uma dimensão social, na medida em que são seus resultados que viabilizam uma intervenção eficaz na sociedade através da atividade de extensão.

Desse modo, na Universidade, a pesquisa assume uma tríplice dimensão. De um lado, tem uma dimensão epistemológica: a perspectiva do conhecimento. Só se conhece construindo o saber, ou seja, praticando a significação dos objetos. De outro lado, assume ainda uma dimensão pedagógica: a perspectiva decorrente de sua relação com a aprendizagem. Ela é mediação necessária e eficaz para o processo de ensino/aprendizagem. Só se aprende e só se ensina pela efetiva prática da pesquisa. Mas ela tem ainda uma dimensão social: a perspectiva da extensão. O conhecimento só se legitima se for mediação da intencionalidade da existência histórico-social dos homens. Aliás, o conhecimento é mesmo a única ferramenta de que o homem dispõe para melhorar sua existência.

Tendo a educação superior seu núcleo energético na construção do conhecimento, impõe-se uma prática pedagógica condizente, apta a superar a pedagogia do ensino universitário tradicional, apoiado na transmissão mecânica de informações. O ensino/aprendizagem na Universidade é tão somente uma mediação para a formação, o que implica muito mais do que o simples repasse de informações empacotadas. Não se trata de se apropriar e de armazenar produtos, mas de apreender processos. Do ponto de vista do estudo, o que conta não é mais a capacidade de decorar e memorizar milhares de dados, fatos e noções, mas a capacidade de entender, refletir e analisar os dados, os fatos e as noções.

1.3. PESQUISA, ENSINO E EXTENSÃO NA UNIVERSIDADE

1.3.1. Do compromisso da Universidade com a construção do conhecimento

O conhecimento é o referencial diferenciador do agir humano em relação ao agir de outras espécies. O conhecimento é a grande estratégia da espécie. Sem dúvida, refiro-me aqui ao conhecimento ainda em sua generalidade, antecipando-me assim a uma crítica que levantasse a efetiva determinação de nosso agir a partir de formas ambíguas e de intencionalizações deficientes e precárias, como ocorre nos casos do senso comum, da ideologia etc. Mas mesmo nestas suas formas enviesadas, o conhecimento já se revela como o grande instrumento estratégico dos homens, testemunhando sua imprescindibilidade e sua irreversibilidade em nossa história.

1.a. A importância do conhecimento na existência humana

O conhecimento é, pois, elemento específico fundamental na construção do destino da humanidade. Daí sua relevância e a importância da educação, uma vez que sua legitimidade nasce exatamente de seu vínculo íntimo com o conhecimento. De modo geral, a educação pode ser mesmo conceituada como o processo mediante o qual o conhecimento se produz, se reproduz, se conserva, se sistematiza, se organiza, se transmite e se universaliza. E esse tipo de situação se caracteriza então, de modo radicalizado, no caso da educação universitária.

1.b. A integração da pesquisa na Universidade

A pesquisa é coextensiva a todo o tecido da instituição universitária: ela aí se desenvolve capilarmente. Mas, ao mesmo tempo, impõe-se que seja integrada num sistema articulado. Tanto quanto o ensino, a pesquisa precisa ser organizada no interior da Universidade. Cabe assim aplaudir as Universidades que ultimamente vêm buscando oferecer condições objetivas para a instauração de uma tradição de pesquisa, seja mediante alguma forma mais sistemática de efetivo apoio à formação pós-graduada de seus docentes em outras instituições, seja mediante a criação de instâncias internas de incentivo, planejamento e coordenação da pesquisa, seja mediante a implantação de cursos de pós-graduação *stricto sensu* e de Programas de Iniciação Científica, seja ainda tornando exigência curricular a atividade de elaboração de Trabalhos de Conclusão de Curso.

Uma Universidade efetivamente comprometida com a proposta de criação de uma tradição de pesquisa não pode mesmo deixar de investir na formação continuada de seus docentes como pesquisadores. Por outro lado, não poderá deixar de colocar os meios necessários em termos de condições objetivas e de infraestrutura técnica, física e financeira, para que possa atingir esse fim. Na verdade, cabe-lhe delinear uma política de pesquisa no âmbito da qual possam ser elaborados e desenvolvidos planos, programas e projetos de pesquisa.

Por outro lado, pesquisa básica ou aplicada, não se pode perder de vista que ela precisa ser relevante: daí a necessária atenção ao campo de seus objetos. De modo especial, a identificação dos problemas que digam respeito à comunidade próxima, de modo que os resultados das investigações possam se traduzir em contribuições para esta, o que vai se realizar através das atividades de extensão.

1.3.2. Da impropriedade da Universidade só se dedicar ao ensino...

A implantação em nosso país de escolas superiores totalmente desequipadas das condições necessárias ao desenvolvimento de uma prática de pesquisa, destinadas, de acordo com a proclamação corrente, apenas a profissionalizar mediante o repasse de informações, de técnicas e habilitações pré-montadas, testemunha o profundo equívoco que tomou conta da educação superior no Brasil. Na realidade, tal ensino superior não profissionaliza, não forma, nem mesmo transmite adequadamente os conhecimentos disponíveis no acervo cultural. Limita-se a repassar informações fragmentadas e a conferir uma certificação burocrática e legal de uma determinada habilitação, a ser, de fato, testada e amadurecida na prática. Sem dúvida, a habilitação profissional que qualifica hoje o trabalhador para a produção, no contexto da sociedade atravessada pela terceira revolução industrial, era da informatização generalizada, precisa ir além da mera capacitação para repetir os gestos do taylorismo clássico. Hoje a atuação profissional, em qualquer setor da produção econômica, exige capacidade de resolução de problemas, com criatividade e riqueza de iniciativas, em face da complexidade das novas situações.

2.a. As consequências da ausência da atitude investigativa

Desse modo, o ensino superior entre nós, lamentavelmente, não está conseguindo cumprir nenhuma de suas atribuições intrínsecas. Desempenhando seu papel quase que exclusivamente no nível burocrático-formal, só pode mesmo reproduzir as relações sociais vigentes na sociedade pelo repasse mecânico de técnicas de produção e de valores ideologizados.

O ensino superior, assim conduzido, está mesmo destinado a fracassar. Tudo indica que a grande causa da ineficácia do ensino universitário, no seu processo interno, com relação ao atingimento de seus objetivos, tem a ver fundamentalmente com esta inadequada forma de se lidar com o conhecimento, que é tratado como se fosse mero produto e não um processo.

Sem dúvida, a prática da pesquisa no âmbito do trabalho universitário contribuiria significativamente para tirar o ensino superior dessa sua atual irrelevância. É bem verdade que a ausência de tradição de pesquisa não é a única causa da atual situação do ensino universitário. Há causas mais profundas, decorrentes da própria política educacional desenvolvida no país que, aliás, já explicam a pouca valorização da própria pesquisa como elemento integrante da vida universitária. Tenho por hipótese, no entanto, que a principal causa intramuros do fraco desempenho do processo de ensino/aprendizagem do ensino superior brasileiro parece ser mesmo uma enviesada concepção teórica e uma equivocada postura prática, em decorrência das quais se pretende lidar com o conhecimento sem construí-lo efetivamente, mediante uma atitude sistemática de pesquisa, a ser traduzida e realizada mediante procedimentos apoiados na competência técnico-científica.

> Em qualquer das modalidades de perfis de instituição universitária, o ensino, para ter eficácia e qualidade, requer sempre uma pedagogia fundada numa postura investigativa...

Muitos teóricos, especialistas em educação, assim como muitas autoridades da área, não conseguem entender a necessidade da postura investigativa como inerente ao processo do ensino. Daí inclusive defenderem a existência de dois tipos de Universidades: as Universidades de ensino e as universidades de pesquisa. Esse ponto de vista vem sendo vitorioso no contexto da política educacional brasileira, eis que a nova LDB consagrou, dando-lhe valor legal, essa dicotomia. Assim, os Centros Universitários, por exemplo, deverão cuidar apenas de ensino, enquanto as Universidades cuidariam de ensino e pesquisa.

2.b. Ensinar pesquisando

Não se trata de transformar a Universidade em Instituto de Pesquisa. Ela tem natureza diferente do Instituto de Pesquisa tanto quanto ela se diferencia de uma Instituição Assistencial. O que está em pauta, em verdade, é que sua atividade de ensino, mesmo quando se trata de uma simples faculdade isolada, deve ser realizada sob uma atitude investigativa, ou seja, sob uma postura de produção de conhecimento. É claro que isto vai custar mais do que colocar milhares de professores fazendo conferências para milhões de ouvintes passivos, que pouco ou nada vão aproveitar do que estão ouvindo, independentemente da qualidade ou do mérito daquilo que está sendo dito... Mas, não vai custar o mesmo que custa um Instituto de Pesquisa, com o qual a Universidade não está competindo, concorrendo, no mau sentido.

1.3.3. Da necessidade do envolvimento da Universidade com a extensão

A Universidade não é Instituto de Pesquisa, no sentido estrito, mas nem por isso pode desenvolver ensino sem adotar uma exigente postura investigativa na execução do processo ensino/aprendizagem; também não é Instituição de Assistência Social, mas nem por isso pode desenvolver suas atividades de ensino e pesquisa sem se voltar de maneira intencional para a sociedade que a envolve. A única exigência é que tudo isso seja feito a partir de um sistemático processo de construção de conhecimento.

3.a. O lugar da extensão no ensino superior

A extensão se torna exigência intrínseca do ensino superior em decorrência dos compromissos do conhecimento e da educação com a sociedade, uma vez que tais processos só se legitimam, inclusive adquirindo sua chancela ética, se expressarem envolvimento com os interesses objetivos da população como um todo. O que se desenrola no interior da Universidade, tanto do ponto de vista da construção do conhecimento, sob o ângulo da pesquisa, como de sua transmissão, sob o ângulo do ensino, tem a ver diretamente com os interesses da sociedade.

À medida que privilegia o ensino transmissivo, a Universidade despriorize não só a pesquisa mas também a extensão. Na verdade, esse centralismo no ensino comete dois graves equívocos: um, epistemológico, ao negligenciar a exigência da postura investigativa, e outro, social, ao negligenciar a extensão. Mas o pedagógico não se sustenta sem estes dois pilares.

Com efeito, é graças à extensão que o pedagógico ganha sua dimensão política, porque a formação do universitário pressupõe também uma inserção no social, despertando-o para o entendimento do papel de todo saber na instauração do social. E isso não se dá apenas pela mediação do conceito, em que pese a imprescindibilidade do saber teórico sobre a dinâmica do processo e das relações políticas. É que se espera do ensino superior não apenas o conhecimento técnico-científico, mas também uma nova consciência social por parte dos profissionais formados pela Universidade. A formação universitária, com efeito, é o *locus* mais apropriado, especificamente destinado para esta tomada de consciência. Só a pedagogia universitária, em razão de suas características especiais, pode interpelar o jovem quanto ao necessário compromisso político. Esta interpelação se dá pelo saber, eis que cabe agora ao saber equacionar o poder.

Deste modo, a extensão tem grande alcance pedagógico, levando o jovem estudante a vivenciar sua realidade social. É por meio dela que o sujeito/aprendiz irá formando sua nova consciência social. A extensão cria então um espaço de formação pedagógica, em uma dimensão própria e insubstituível.

> O profissional egresso da Universidade nunca será interpelado pela sociedade como se fosse apenas um técnico: ela espera dele atuação também de um agente político, de um cidadão, de um educador...

Quando a formação universitária se limita ao ensino como mero repasse de informações ou conhecimentos está colocando o saber a serviço apenas do fazer. Eis aí a ideia implícita quando se vê seu objetivo apenas como profissionalização. Por melhor que seja o domínio que se repassará ao universitário dos conhecimentos científicos e das habilidades técnicas, qualificando-o para ser um competente profissional, isso não é suficiente. Ele nunca sairá da Universidade apenas como um profissional, como um puro agente técnico. Ele será necessariamente um agente político, um cidadão crítica ou dogmaticamente, consciente ou alienadamente formado.

A extensão se relaciona à pesquisa, tornando-se relevante para a produção do conhecimento, porque esta produção deve ter como referência objetiva os problemas reais e concretos que tenham a ver com a vida da sociedade envolvente. A relevância temática dos objetos de pesquisa é dada pela significação social destes. É o que garante que a pesquisa não seja desinteressada ou neutra...

Por sinal, a prática da extensão deve funcionar como cordão umbilical entre a Sociedade e a Universidade, impedindo que a pesquisa prevaleça sobre as outras funções, como função isolada e altaneira na sua proeminência.

3.b. A extensão e o compromisso ético e político do ensino superior

É no contexto dessas colocações sobre a natureza do conhecimento e do caráter práxico da cultura que se tornam claros os compromissos éticos da educação e dos educadores, bem como das instituições universitárias. Compromissos que se acirram nas coordenadas histórico-sociais em que nos encontramos. Isto porque as forças de dominação, de degradação, de opressão e de alienação se consolidaram nas estruturas sociais, econômicas e culturais. As condições de trabalho são ainda muito degradantes, as relações de poder muito opressivas e a vivência cultural precária e alienante. E a distribuição dos bens naturais, dos bens políticos e dos bens simbólicos é muito desigual.

CONCLUSÃO

De todas estas considerações, impõe-se concluir que as funções da Universidade – ensino, pesquisa e extensão – se articulam intrinsecamente e se implicam mutuamente, isto é, cada uma destas funções só se legitima pela vinculação direta às outras duas, e as três são igualmente substantivas e relevantes.

> Só a boa pesquisa pode fundamentar e justificar o trabalho de extensão a ser desenvolvido pela Universidade, eis que a função extensionista tem a ver, igualmente de forma necessária, com a função do ensino.

Com efeito, a pesquisa é fundamental, uma vez que é através dela que podemos gerar o conhecimento, a ser necessariamente entendido como construção dos objetos de que se precisa apropriar humanamente. Construir o objeto que se necessita conhecer é processo condicionante para que se possa exercer a função do ensino, eis que os processos de ensino/aprendizagem pressupõem que tanto o ensinante como o aprendiz compartilhem do processo de produção do objeto. Do mesmo modo, a pesquisa é fundamental no processo de extensão dos produtos do conhecimento à sociedade, pois a prestação de qualquer tipo de serviços à comunidade social, que não decorresse do conhecimento da objetividade dessa comunidade, seria mero assistencialismo, saindo assim da esfera da competência da Universidade.

Por outro lado, o conhecimento produzido, para se tornar ferramenta apropriada de intencionalização das práticas mediadoras da existência humana, precisa ser disseminado e repassado, colocado em condições de universalização. Ele não pode ficar arquivado. Por isso, além da publicação em diferentes suportes, seus resultados precisam transformar-se em conteúdo de ensino, de modo a assegurar a universalização de seus produtos e a reposição de seus produtores. Tal a função do ensino e da extensão.

Mas os produtos do conhecimento, instrumentos mediadores do existir humano, são bens simbólicos que precisam ser usufruídos por todos os integrantes da comunidade, à qual se vinculam as instituições produtoras e disseminadoras do conhecimento. É a dimensão da extensão, devolução direta à mesma dos bens que se tornaram possíveis pela pesquisa. Mas, ao assim proceder, devolvendo à comunidade esses bens, a Universidade o faz inserindo o processo extensionista num processo pedagógico, mediante o qual está investindo, simultaneamente, na formação do aprendiz e do pesquisador. A função extensionista, articulada à prática da pesquisa e à prática do ensino, não se legitimaria, então, se não decorresse do conhecimento sistemático e rigoroso dos vários problemas enfrentados pelas pessoas que integram determinada sociedade ou parte dela.

> Ensino, pesquisa e extensão constituem faces de igual importância de um mesmo projeto de formação ética, epistêmica e política.

3.c. Pesquisa, ensino e extensão

Ainda que formalmente se imponha, no interior da instituição universitária, a divisão técnica entre estas funções, elas se implicam mutuamente. Não haveria o que ensinar nem haveria ensino válido se o conhecimento a ser ensinado e socializado não fosse construído mediante a pesquisa; mas não haveria sentido em pesquisar, em construir o conhecimento novo, se não se tivesse em vista o benefício social deste, a ser realizado através da extensão, direta ou indiretamente. Por outro lado, sem o ensino, não estaria garantida a disseminação dos resultados do conhecimento produzido e a formação dos novos aplicadores desses resultados.

A extensão como mediação sistematizada de retorno dos benefícios do conhecimento à sociedade exige da comunidade universitária imaginação e competência com vistas à elaboração de projetos como canais efetivos para este retorno. Chega a ser um escárnio e, no fundo, uma tremenda injustiça, a omissão da instituição universitária em dar um mínimo que seja de retorno social ao investimento que a sociedade faz nela. Este retorno deveria se dar mediante o desenvolvimento de projetos de grande alcance social, envolvendo toda a população universitária do país. E isto deveria ser feito de modo sistemático e competente, não se tratando de iniciativas de caráter compensatório, de cunho assistencialista.

3.d. Dimensão pedagógica da extensão

Por outro lado, a extensão tem que ser intrínseca ao exercício pedagógico do trabalho universitário. Não se trata de uma concessão, de um diletantismo, mas de uma exigência do processo formativo. Toda instituição de ensino superior tem que ser extensionista, pois só assim ela estará dando conta da formação integral do jovem universitário, investindo-o pedagogicamente na construção de sua nova consciência social.

A extensão deve expressar a gênese de propostas de reconstrução social, buscando e sugerindo caminhos de transformação para a sociedade. Pensar um novo modelo de sociedade, nos três eixos das práticas humanas: do fazer, do poder e do saber, ou seja, levando a participação formativa dos universitários no mundo da produção, no mundo da política e no mundo da cultura. Só assim o conhecimento estará se colocando a serviço destas três dimensões mediadoras de nossa existência. E só assim a Universidade estará cumprindo a sua missão.

... o texto e o mundo.

"... a leitura do mundo precede a leitura da palavra e a leitura desta implica a continuidade da leitura daquele. ... este movimento do mundo à palavra e da palavra ao mundo está sempre presente. Movimento em que a palavra dita flui do mundo mesmo através da leitura que dele fazemos". (Paulo FREIRE, *A importância do ato de ler*. São Paulo: Cortez, 2001, p. 29.)

O Trabalho Acadêmico: 2
orientações gerais para o estudo na universidade

No ensino superior, os bons resultados do ensino e da aprendizagem vão depender em muito do empenho pessoal do aluno no cumprimento das atividades acadêmicas, aproveitando bem os subsídios trazidos seja pela intervenção dos professores, seja pela disponibilidade de recursos pedagógicos fornecidos pela instituição de ensino. Para tanto, é muito importante que o aluno adquira hábitos apropriados e eficazes na condução de sua vida acadêmica. Este capítulo destaca alguns pontos referentes às principais modalidades de estudo, fundamentais para todos os momentos de sua formação universitária. Após tratar da organização geral da vida de estudo, será dado destaque à leitura, à escrita e ao debate como mediações imprescindíveis e valiosas para um bom aproveitamento dos cursos.

2.1. A ORGANIZAÇÃO DA VIDA UNIVERSITÁRIA

Ao iniciar essa nova etapa de sua formação escolar, a etapa do ensino superior, o estudante dar-se-á conta de que se encontra diante de exigências específicas para a continuidade de sua vida de estudos. Novas posturas diante de novas tarefas ser-lhe-ão logo solicitadas. Daí a necessidade de assumir prontamente essa nova situação e de tomar medidas apropriadas para enfrentá-la. É claro que o processo pedagógico-didático continua, assim como a aprendizagem que dele decorre. No conjunto, porém, as suas posturas de estudo devem mudar radicalmente, embora explorando tudo o que de correto aprendeu em seus estudos anteriores.

2.1.1. Um investimento autônomo...

Em primeiro lugar, é preciso que o estudante se conscientize de que doravante o resultado do processo depende fundamentalmente dele mesmo. Seja pelo seu próprio desenvolvimento psíquico e intelectual, seja pela própria natureza do processo educacional desse nível, as condições de aprendizagem transformam-se no sentido de exigir do estudante maior autonomia na efetivação da aprendizagem, maior independência em relação aos subsídios da estrutura do ensino e dos recursos institucionais que ainda continuam sendo oferecidos. O aprofundamento da vida científica passa a exigir do estudante uma postura de autoatividade didática que precisa ser crítica e rigorosa. Todo o conjunto de recursos que está na base do ensino superior não pode ir além de sua função de fornecer instrumentos para uma atividade criadora.

...e pessoal

Em segundo lugar, convencido da especificidade dessa situação, deve o estudante empenhar-se num projeto de trabalho altamente individualizado, apoiado no domínio e no manejo de uma série de instrumentos que devem estar contínua e permanentemente ao alcance de suas mãos. É com o auxílio desses instrumentos que o estudante se organiza na sua vida de estudo e disciplina sua vida científica. Este material didático e científico serve de base para o estudo pessoal e para a complementação dos elementos adquiridos no decurso do processo coletivo de aprendizagem em sala de aula. Dado o novo estilo de trabalho a ser inaugurado pela vida universitária, a assimilação de conteúdos já não pode mais ser feita de maneira passiva e mecânica como costuma ocorrer, muitas vezes, nos ciclos anteriores. Já não bastam a presença física às aulas e o cumprimento forçado de tarefas mecânicas: **é preciso dispor de um material de trabalho específico de sua área e explorá-lo adequadamente**.

2.1.2. Os instrumentos de trabalho

Essa fundamentação teórica das ciências, das artes e das técnicas é justificativa essencial desse nível de ensino. E é por aí que se inicia a tarefa de aprendizagem na Universidade.

A formação universitária acarreta quase sempre atividades práticas, de laboratório ou de campo, culminando no fornecimento de algumas habilidades profissionais próprias de cada área. Naturalmente, as várias áreas exigem, umas mais, outras menos, essa prática profissional. Contudo, antes de aí chegar, faz-se necessário um embasamento teórico pelo qual responde, fundamentalmente, o ensino superior.

A assimilação desses elementos é feita através do ensino em classe propriamente dito, nas aulas, mas é garantida pelo estudo pessoal de cada estudante. E é por isso que precisa ele dispor dos devidos instrumentos de trabalho que, em nosso meio, são fundamentalmente *bibliográficos*.

2.a. Formando a biblioteca pessoal

Com a revolução da informática, dispomos hoje, além das bibliotecas físicas tradicionais, de bibliotecas virtuais, poderosos centros de informações bibliográficas, acessíveis através da Internet. E desde já, é preciso lembrar que muda o meio mas não muda a finalidade dos serviços de biblioteca...

Ao dar início a sua vida universitária, o estudante precisa começar a formar sua biblioteca pessoal, adquirindo paulatinamente, mas de maneira bem sistemática, os livros fundamentais para o desenvolvimento de seu estudo. Essa biblioteca deve ser especializada e qualificada. As obras de referência geral, os textos clássicos esgotados, são encontrados nas bibliotecas das Universidades, das várias faculdades ou de outras instituições.

E, no momento oportuno, essas bibliotecas devem ser devidamente exploradas pelo estudante. O estudante precisa munir-se de *textos básicos* para o estudo de sua área específica, tais como um *dicionário*, um *texto introdutório,* um texto de *história*, algum possível *tratado* mais amplo, algumas *revistas especializadas*, todas obras específicas à sua área de estudo e a áreas afins. Posteriormente, à medida que o curso for avançando, deve adquirir os textos monográficos e especializados referentes à matéria.

A atividade docente na Universidade não se constitui apenas da transmissão mecânica de informações; ela é, muito mais, uma atividade de formação...

Esses textos básicos aqui assinalados têm por finalidade única criar um contexto, um quadro teórico geral a partir do qual se pode desenvolver a aprendizagem, assim como a maturação do próprio pensamento. Esses textos exercem, portanto, papel meramente propedêutico, situando-se numa etapa provisória de iniciação. Não se trata de maneira alguma de restringir o estudo aos *manuais* ou, pior ainda, às *apostilas*. Eles se fazem necessários, contudo, nesse momento de iniciação, sobretudo para complementar as exposições dos professores em classe, para servir de base de comparação com algum texto porventura utilizado pelos professores, enfim, para fornecer o primeiro instrumental de trabalho nas várias áreas, o vocabulário básico, os elementos do código das várias disciplinas. Esses textos desempenham, pois, o papel de fontes de consultas das primeiras categorias a partir das quais se desenvolverão os vários discursos científicos. Naturalmente, à medida do avanço e do aprofundamento do estudo, serão progressivamente substituídos pelos textos especializados, pelos estudos monográficos resultantes das pesquisas elaboradas pelos vários especialistas com os quais o estudante deverá conviver por muito tempo. Numa fase mais avançada de seus estudos, e sobretudo durante sua vida profissional, esses textos formarão **a biblioteca do estudante**, lançando as linhas mestras do seu pensamento científico organicamente estruturado. Nesse momento, os textos introdutórios só serão utilizados para cobrir eventuais lacunas do processo sequencial de aprendizagem. Frise-se, porém, que, na Universidade, não se pode passar o tempo todo estudando apenas textos genéricos, comentários e introduções, embora, pelo menos nas atuais condições, iniciar o curso superior única e exclusivamente com textos especializados, sem nenhuma propedêutica teórica, seja um empreendimento de resultados pouco convincentes. Embora essa concepção de muitos professores universitários decorra do esforço para criar maior rigor científico, tal prática não se recomenda como norma geral. Seus resultados históricos são, em alguns casos, brilhantes, mas foram obtidos com sacrifício de muitas potencialidades que se perderam neste salve-se quem puder que acaba agravando a situação de discriminação e de seleção de nosso ensino superior. O universitário deve poder passar por um *encaminhamento lógico* que o inicie ao pensar, por mais que o professor não goste de executar essa tarefa. Ao professor não basta ser um grande especialista: é preciso dar-se conta de que é também um *professor e mestre*, consequentemente, um educador inserido numa situação histórico-cultural de um país que não pode desconhecer. Isto não quer dizer que o professor sabe tudo: mas que deve saber, pelo menos, conduzir os alunos a descobrirem as vias de aprendizagem. O uso inteligente desses textos auxiliares não prejudicará, em hipótese alguma, a qualificação do ensino.

2.b. O papel das revistas

Revistas e Repertórios Bibliográficos, impressos ou eletrônicos, são valiosos e imprescindíveis instrumentos de trabalho acadêmico e científico...

A esta altura das considerações sobre os instrumentos de trabalho de que o estudante universitário deve munir-se, é preciso dar ênfase às *revistas*, as grandes ausentes do dia a dia do trabalho acadêmico em nosso meio universitário. A assinatura de periódicos especializados é hábito elementar para qualquer estudante exigente. Tais revistas mantêm atualizada a informação sobre as pesquisas que se realizam nas várias áreas do saber, assim como sobre a bibliografia referente a estas. Em algumas áreas, acompanham essas revistas *repertórios bibliográficos*, outro indispensável instrumento do trabalho científico. A função da revista enquadra-se na vida intelectual do estudante enquanto lhe permite acompanhar o desenvolvimento de sua ciência e das ciências afins.

Com efeito, ao fazer o curso superior, o estudante é levado a tomar conhecimento de todas as aquisições da ciência de sua especialidade, obtidas durante toda sua formação. Esse acervo cultural acumulado, porém, continua desenvolvendo-se dinamicamente. Por isso, além de assimilar essas aquisições, deve passar a seguir sua evolução, que estaria a cargo dessas publicações periódicas. O mínimo que uma revista fornece são informações bibliográficas preciosas, além de resenhas e de outros dados sobre a vida científica e cultural. Deve ser igualmente estimulada entre os universitários, de maneira incisiva, a participação em acontecimentos extraescolares, tais como simpósios, congressos, encontros, semanas etc.

Graças às informações trazidas pelo curso, às indicações dos professores, ao intercâmbio acadêmico e aos programas de busca na Internet, os estudantes poderão conhecer os periódicos, nacionais e estrangeiros, representativos de sua área de estudo. É de todo reco-mendável a assinatura de algum periódico específico de seu campo de conhecimento e formação.

> O domínio do conhecimento, mesmo quando especializado, se dá sem-pre de forma interdisciplinar. A interdisciplinaridade é a presença da ínti-ma articulação dos saberes decorrente da complexidade do real a ser conhecido.

Mesmo com a possibilidade de livre acesso, em portais especiali-zados, como os Portais de Periódicos e Indexadores, que mantêm online os diversos volumes das revistas, bem como as próprias versões online da maioria das revistas, o que dispensa a necessidade de uma assinatu-ra da revista impressa, continua necessária uma relação sistemática do estudante com um ou mais periódicos especializados em sua área de co-nhecimento e formação, de modo que possa acompanhar o desenvolvi-mento científico dessa área, mantendo-se informado do que vem sendo produzido no campo.

Quando se fala aqui desses instrumentos teóricos especializados, li-vros ou revistas, considerados como base para o estudo e pesquisa dos fatos e categorias fundamentais do saber atual, não se quer fazer apologia da hiperespecialização, hermética e isolada. Pelo contrário, a interdiscipli-naridade é um pressuposto básico de toda formação teórica. As disciplinas não se isolam no contexto teórico: se o curso do aluno define o núcleo central de sua especialização, é de se notar que sua formação exigirá igual-mente abertura de complementação para áreas afins com o objetivo de ampliar o referencial teórico. Por isso é importante familiarizar-se com o material relativo a essas disciplinas afins. Assim, não só textos básicos, mas também revistas de áreas complementares à da sua especialização devem, paulatina e sistematicamente, ser adquiridos, na medida do possível.

Dentre os instrumentos para o trabalho científico disponíveis atualmente, cabe dar especial destaque aos recursos eletrônicos gerados pela tecnologia informacional. De modo especial, cabe referir à rede mundial de computadores, a Internet, e aos muitos recursos comunicacionais da multimídia, como os disquetes, CD-ROMs e pen drives. A Internet, com todos os seus desdobramentos e possibilidades midiáticas, está provocando uma profunda revolução nas condições de acesso ao conhecimento acumulado. Ao tornar virtuais os suportes dos produtos do conhecimento, coloca instantaneamente ao alcance do pesquisador quase tudo aquilo de que ele precisa em termos de informações. Torna-se então uma impressionante ferramenta de trabalho para o estudante universitário, substituindo em muitos casos e com maior agilidade, e até com muita vantagem em termos de tempo e de espaço, os documentos impressos em papel. Assim, as bibliotecas se tornam entidades virtuais e todos os veículos aqui referidos – livros, revistas etc. – tornam-se acessíveis via Internet e todos os registros e apontamentos a serem feitos pelo estudante podem ser realizados no computador. Mas a utilização dos recursos informáticos também exige do estudante toda uma renovada estratégia de abordagem, pois não é só o suporte que se transformou, também a linguagem se tornou diferente, exigindo uma nova forma de trabalhar, de modo que a diferença desse novo suporte e dessa nova linguagem não comprometa a apropriação do conteúdo dos textos, já que esta é a finalidade do estudo: esta finalidade não mudou.

Em qualquer fase de seu estudo, o aluno universitário poderá se servir desse poderoso conjunto de ferramentas informáticas, potencializando o seu aproveitamento, desde que estabeleça uma adequada metodologia de seu uso. Todas as tarefas propostas e descritas neste livro podem e devem ser realizadas com estes recursos, em substituição aos registros feitos manualmente, por escrito, em papel. A tomada de apontamentos nas tarefas de documentação passa a ser feita em arquivos digitalizados, salvos de acordo com critérios lógicos de sistematização em pastas específicas de sua área de trabalho, em microcomputadores, notebooks, tablets e equipamentos assimilados. Também sobre o uso desses recursos se falará adiante, subsidiando o estudante para utilizá-los adequadamente. (Cf. p. 145-155.)

2.1.3. O aproveitamento das aulas

Esse material didático científico deve ser considerado e tratado pelo estudante como base para seu estudo pessoal, que complementará os dados adquiridos através das atividades de classe. Uma vez *documentada* a matéria abordada em aula, devem ser igualmente *documentados* os elementos complementares a essa matéria e que são levantados mediante a pesquisa feita sobre este material de base. É que muitos esclarecimentos só se encontram através desses estudos pessoais extraclasse. As técnicas e a prática da documentação são expostas na próxima seção. (Cf. p. 69-81.)

3.a. Tomando e retomando apontamentos...

A documentação como prática do trabalho científico é a maneira mais adequada e sistemática de "tomar apontamentos". As informações colhidas nas aulas expositivas, nos debates em grupo, nos seminários e conferências são assinaladas, num primeiro momento, de maneira precária e provisória, nos cadernos de anotações. Ao retomar, em casa, as anotações, o estudante submetê-las-á a um processo de correção, de complementação e de triagem após o qual serão transcritas nas *fichas de documentação*. (Cf. p. 78-80.) Com efeito, ao tomar notas durante uma exposição, muitas ideias acabam ficando truncadas: é preciso reconstruí-las. O contexto ajudará tanto mais que o que importa reter não é o *texto* da exposição do professor, mas as *ideias principais*.

> Documentar é registrar os elementos colhidos mediante atividade de estudo ou pesquisa das diversas fontes.

Cabe lembrar que para tomar notas de uma aula, de uma palestra, de um debate, não é preciso gravar a exposição nem taquigrafar o discurso feito, palavra por palavra. Não há, nesses casos, necessidade de registrar o texto integral da fala, pois tal tarefa, além de difícil tecnicamente, atrapalha a concentração do ouvinte para pensar no que está sendo dito.

... priorizando as ideias fundamentais

O melhor que se faz é ir registrando palavras ou expressões que traduzam conteúdos conceituais, geralmente categorias substantivas ou verbais. Portanto, vai-se registrando uma sequência de categorias, sem a estruturação lógico-redacional explícita da frase. Não é preciso preocupar-se com a falta do texto completo nem com a ausência de muitos dos detalhes da exposição do professor ou do palestrante. É preferível e mais eficiente concentrar-se nas ideias fundamentais, procurando expressá-las mediante algumas categorias básicas e investir na compreensão, na apreensão das ideias do orador.

Ao ir registrando essas categorias, deve-se separá-las por barra transversal /. Ao retomar, em momento posterior, esses apontamentos, o ouvinte que esteve atento conseguirá recompor a síntese relevante do discurso, bem em cima do eixo essencial da reflexão.

3.b. Realizando pesquisa complementar...

Tratando-se de dados objetivos ou de conceitos precisos que ficaram incompletos, é hora de recorrer aos instrumentos pessoais de pesquisa, às obras básicas de referência. Procura-se assim recompor o texto, complementando-o com esclarecimentos pertinentes que vão ajudar a compreender melhor as informações prestadas. Recuperadas as informações, os elementos fundamentais, aqueles que merecem ser assimilados, são passados para as fichas de documentação, sintetizados pessoalmente pelo aluno.

... praticando uma aprendizagem inteligente

Observe-se que ao proceder assim o aluno está trabalhando de maneira inteligente e racional, realizando simultaneamente todas as dimensões da aprendizagem. Em nenhum momento está preocupando-se com o "decorar", com o "memorizar"... Está tão somente pensando nas ideias que está manejando. Está pensando à medida que se esforça para construir o sentido dos conceitos ou das ideias em jogo. Está ainda pesquisando, comparando, informando-se. Através desse conjunto de atividades que envolve com o pensamento, facilitando as tarefas físicas e psíquicas do estudo, o aluno adquire maior familiaridade com o assunto por mais difícil e estranho que possa parecer à primeira vista. Ademais não é preciso esperar que domine já dessa feita todo o conteúdo e seus desdobramentos. O próprio desenvolvimento do curso e esse sistema de documentação irão lhe proporcionar outras oportunidades para a retomada desses temas que, nas sucessivas apresentações, já estarão cada vez mais familiares.

A orientação para a revisão da matéria vista em aula pode ser adaptada às outras situações criadas para o estudante no caso da participação do trabalho em grupo (Cf. p. 51-52), da preparação do seminário (Cf. p. 94-103) e da elaboração do trabalho de pesquisa. (Cf. p. 143 ss.). Nessas situações, o procedimento básico de estudo é o mesmo, apesar das diferenças de objetivo. O estudante analisa o material proposto fazendo as devidas anotações sob forma de documentação. (Cf. p. 69-70).

2.1.4. A disciplina do estudo

Apesar da aparente rigidez desta proposta de metodologia de estudo, ela é, sem dúvida, a mais eficiente. Pressupõe um mínimo de organização da vida de estudos, mas, em compensação, torna-se sempre mais produtiva. Em virtude de os universitários brasileiros, na sua grande maioria, disporem de pouco tempo para seus cursos e exercerem funções profissionais concomitantes ao curso superior, exige-se deles organização sistemática do pouco tempo disponível para o estudo em casa, indispensável para um aproveitamento mais inteligente do seu curso de graduação, com um mínimo de capacitação qualitativa para as etapas posteriores tanto numa eventual sequência de seus estudos, como na continuidade de suas atividades profissionais definidas e oficializadas pelo seu curso.

4.a. Administrando o tempo

Não se trata de estabelecer uma minuciosa divisão do horário de estudo: o essencial é aproveitar sistematicamente o tempo disponível, com uma ordenação de prioridades. Também não vem ao caso discutir as condições de ordem física e psíquica que sejam melhores para o estudo, muito dependentes das características pessoais de cada um, sendo difícil estabelecer normas gerais que acabam caindo numa tipologia artificial.

> Para que traga bons resultados, a participação na aula precisa ser previamente preparada, acompanhada no ato e revisada posteriormente, fazendo-se a documentação dos elementos fundamentais apresentados e discutidos, de forma articulada à preparação da aula seguinte.

Feito o levantamento do tempo disponível, predetermina-se um horário para o estudo em casa. E uma vez estabelecido o horário, é necessário começar sem muitos rodeios e cumpri-lo rigorosamente, mantendo um ritmo de estudo. Vencida a fase de aquecimento e seguindo as diretrizes apresentadas para a exploração do material neste e nos próximos capítulos, a produção do trabalho torna-se eficiente, fluente e até mesmo agradável.

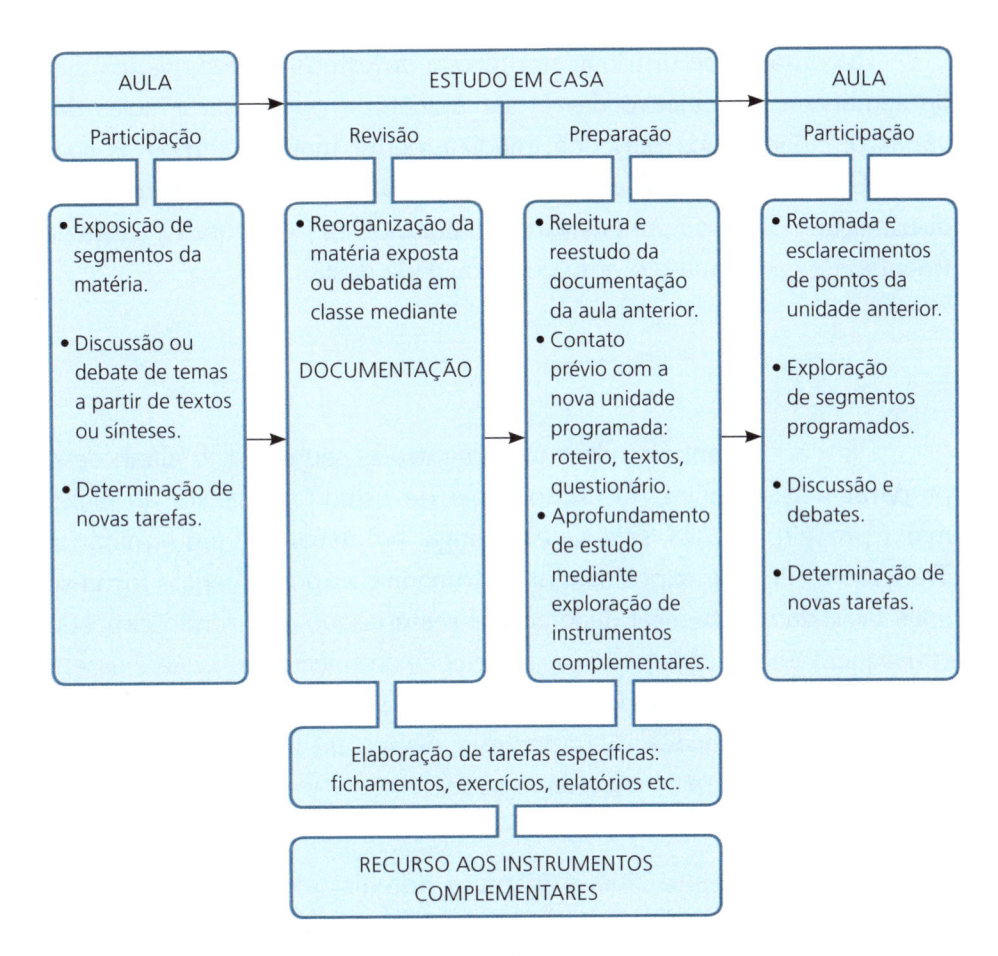

FIGURA 1. Fluxograma da vida de estudo.

4.b. No caso do estudo em grupo

Tais diretrizes são aplicáveis igualmente ao estudo em grupo. Uma vez reunidos no horário combinado, os elementos do grupo devem desencadear o trabalho sem maiores rodeios, definindo-se as várias tarefas, as várias etapas a serem vencidas e as várias formas de procedimento.

Quando o período de estudo ultrapassar duas horas, faz-se regra geral um intervalo de meia hora para alteração do ritmo de trabalho. Esse intervalo também precisa ser seguido à risca.

Recomenda-se distribuir um tempo de estudo para os vários dias da semana, com objetivo de revisar a matéria ou preparar aulas das várias disciplinas nos períodos imediatamente mais próximos às suas aulas. Caso haja necessidade de um período maior de concentração, a distribuição do tempo para as várias matérias levará em conta a carga de trabalho de cada uma e o grau de dificuldade destas.

4.c. Preparando e revendo a aula

Para acompanhar o desenvolvimento do seu curso, o aluno deve preparar e rever aulas. O cronograma de estudo possibilita ao aluno maior proveito da aula, seja ela expositiva, um debate ou um seminário. Tratando-se de aula expositiva, até a tomada de apontamentos torna-se mais fácil, dada a familiaridade com a matéria que está sendo exposta; consequentemente, há melhores condições de selecionar o que é essencial e que deve ser anotado, evitando-se a sensação de "estar perdido" no meio de informações aparentemente dispersas. Tratando-se de seminários ou debates, mais necessária se faz ainda a preparação prévia do que se falará ulteriormente. (Cf p. 94-103).

A revisão da aula situa-se como a primeira etapa de personalização da matéria estudada. É o momento em que se retomam os apontamentos feitos apressadamente durante a aula e se dá acabamento aos informes, recorrendo-se aos instrumentos complementares de pesquisa, após uma triagem dos elementos que passarão definitivamente para as fichas de documentação. Não há necessidade de decorar os apontamentos: basta transcrevê-los, pensando detidamente sobre as ideias em causa e buscando uma compreensão exata dos conteúdos anotados. Rever essas fichas como preparação da aula seguinte é medida inteligente para o paulatino domínio de seu conteúdo.

2.2. LEITURA E DOCUMENTAÇÃO

2.2.1. Diretrizes para a leitura, análise e interpretação de textos

Os maiores obstáculos do estudo e da aprendizagem, em ciência e em filosofia, estão diretamente relacionados com a correspondente dificuldade que o estudante encontra na exata compreensão dos textos teóricos. Habituados à abordagem de textos literários, os estudantes, ao se defrontarem com textos científicos ou filosóficos, encontram dificuldades logo julgadas insuperáveis e que reforçam uma atitude de desânimo e de desencanto, geralmente acompanhada de um juízo de valor depreciativo em relação ao pensamento teórico.

Em verdade, os textos de ciência e de filosofia apresentam obstáculos específicos, mas nem por isso insuperáveis. É claro que não se pode contar com os mesmos recursos disponíveis no estudo de textos literários, cuja leitura revela uma sequência de raciocínios e o enredo é apresentado dentro de quadros referenciais fornecidos pela imaginação, onde se compreende o desenvolvimento da ação descrita e percebe-se logo o encadeamento da história. Por isso, a leitura está sempre situada, tornando-se possível entender, sem maiores problemas, a mensagem transmitida pelo autor.

No caso de textos de pesquisa positiva, acompanha-se o raciocínio já mais rigoroso seguindo a apresentação dos dados objetivos sobre os quais tais textos estão fundados. Os dados e fatos levantados pela pesquisa e organizados conforme técnicas específicas às várias ciências permitem ao leitor, devidamente iniciado, acompanhar o encadeamento lógico destes fatos.

Diante de exposições teóricas, como em geral são as encontradas em textos filosóficos e em textos científicos relativos a pesquisas teóricas, em que o raciocínio é quase sempre dedutivo, a imaginação e a experiência objetiva não são de muita valia. Nestes casos, conta-se tão somente com as possibilidades da razão reflexiva, o que exige muita disciplina intelectual para que a mensagem possa ser compreendida com o devido proveito e para que a leitura se torne menos insípida.

Na realidade, mesmo tratando-se de assuntos abstratos, para o leitor em condições de "seguir o fio da meada", a leitura torna-se fácil, agradável e, sobretudo, proveitosa. Por isso é preciso criar condições de abordagem e de inteligibilidade do texto, aplicando alguns recursos que, apesar de não substituírem a capacidade de intuição do leitor na apreensão da forma lógica dos raciocínios em jogo, ajudam muito na análise e interpretação dos textos.

> Todo texto é portador de uma mensagem, concebida e codificada por um autor, e destinada a um leitor, que, para apreendê-la, precisa decodificá-la.

Antes de abordar as diretrizes para a leitura e análise de textos, recomenda-se atentar para a função destes em termos de uma teoria geral da comunicação, estabelecendo-se assim algumas justificativas psicológicas e epistemológicas fundamentais para a adoção destas normas metodológicas e técnicas, tanto para a leitura como para a redação de textos.

Embora sem aprofundar a questão do significado e função do texto neste nível, que ultrapassaria os objetivos deste trabalho, serão apresentadas aqui algumas considerações para encaminhar a compreensão dos vários momentos do trabalho científico.[1]

Pode-se partir da consideração de que a comunicação se dá quando da transmissão de uma mensagem entre um emissor e um receptor.

---

[1] Essas considerações são válidas também para a elaboração da monografia científica, entendida como um trabalho de codificação de uma mensagem. Cf. especialmente Cap. 4.

O emissor transmite uma mensagem que é captada pelo receptor. Este é o esquema geral apresentado pela teoria da comunicação.[2]

Para fins didáticos, pode-se desdobrar este esquema, o que fornecerá mais elementos para a compreensão da origem e finalidade de um texto.

Com efeito, considera-se o emissor como uma consciência que transmite uma mensagem para outra consciência que é o receptor. Portanto, a mensagem será elaborada por uma consciência e será igualmente assimilada por outra consciência. Deve ser, antes de mais nada, pensada e depois transmitida. Para ser transmitida, porém, deve ser antes mediatizada, já que a comunicação entre as consciências não pode ser feita diretamente; ela pressupõe sempre a mediatização de sinais simbólicos. Tal é, com efeito, a função da linguagem.

Assim sendo, o texto-linguagem significa, antes de tudo, o meio intermediário pelo qual duas consciências se comunicam. Ele é o código que cifra a mensagem.

Ao escrever um texto, portanto, o autor (o emissor) codifica sua mensagem que, por sua vez, já tinha sido pensada, concebida[3] e o leitor (o receptor), ao ler um texto, decodifica a mensagem do autor, para então pensá-la, assimilá-la e personalizá-la, compreendendo-a: assim se completa a comunicação.

Em todas as fases desse processo, o homem, dada sua condição existencial de empiricidade e liberdade, sofre uma série de interferências pessoais e culturais que põem em risco a objetividade da comunicação. É por isso que se fazem necessárias certas precauções que garantam maior grau de objetividade na interpretação dessa comunicação.

---

[2] Para maior aprofundamento conceitual dos diversos aspectos gramaticais da comunicação, consultar DANCE, F. E. (org.) *Teoria da comunicação humana*. São Paulo: Cultrix, 1973

[3] O pensamento é um processo de ordem epistemológica muito complexo. Outros pormenores são apresentados na seção 2.3.

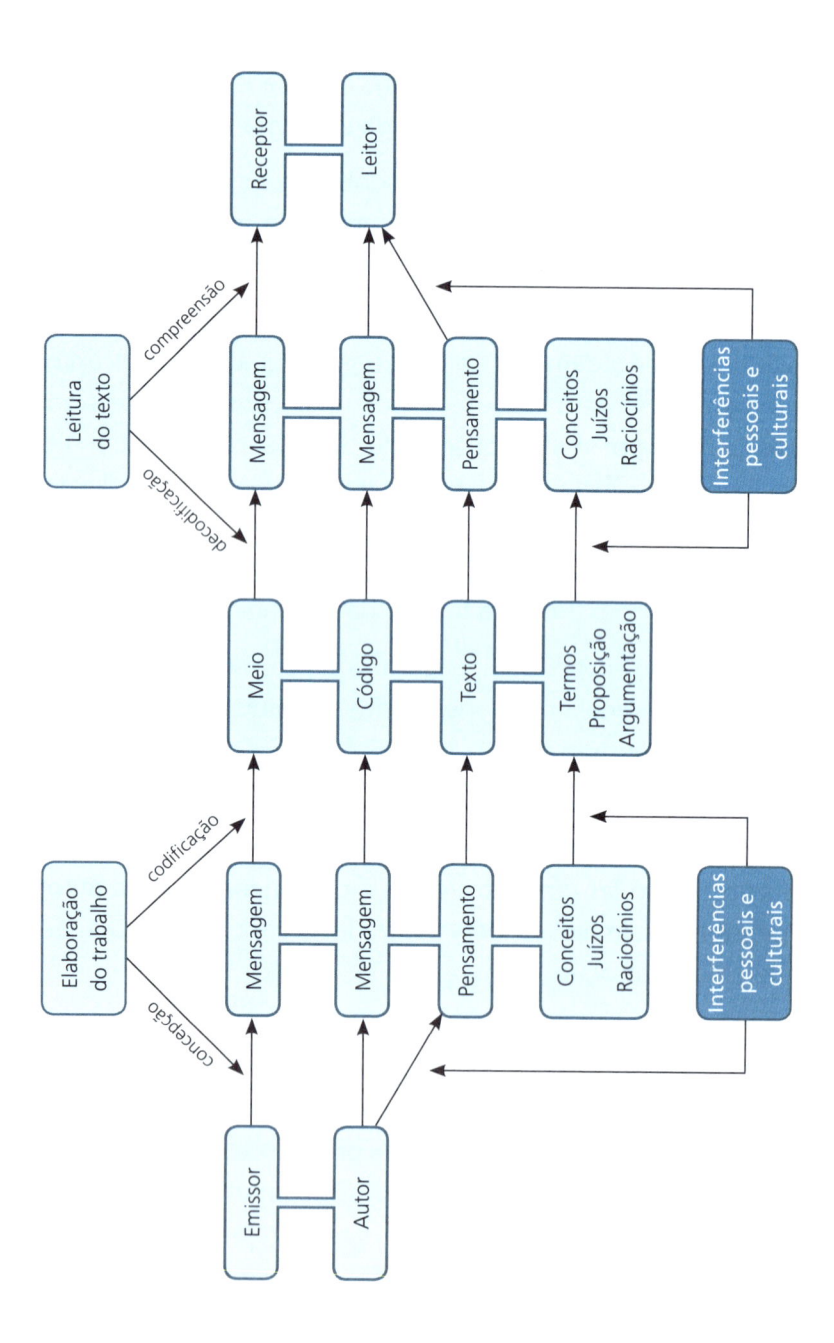

Figura 2. Esquema geral da comunicação humana.

Tal a justificação fundamental para a formulação de diretrizes para o trabalho científico em geral e para a leitura e composição de textos em particular. O processo de realização do trabalho científico pode ser visualizado no fluxograma anterior.

As diretrizes metodológicas que são apresentadas a seguir têm apenas objetivos práticos. Esta seção visa fornecer elementos para uma melhor abordagem de textos de natureza teórica, possibilitando uma leitura mais rica e mais proveitosa. Frise-se ainda que tais recursos metodológicos não podem prescindir de certa preparação geral relativa à área em que o texto se situa e ao domínio da língua em que é escrito.

1.a. Delimitação da unidade de leitura

A primeira medida a ser tomada pelo leitor é o estabelecimento de uma unidade de leitura. Unidade é um setor do texto que forma uma totalidade de sentido. Assim, pode-se considerar um capítulo, uma seção ou qualquer outra subdivisão. Toma-se uma parte que forme certa unidade de sentido para que se possa trabalhar sobre ela. Dessa maneira, determinam-se os limites no interior dos quais se processará a disciplina do trabalho de leitura e estudo em busca da compreensão da mensagem.

De acordo com esta orientação, a leitura de um texto, quando feita para fins de estudo, deve ser realizada por etapas, ou seja, apenas terminada a análise de uma unidade é que se passará à seguinte. Terminado o processo, o leitor se verá em condições de refazer o raciocínio global do livro, reduzindo a uma forma sintética.

A extensão da unidade será determinada proporcionalmente à acessibilidade do texto, a ser definida por sua natureza, assim como pela familiaridade do leitor com o assunto tratado.

O estudo da unidade deve ser feito de maneira contínua, evitando-se intervalos de tempo muito grandes entre as várias etapas da análise.

1.b. A análise textual

A *análise textual:* primeira abordagem do texto com vistas à preparação da leitura.

Determinada a unidade de leitura, o estudante-leitor deve proceder a uma série de atividades ainda preparatórias para a análise aprofundada do texto.

Procede-se inicialmente a uma leitura seguida e completa da unidade do texto em estudo. Trata-se de uma leitura atenta mas ainda corrida, sem buscar esgotar toda a compreensão do texto. A finalidade da primeira leitura é uma tomada de contato com toda a unidade, buscando-se uma visão panorâmica, uma visão de conjunto do raciocínio do autor. Além disso, o contato geral permite ao leitor sentir o estilo e método do texto.

Durante o primeiro contato deverá ainda o leitor fazer o levantamento de todos aqueles elementos básicos para a devida compreensão do texto. Isso quer dizer que é preciso assinalar todos os pontos passíveis de dúvida e que exijam esclarecimentos que condicionam a compreensão da mensagem do autor.

O primeiro esclarecimento a ser buscado são os dados a respeito do *autor* do texto. Uma pesquisa atenta sobre a vida, a obra e o pensamento do autor da unidade fornecerá elementos úteis para uma elucidação das ideias expostas na unidade. Observe-se, porém, que esses esclarecimentos devem ser assumidos com certa reserva, a fim de que as interpretações dos comentadores não venham prejudicar a compreensão objetiva das ideias expostas na unidade estudada.

Deve-se assinalar, a seguir, o vocabulário: trata-se de fazer um levantamento dos conceitos e dos termos que sejam fundamentais para a compreensão do texto ou que sejam desconhecidos do leitor. Em toda unidade de leitura há sempre alguns conceitos básicos que dão sentido à mensagem e, muitas vezes, seu significado não é muito claro ao leitor numa primeira abordagem. É preciso eliminar todas as ambiguidades desses conceitos para que se possa entender univocamente o que se está lendo.

Por outro lado, o texto pode fazer referências a *fatos históricos*, a outros *autores* e especialmente a outras *doutrinas*, cujo sentido no texto é pressuposto pelo autor mas nem sempre conhecido do leitor.

Todos esses elementos devem ser, durante a primeira abordagem, transcritos para uma folha à parte. Percorrida a unidade e levantados todos os elementos carentes de maiores esclarecimentos, interrompe-se a leitura do texto e procede-se a uma pesquisa prévia no sentido de se buscar *esses informes.*

Esses esclarecimentos são encontrados em: dicionários, textos de história, manuais didáticos ou monografias especializadas, enfim, em obras de referência das várias especialidades. Pode-se também recorrer a outros estudiosos e especialistas da área.

Note-se que a busca de esclarecimentos tem tríplice vantagem: em primeiro lugar, diversificando as atividades no estudo, torna-o menos monótono e cansativo; em segundo lugar, propicia uma série de informações e conhecimentos que passariam despercebidos numa leitura assistemática; em terceiro lugar, tornando o texto mais claro, sua leitura ficará mais agradável e muito mais enriquecedora.

A análise textual pode ser encerrada com uma esquematização do texto cuja finalidade é apresentar uma visão de conjunto da unidade. O *esquema* organiza a estrutura redacional do texto que serve de suporte material ao raciocínio.

Muitos confundem essa esquematização com o resumo do texto. De fato, a apresentação das ideias mais relevantes do texto não deixa de ser uma síntese material da unidade, mas ainda não realiza todas as exigências para um resumo lógico do pensamento expresso no texto, que é atingido pela análise temática, como se verá no item seguinte.

A utilidade do esquema está no fato de permitir uma visualização global do texto. A melhor maneira de se proceder é dividir inicialmente a unidade nos três momentos redacionais: introdução, desenvolvimento e conclusão. Toda unidade completa comporta necessariamente esses três momentos. Depois são feitas as divisões exigidas pela própria redação, no interior de cada uma dessas etapas.

Tratando-se de unidades maiores, retiradas de livros ou revistas, cada subdivisão é referida ao número da página em que se situa; tratan-do-se de textos não paginados, deve-se numerar previamente os pará-grafos para que se possa fazer as devidas referências.

1.c. A análise temática

De posse dos instrumentos de expressão usados pelo autor, do sen-tido unívoco de todos os conceitos e conhecedor de todas as referências e alusões utilizadas por ele, o leitor passará, numa segunda abordagem, à etapa da compreensão da mensagem global veiculada na unidade.

A análise temática procura ouvir o autor, apreender, sem intervir nele, o conteúdo de sua mensagem. Praticamente, trata-se de fazer ao texto uma série de perguntas cujas respostas fornecem o conteúdo da mensagem.

Em primeiro lugar busca-se saber do que fala o texto. A resposta a esta questão revela o *tema* ou *assunto* da unidade. Embora aparentemen-te simples de ser resolvida, essa questão ilude muitas vezes. Nem sempre o título da unidade dá uma ideia fiel do tema. Às vezes apenas o insinua por associação ou analogia; outras vezes não tem nada que ver com o tema. Em geral, o tema tem determinada estrutura: o autor está falando não de um objeto, de um fato determinado, mas de relações variadas en-tre vários elementos; além dessa possível estruturação, é preciso captar a perspectiva de abordagem do autor: tal perspectiva define o âmbito dentro do qual o tema é tratado, restringindo-o a limites determinados.

Avançando um pouco mais na tentativa da apreensão da men-sagem do autor, capta-se a *problematização* do tema, porque não se pode falar coisa alguma a respeito de um tema se ele não se apresentar como um *problema* para aquele que discorre sobre ele. A apreensão da problemática, que por assim dizer "provocou" o autor, é condição básica para se entender devidamente um texto, sobretudo em se tratando de textos filosóficos.

Pergunta-se, pois, ao texto em estudo: como o assunto está problematizado? Qual dificuldade deve ser resolvida? Qual o problema a ser solucionado? A formulação do problema nem sempre é clara e precisa no texto, em geral é implícita, cabendo ao leitor explicitá-la.

Captada a problemática, a terceira questão surge espontaneamente: o que o autor fala sobre o tema, ou seja, como responde à dificuldade, ao problema levantado? Que posição assume, que ideia defende, o que quer demonstrar? A resposta a esta questão revela a *ideia central, proposição fundamental* ou *tese*: trata-se sempre da ideia mestra, da ideia principal defendida pelo autor naquela unidade. Em geral, nos textos logicamente estruturados, cada unidade tem sempre uma única ideia central, todas as demais ideias estão vinculadas a ela ou são apenas paralelas ou complementares. Daí a percepção de que ela representa o núcleo essencial da mensagem do autor e a sua apreensão torna o texto inteligível. Normalmente, a tese deveria ter formulação expressa na introdução da unidade, mas isto não ocorre sempre, estando, às vezes, difusa no corpo da unidade.

Na explicitação da tese sempre deve ser usada uma *proposição*, uma *oração*, um *juízo completo* e nunca apenas uma *expressão*, como ocorre no caso do tema.

A ideia central pode ser considerada inicialmente como uma hipótese geral da unidade, pois que é justamente essa ideia que cabe à unidade demonstrar mediante o *raciocínio*. Por isso, a quarta questão a se responder é: como o autor demonstra sua tese, como comprova sua posição básica? Qual foi o seu raciocínio, a sua *argumentação*?

É através do raciocínio que o autor expõe, passo a passo, seu pensamento e transmite sua mensagem. O raciocínio, a argumentação, é o conjunto de ideias e proposições logicamente encadeadas, mediante as quais o autor demonstra sua posição ou tese. Estabelecer o raciocínio de uma unidade de leitura é o mesmo que reconstituir o processo lógico, segundo o qual o texto deve ter sido estruturado: com efeito, o raciocínio é a estrutura lógica do texto.

A esta altura, o que o autor quis dizer de essencial já foi apreendido. Ocorre, contudo, que os autores geralmente tocam em outros temas paralelos ao tema central, assumindo outras posições secundárias no decorrer da unidade. Essas ideias são como que intercaladas e não são indispensáveis ao raciocínio, tanto que poderiam ser até eliminadas sem truncar a sequência lógica do texto. Associadas às *ideias secundárias*, de conteúdo próprio e independente, complementam o pensamento do autor: são subtemas e subteses.

Para levantar tais ideias, basta ler o texto perguntando se a unidade ainda é questão de outros assuntos.

Note-se que é esta análise temática que serve de base para o *resumo* ou *síntese* de um texto. Quando se pede o resumo de um texto, o que se tem em vista é a síntese das ideias do raciocínio e não a mera redução dos parágrafos. Daí poder o resumo ser escrito com outras palavras, desde que as ideias sejam as mesmas do texto.

É também esta análise que fornece as condições para se construir tecnicamente um *roteiro de leitura* como, por exemplo, o resumo orientador para seminários e estudo dirigido.

Finalmente, é com base na análise temática que se pode construir o *organograma lógico* de uma unidade: a representação geometrizada de um raciocínio.

1.d. A análise interpretativa

A *análise interpretativa* é a terceira abordagem do texto com vistas à sua interpretação, mediante a situação das ideias do autor.

A partir da compreensão objetiva da mensagem comunicada pelo texto, o que se tem em vista é a síntese das ideias do raciocínio e a compreensão profunda do texto não traria grandes benefícios.

Interpretar, em sentido restrito, é tomar uma posição própria a respeito das ideias enunciadas, é superar a estrita mensagem do texto, é ler nas entrelinhas, é forçar o autor a um diálogo, é explorar toda a fecundidade das ideias expostas, é cotejá-las com outras, enfim, é dialogar com o autor. Bem se vê que esta última etapa da leitura analítica é a mais difícil e delicada, uma vez que os riscos de interferência da subjetividade do leitor são maiores, além de pressupor outros instrumentos culturais e formação específica.

A primeira etapa de interpretação consiste em situar o pensamento desenvolvido na unidade na esfera mais ampla do pensamento geral do autor, e em verificar como as ideias expostas na unidade se relacionam com as posições gerais do pensamento teórico do autor, tal como é conhecido por outras fontes.

A seguir, o pensamento apresentado na unidade permite situar o autor no contexto mais amplo da cultura filosófica em geral, situá-lo por suas posições aí assumidas, nas várias orientações filosóficas existentes, mostrando-se o sentido de sua própria perspectiva e destacando-se tanto os pontos comuns como os originais.

Nas duas primeiras etapas, busca-se ao mesmo tempo o relacionamento lógico-estático das ideias do autor no conjunto da cultura daquela área, assim como o relacionamento lógico-dinâmico de suas ideias com as posições de outros autores que eventualmente o influenciaram ou que foram por ele influenciados. Em ambos os casos, trata-se de uma abordagem genérica.

Depois disso, já de um ponto de vista estrutural, busca-se uma compreensão interpretativa do pensamento exposto e explicitam-se os *pressupostos* que o texto implica. Tais pressupostos são ideias nem sempre claramente expressas no texto, são princípios que justificam, muitas vezes, a posição assumida pelo autor, tornando-a mais coerente dentro de uma estrutura rigorosa.

Em outro momento, estabelece-se uma aproximação e uma associação das ideias expostas no texto com outras ideias semelhantes que eventualmente tenham recebido outra abordagem, independentemente de qualquer tipo de influência. Faz-se uma comparação com ideias temáticas afins, sugeridas pelos vários enfoques e colocações do autor. Uma leitura é tanto mais fecunda quanto mais sugere temas para a reflexão do leitor.

O próximo passo da interpretação é a *crítica*. Não se trata aqui do trabalho metodológico da crítica externa e interna, adotado na pesquisa científica. O que se visa, durante a leitura analítica, é a formulação de um juízo crítico, de uma tomada de posição, enfim, de uma avaliação cujos critérios devem ser delimitados pela própria natureza do texto lido.

Tal avaliação tem duas perspectivas: de um lado, o texto pode ser julgado levando-se em conta sua coerência interna; de outro lado, pode ser julgado levando-se em conta sua originalidade, alcance, validade e a contribuição que dá à discussão do problema.

Do primeiro ponto de vista, busca-se determinar até que ponto o autor conseguiu atingir, de modo lógico, os objetivos que se propusera alcançar; pergunta-se até que ponto o raciocínio foi eficaz na demons- tração da tese proposta e até que ponto a conclusão a que chegou está realmente fundada numa argumentação sólida e sem falhas, coerente com as suas premissas e com várias etapas percorridas.

A partir do segundo ponto de vista, formula-se um juízo crítico sobre o raciocínio em questão: até que ponto o autor consegue uma co- locação original, própria, pessoal, superando a pura retomada de textos de outros autores, até que ponto o tratamento dispensado por ele ao tema é profundo e não superficial e meramente erudito; trata-se de se saber ainda qual o alcance, ou seja, a relevância e a contribuição especí- fica do texto para o estudo do tema abordado.

Resta aludir aqui a uma possível crítica pessoal às posições defen- didas no texto. Porque exige maturidade intelectual, essa é a fase mais delicada da interpretação de um texto; é viável desde o momento em que a vivência pessoal do problema tenha alcançado níveis que permi- tam o debate da questão tratada. Observa-se ainda que o objetivo último da formação filosófica é o amadurecimento da reflexão pessoal para o tratamento autônomo dessas questões. A atividade filosófica começa no momento em que se explica a própria experiência. Para alcançar tal objetivo esbarra-se na abordagem dos textos deixados pelos autores. É por isso que a leitura analítica metodologicamente realizada é instrumento adequado e eficaz para o amadurecimento intelectual do estudante.

1.e. A problematização

A *problematização* é a quarta abordagem da unidade com vistas ao levantamento dos problemas para a discussão, sobretudo quando o estudo é feito em grupo. Retoma-se todo o texto, tendo em vista o levantamento de problemas relevantes para a reflexão pessoal e principalmente para a discussão em grupo.

Os problemas podem situar-se no nível das três abordagens anteriores; desde problemas textuais, os mais objetivos e concretos, até os mais difíceis problemas de interpretação, todos constituem elementos válidos para a reflexão individual ou em grupo. O debate e a reflexão são essenciais à própria atividade filosófica e científica.

Cumpre observar a distinção a ser feita entre a tarefa de *determinação do problema* da unidade, segunda etapa da análise temática, e a *problematização geral* do texto, última etapa da análise de textos científicos. No primeiro caso, o que se pede é o desvelamento da situação de conflito que provocou o autor para a busca de uma solução. No presente momento, *problematização* é tomada em sentido amplo e visa levantar, para a discussão e a reflexão, as questões explícitas ou implícitas no texto.

1.f. A síntese pessoal

A discussão da problemática levantada pelo texto, bem como a reflexão a que ele conduz, devem levar o leitor a uma fase de elaboração pessoal ou de síntese. Trata-se de uma etapa ligada antes à construção lógica de uma redação do que à leitura como tal. De qualquer modo, a leitura bem-feita deve possibilitar ao estudioso progredir no desenvolvimento das ideias do autor, bem como daqueles elementos relacionados com elas. Ademais, o trabalho de síntese pessoal é sempre exigido no contexto das atividades didáticas, quer como tarefa específica, quer como parte de relatórios ou de roteiros de seminários. Significa também valioso exercício de raciocínio – garantia de amadurecimento intelectual.

Como a problematização, esta etapa se apoia na retomada de pontos abordados em todas as etapas anteriores.

CONCLUSÃO

A leitura analítica desenvolve no estudante-leitor uma série de posturas lógicas que constituem a via mais adequada para sua própria formação, tanto na sua área específica de estudo quanto na sua formação filosófica em geral.

Com o objetivo de fornecer uma representação global da leitura analítica, assim como permitir uma recapitulação de todo o processo, são apresentados a seguir um esquema pormenorizado com suas várias atividades e um fluxograma com suas principais etapas.

RECAPITULANDO

A leitura analítica é um método de estudo que tem como objetivos:

1. favorecer a compreensão global do significado do texto;
2. treinar para a compreensão e interpretação crítica dos textos;
3. auxiliar no desenvolvimento do raciocínio lógico;
4. fornecer instrumentos para o trabalho intelectual desenvolvido nos seminários, no estudo dirigido, no estudo pessoal e em grupos, na confecção de resumos, resenhas, relatórios etc.

Seus processos básicos são os seguintes:

1. *Análise textual:* preparação do texto;

   trabalhar sobre unidades delimitadas (um capítulo, uma seção, uma parte etc., sempre um trecho com um pensamento completo); fazer uma leitura rápida e atenta da unidade para se adquirir uma visão de conjunto desta; levantar esclarecimentos relativos ao autor, ao vocabulário específico, aos fatos, doutrinas e autores citados, que sejam importantes para a compreensão da mensagem; esquematizar o texto, evidenciando sua estrutura redacional.

2. *Análise temática*: compreensão do texto;

determinar o tema-problema, a ideia central e as ideias secundárias da unidade; refazer a linha de raciocínio do autor, ou seja, reconstruir o processo lógico do pensamento do autor; evidenciar a estrutura lógica do texto, esquematizando a sequência das ideias.

3. *Análise interpretativa*: interpretação do texto;

situar o texto no contexto da vida e da obra do autor, assim como no contexto da cultura de sua especialidade, tanto do ponto de vista histórico como do ponto de vista teórico; explicitar os pressupostos filosóficos do autor que justifiquem suas posturas teóricas; aproximar e associar ideias do autor expressas na unidade com outras ideias relacionadas à mesma temática; exercer uma atitude crítica diante das posições do autor em termos de:

a) coerência interna da argumentação;

b) validade dos argumentos empregados;

c) originalidade do tratamento dado ao problema;

d) profundidade de análise ao tema;

e) alcance de suas conclusões e consequências;

f) apreciação e juízo pessoal das ideias defendidas.

4. *Problematização*: discussão do texto;

levantar e debater questões explícitas ou implicitadas no texto; debater questões afins sugeridas pelo leitor.[4]

---

[4] A leitura analítica é também fonte essencial da documentação, conforme será visto às p. 158 ss. Cada uma das etapas fornece elementos que, de acordo com as necessidades de cada um, podem ser transcritos para a *ficha de documentação*.

5. *Síntese pessoal*: reelaboração pessoal da mensagem; desenvolver a mensagem mediante retomada pessoal do texto e raciocínio personalizado; elaborar um novo texto, com redação própria, com discussão e reflexão pessoais.

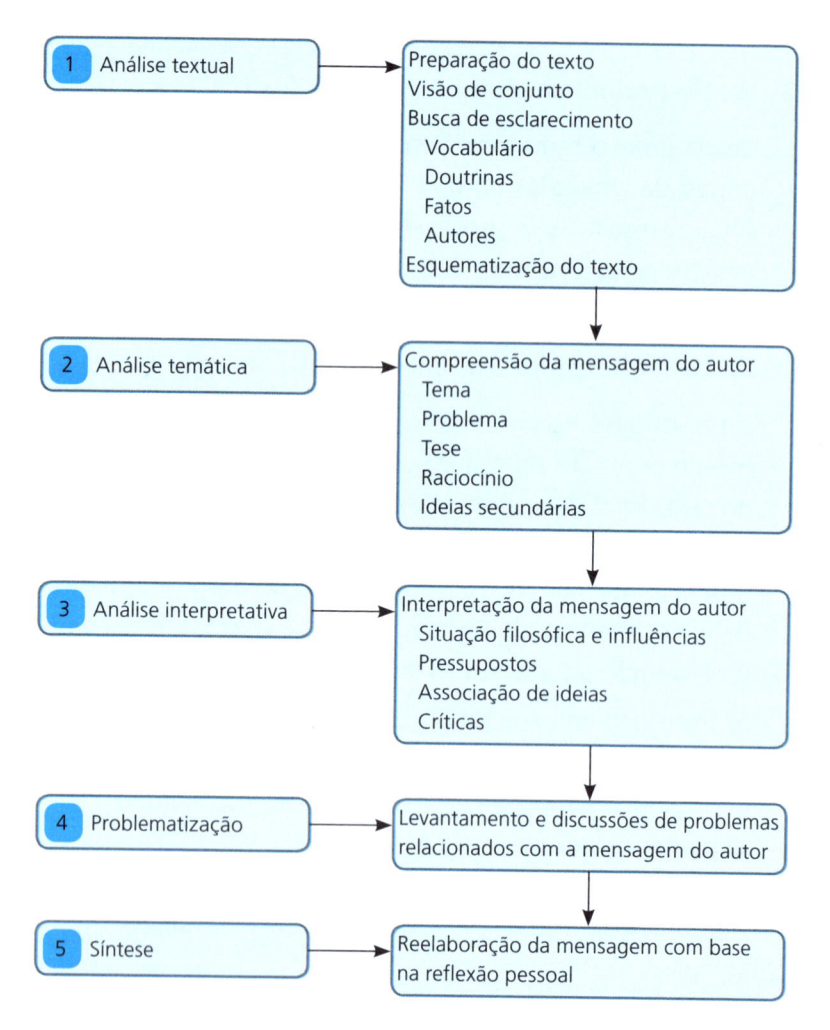

Figura 3. Esquema de leitura analítica

2.2.2. A documentação como método de estudo pessoal

O estudo e a aprendizagem, em qualquer área do conhecimento, são plenamente eficazes somente quando criam condições para uma contínua e progressiva assimilação pessoal dos conteúdos estudados. A assimilação, por sua vez, precisa ser qualitativa e inteligentemente seletiva, dada a complexidade e a enorme diversidade das várias áreas do saber atual.

Daí a grande dificuldade encontrada pelos estudantes, cada dia mais confrontados com uma cultura que não cessa de complexificar-se e se utilizar de acanhados métodos de estudo que não acompanham, no mesmo ritmo, a evolução global da cultura e da ciência. Alguns acreditam que é possível encontrar na própria tecnologia os recursos que possibilitem superar tais dificuldades da aprendizagem. Os recursos milagrosos da tecnologia, no entanto, estão ainda para ser criados e testados; os métodos acadêmicos tradicionais, baseados na assimilação, passiva, já não fornecem nenhum resultado eficaz.

O estudante tem de se convencer de que sua aprendizagem é uma tarefa eminentemente pessoal; tem de se transformar num estudioso que encontra no ensino escolar não um ponto de chegada, mas um limiar a partir do qual constitui toda uma atividade de estudo e de pesquisa, que lhe proporciona instrumentos de trabalho criativo em sua área. É inútil retorquir que isto já é óbvio para qualquer estudante. De fato, nunca se apregoou tanto como hoje a importância da criatividade nos vários momentos da vida escolar. Mas o fato é que os hábitos correspondentes não foram instaurados e, na prática de ensino, os resultados continuam insatisfatórios.

2.a. A prática da documentação

Há muitos textos sobre documentação; entre eles, consultar Délcio V. SALOMON, *Como fazer uma monografia*, p. 103-128; e a orientação de Ângelo D. SALVADOR, *Métodos e técnicas da pesquisa bibliográfica*, p. 61-112, que apresenta outro modelo de documentação.

As considerações que seguem visam tão somente sugerir formas concretas para o estudo pessoal, sem se preocupar em delinear uma teoria e uma técnica muito sofisticada de documentação. Ressaltar a importância da técnica da documentação como forma de estudo (talvez já conhecida e praticada por muitos, mas nem sempre com a devida correção) é o único objetivo aqui visado.

O saber constitui-se pela capacidade de reflexão no interior de determinada área do conhecimento. A reflexão, no entanto, exige o domínio de uma série de informações. O ato de filosofar, por exemplo, reclama um pensar por conta própria que é atingido mediante o pensamento de outras pessoas. A formação filosófica pressupõe, dialética e não mecanicamente, a informação filosófica. Do mesmo modo alguém se torna grande poeta ou escritor e, como tal, altera com seu gênio sua língua e sua cultura. Antes, porém, de aí chegar será influenciado por essa cultura e se comunicará através da língua que aprendeu submissamente. Afinal, o homem é um ser culturalmente situado.

Assim sendo, a posse de informação completa de sua área de especialização é razoável nas áreas afins, assim como certa cultura geral é uma exigência para qualquer estudante universitário cujos objetivos signifiquem algo mais que um diploma.

Essa informação só se pode adquirir através da documentação realizada criteriosamente. O didatismo tem criado uma série de vícios que se arraigaram na vida escolar dos estudantes desde a escola primária, esterilizando os resultados do ensino.

Não traz resultados positivos para o estudo ouvir aulas, por mais brilhantes que sejam, nem adianta ler livros clássicos e célebres. Isso só tem algum valor à medida que se traduzir em documentação pessoal, ou seja, à medida que esses elementos puderem estar à disposição do estudante, a qualquer momento de sua vida intelectual.

A prática da documentação pessoal deve, pois, tornar-se uma constante na vida do estudante: é preciso convencer-se de sua necessidade e utilidade, colocá-la como integrante do processo de estudo e criar um conjunto de técnicas para organizá-la. (SALOMON, 1973, p. 107)

> De um ponto de vista técnico e enquanto método pessoal de estudo, pode-se falar em três formas de documentação: a documentação temática, a documentação bibliográfica e a documentação geral.

A documentação de tudo o que for julgado importante e útil em função dos estudos e do trabalho profissional deve ser feita em fichas. Tomar notas em cadernos é um hábito desaconselhável devido à sua pouca funcionalidade.

2.b. A documentação temática

A documentação temática visa coletar elementos relevantes para o estudo em geral ou para a realização de um trabalho em particular, sempre dentro de determinada área. Na documentação temática, esses elementos são determinados em função da própria estrutura do conteúdo da área estudada ou do trabalho em realização.

> A documentação temática destina-se ao registro dos elementos cujos conteúdos precisam ser apreendidos para o estudo em geral e para trabalhos específicos em particular. Esses elementos podem ser conceitos, ideias, teorias, fatos, reflexões pessoais, dados sobre autores, informes históricos etc.

Tal documentação é feita, portanto, seguindo-se um plano sistemático, constituído pelos temas e subtemas da área ou do trabalho em questão. A esses temas e subtemas correspondem os títulos e subtítulos que encabeçam as fichas, e formam um conjunto geral de fichas ou fichário.

Os elementos a serem transcritos nas fichas de documentação temática não são tirados apenas das leituras particulares, mas também das aulas, das conferências e dos seminários. As ideias pessoais importantes para qualquer projeto futuro também devem ser transcritas nas fichas, para não se perderem com o passar do tempo.

Quando se transcreve na ficha uma citação literal, essa citação virá entre aspas, terminando com a indicação abreviada da fonte; quando a transcrição contiver apenas uma síntese das ideias da passagem citada, dispensam-se as aspas, mantendo-se a indicação da fonte; quando são transcritas ideias pessoais, não é necessário usar nem aspas nem indicações de fonte, nem sinais indicativos, pois a ausência de qualquer referência revela que são ideias elaboradas pelo próprio autor.

O fichário é constituído primeiramente pelas Fichas de Documentação Temática. Baseia-se nos conceitos fundamentais que estruturam determinada área de saber. Cada estudante pode formar seu fichário de documentação temática relacionado ao curso que está seguindo, a partir da estrutura curricular deste. Nesse caso, cada disciplina corresponderia a um setor do fichário e suas partes essenciais determinariam os títulos das fichas, enquanto os conceitos e elementos fundamentais dessas partes corresponderiam aos subtítulos das fichas.[5]

> Destaque especial merece o registro de dados de pessoas (autores, pensadores, cientistas), razão pela qual se pode distinguir as Fichas de Documentação Biográfica, como subconjunto da Documentação Temática.

Concretamente, no que diz respeito às aulas, os estudantes, ao reverem seus apontamentos de classe, nos cadernos de rascunho, passariam os tópicos mais importantes para as fichas, sistematizando as ideias a serem retidas. Também assim deveriam ser estudadas as "apostilas" – enquanto durarem: far-se-ia uma documentação temática dos principais conceitos da matéria em pauta. Mesmo procedimento a ser adotado em

---

[5] Délcio V. SALOMON, *Como fazer uma monografia*, p. 116-121, apresenta alguns modelos de fichários de documentação.

relação aos livros cujo conteúdo tem interesse direto ou complementar para o curso. Igualmente, todas as leituras complementares devem traduzir-se em documentação, assim como todas as demais atividades escolares.[6]

2.c. A documentação bibliográfica

> A documentação bibliográfica destina-se ao registro do dados de forma e conteúdo de um documento escrito: livro, artigo, capítulo, resenha etc. Ela constitui uma espécie de certidão de identidade desse documento...

É por isso que a documentação temática se completa pela documentação bibliográfica: as Fichas de Documentação Bibliográfica organizam-se de acordo com um critério de natureza temática. Assim, o livro é fichado tendo em vista a área geral e específica dentro da qual se situa.

O fichário de documentação bibliográfica constitui um acervo de informações sobre livros, artigos e demais trabalhos que existem sobre determinados assuntos, dentro de uma área do saber. Sistematicamente feito, proporciona ao estudante rica informação para seus estudos.

A documentação bibliográfica deve ser realizada paulatinamente, à medida que o estudante toma contato com os livros ou com os informes sobre eles. Assim, todo livro que cair em suas mãos será imediatamente fichado. Igualmente, todos os informes sobre algum livro pertinente à sua área possibilitam a abertura de uma ficha. Os informes sobre os livros são encontrados principalmente nas revistas especializadas, nas resenhas, nos catálogos etc.

As informações transcritas na Ficha de Documentação Bibliográfica são compostas em níveis cada vez mais aprofundados. Primeiramente, apresenta-se uma visão de conjunto, um apanhado amplo, o que pode ser feito após um primeiro e superficial contato com o livro, lendo-se apenas o sumário, as orelhas, o prefácio e a introdução. Depois, mediante leituras mais aprofundadas, são feitos

---

[6] Modelo de ficha de documentação temática à p. 78.

apontamentos mais rigorosos. A melhor informação para esse tipo de ficha seria aquela que sintetizasse a própria análise temática do texto. (Cf. p. 60-62).

Observe-se que os diversos níveis não precisam ser feitos de uma só vez. À medida que os contatos com os textos forem repetindo-se e aprofundando-se, em cada oportunidade serão lançados novos elementos.

Tal documentação pode ser feita também a respeito de artigos, resenhas, capítulos isolados etc. As várias informações devem ser seguidas pela indicação, entre parênteses, das páginas a que se referem.

Do ponto de vista técnico, colocar-se-á no alto, à esquerda, a citação bibliográfica[7] completa do texto fichado; no alto, à direita, ficarão o título e os eventuais subtítulos.[8]

Não há um tamanho padronizado para essas *fichas de documentação,* ficando a critério de cada um o seu formato. Tanto mais que agora elas podem ser digitadas em micro, formando documentos/arquivos, diretórios e pastas. Quando precisar de cópia, o estudante as imprime em folhas comuns tamanho A4 ou Letter.

2.d. A documentação geral

A documentação geral é aquela que organiza e guarda documentos úteis retirados de fontes perecíveis. Trata-se de passar para pastas, sistematicamente organizadas, documentos cuja conservação seja julgada importante. Assim, recortes de jornais, xerox de revistas, apostilas etc. são fontes que nem sempre são encontradas disponíveis fora da época de sua publicação.

Tais documentos são arquivados sob títulos classificatórios de seu conteúdo, formando um conjunto de textos relacionados com a área de interesse do estudante.

---

[7] Esta citação deve ser feita de acordo com a técnica bibliográfica, como é apresentado às p. 189-207 deste livro.

[8] Modelo de Ficha de Documentação Bibliográfica à p. 79.

> A documentação geral é técnica de identificação, coleta, organização e conservação de documentos, no caso aqui, de documentos impressos. Mas como técnica de pesquisa, a documentação é ainda mais abrangente. Cf. p. 132-133.

Quando, eventualmente, vierem a ser estudados em função de algum trabalho, esses documentos[12] podem servir de base para a documentação temática ou mesmo bibliográfica, em se tratando de um texto de maior valor científico.

É sob a forma de documentação geral que os estudantes deveriam guardar, de maneira sistemática e organizada, as apostilas, os textos-roteiros dos seminários, os trabalhos didáticos, os textos de conferências etc.

Para esse tipo de documentação são utilizadas as folhas tamanho ofício, sobre as quais são colados os recortes, deixando-se margens suficientes para os títulos e demais referências bibliográficas, como o nome do jornal ou revista de onde foram tirados, a data e a página.

Mas todas as modalidades de registro de documentação podem ser feitas igualmente sob formato digital, mediante a utilização de programas editores de textos, particularmente o Word. Neste caso, os fichários são criados como "Pastas" ou "Diretórios", designados pelo teor geral que engloba os diversos temas ou conteúdos: uma disciplina, Fichário Bibliográfico, área de conhecimento, Fichário Biográfico etc. Por sua vez, estas pastas podem ser subdivididas em outras pastas, cada pasta conteúdo as "fichas" ou os "arquivos". Cada ficha serve como um "arquivo", com título específico correspondendo ao tema de seu conteúdo.

2.e. Documentação em folhas de diversos tamanhos

Embora a documentação temática e bibliográfica utilize as fichas de cartolina acima citadas, podem ser usadas igualmente as folhas comuns de papel sulfite, de diversos tamanhos, ou ainda as *folhas pautadas*, feitas para classificadores escolares ("monobloco").

Embora dificulte a manipulação, a grande vantagem desse tipo de ficha é permitir a substituição do fichário tipo caixa por pastas-arquivos, classificadores, que facilitam o transporte. Há ainda a vantagem de facilitar o trabalho de datilografia, quando se prefere fazer a documentação à máquina. A opção entre os vários tipos de fichas fica a critério do aluno, que levará em conta sua maior adaptação a esses vários modelos.

Adotando-se as folhas, deve-se proceder de acordo com o mesmo esquema: no alto, à direita, uma *chamada geral*, com um título mais amplo que indique o tema principal, seguido, logo abaixo, por uma *chamada secundária*, com um título mais específico que indique o subtema abordado, a perspectiva, o enfoque sob o qual o tema é tratado ou o critério sob o qual o assunto está sendo documentado.

O universitário pode seguir como estrutura geral de seu fichário a própria estrutura curricular de seu curso. Para cada disciplina, abrirá uma *pasta*, um *classificador*. Cada seção será determinada pelos vários tópicos principais da referida disciplina e cada ficha trará, sistematicamente, o tema e o subtema das várias unidades que estão sendo anotados e documentados e que devem ser estudados. O procedimento técnico de anotação é o mesmo utilizado para o outro tipo de ficha. Ressalve-se, contudo, que neste caso o verso da folha não deve ser utilizado.

Igualmente é possível fazer o mesmo tipo de *fichário bibliográfico*. A classificação dos livros pode acompanhar também a estruturação curricular do seu curso.

Todo este trabalho de documentação deve ser feito à medida que o estudante desenvolve seus estudos. Como se viu no segundo capítulo, ao fazer a revisão da aula anterior, os elementos selecionados entre o material visto em classe são transcritos para as fichas. O mesmo será feito com eventuais elementos colhidos de pesquisas complementares ou paralelas referentes aos temas estudados. Proceder-se-á igualmente com os livros: começando com os indicados pelo próprio curso e com aqueles assinalados como bibliografia complementar. Para os demais livros de interesse para seus estudos, inclusive informações colhidas de informes de revistas, repertórios, catálogos, ele *abrirá* uma *Ficha de Documentação Bibliográfica,* que não só fornecerá informação sobre a existência de textos interessantes, como também aguardará a oportunidade de um estudo mais aprofundado, ocasião em que os resultados do estudo serão progressivamente transcritos numa ficha.

Tratando-se de autores cujo pensamento é relevante para o estudo da área de especialização, deve-se abrir igualmente uma *Ficha de Documentação Biográfica* só para o autor. (Cf. modelo à p. 80). Nessa ficha são anotados progressivamente, à medida que se tornarem disponíveis, os dados biobibliográficos do autor, bem como os pontos mais importantes de seu pensamento.

2.f. Vocabulário técnico-linguístico

No contexto da documentação temática, recomenda-se que os estudantes elaborem igualmente um *glossário* dos principais conceitos e categorias que devem necessariamente dominar para levar avante seus estudos em geral, assim como suas pesquisas em particular. Assim, o seu fichário de documentação temática conteria um *vocabulário técnico-linguístico*, com um conjunto personalizado de termos cuja compreensão é necessária tanto para a leitura como para a redação. Nestas fichas, esses termos são sistematicamente transcritos e explicitados.

Este fichário poderia incluir também a *Ficha de Documentação Biográfica,* armazenando dados e informações biográficas sobre pensadores que constituem referências diretas para os campos de formação dos estudantes. Estes informes precisam ser periodicamente atualizados.

EPISTEMOLOGIA
conceituação

Segundo Lalande, trata-se de uma filosofia das ciências, mas de modo especial, enquanto "é essencialmente o estudo crítico dos princípios, das hipóteses e dos resultados das diversas ciências, destinado a determinar sua origem lógica (não psicológica), seu valor e seu alcance objetivo". Para Lalande, ela se distingue, portanto, da teoria do conhecimento, da qual serve, contudo, como introdução e auxiliar indispensável.

LALANDE, *Voc. Tecn.*, 293

"Por Epistemologia, no sentido bem amplo do termo, podemos considerar o estudo metódico e reflexivo do saber, de sua organização, de sua formação, de seu desenvolvimento, de seu funcionamento e de seus produtos intelectuais."

JAPIASSU, *Intr.*, 16

Japiassu distingue três tipos de Epistemologia:

1. a *Epistemologia global* ou geral que trata do saber globalmente considerado, com a virtualidade e os problemas do conjunto de sua organização, quer sejam especulativos, quer científicos;

2. a *Epistemologia particular* que trata de levar em consideração um campo particular do saber, quer seja especulativo, quer científico;

3. a *Epistemologia específica* que trata de levar em conta uma disciplina intelectualmente constituída em unidade bem definida do saber e de estudá-la de modo próximo, detalhado e técnico, mostrando sua organização, seu funcionamento e as possíveis relações que ela mantém com as demais disciplinas.

Figura 4. Ficha de documentação temática.

JAPIASSU, Hilton F.   EPISTEMOLOGIA
O mito da neutralidade científica
Rio de Janeiro, Imago, 1975 (Série Logoteca), 188 p.
Resenhas: Reflexão I (2): 163-168. abr. 1976.
Revista Brasileira de Filosofia 26 (102): 252-253. jun. 1976.

O texto visa fornecer alguns elementos e instrumentos introdutórios a uma reflexão aprofundada e crítica sobre certos problemas epistemológicos (p. 15) e trata da questão da objetividade científica, dos pressupostos ideológicos da ciência, do caráter praxiológico das ciências humanas, dos fundamentos epistemológicos do cientificismo, da ética do conhecimento objetivo, do problema da cientificidade da epistemologia e do papel do educador da inteligência.

Embora se trate de capítulos autônomos, todos se inscrevem dentro de uma problemática fundamental: a das relações entre a ciência objetiva e alguns de seus pressupostos.

O primeiro capítulo, "Objetividade científica e pressupostos axiológicos" (p. 17-47), coloca o problema da objetividade da ciência e levanta os principais pressupostos axiológicos que subjazem ao processo de constituição e de desenvolvimento das ciências humanas.

No segundo capítulo, "Ciências humanas e praxiologia" (p. 49-70), é abordado o caráter intervencionista destas ciências: elas, nas suas condições concretas de realização, apresentam-se como técnicas de intervenção na realidade, participando ao mesmo tempo do descritivo e do normativo.

No terceiro capítulo, "Fundamentos epistemológicos do cientificismo" (p. 71-96), o autor busca elucidar os fundamentos epistemológicos responsáveis pela atitude cientificista e mostra como o método experimental, racional e objetivo, apresentando-se como o único instrumento particular da razão, assumiu um papel imperialista, a ponto de identificar-se com a própria razão.

Figura 5. Ficha de documentação bibliográfica.

JAPIASSU

Hilton Ferreira Japiassu

1934-2015

Licenciado em Filosofia pela PUC do Rio de Janeiro, em 1969, formou-se em Teologia pelo Studium Generale Santo Tomás de Aquino, de São Paulo. Fez o mestrado em Filosofia, na área da Epistemologia, na Universidade de Grenoble, na França, em 1970; nessa mesma Universidade, doutorou-se em Filosofia, em 1974. Fez pós-doutorado, também na área de Epistemologia, na Universidade de Estrasburgo, em 1985.

Foi professor de Filosofia na PUC e na Universidade Federal do Rio de Janeiro. Teve intensa atividade acadêmica e cultural no âmbito da filosofia, atuando nos cursos de graduação e pós-graduação dessa área. Desenvolveu suas pesquisas nas áreas da epistemologia e História das Ciências, com foco especial no campo das Ciências Humanas, destacando-se a discussão do estatuto científico da Psicologia e da Psicanálise.

Além da tradução de inúmeros textos filosóficos e da publicação de muitos artigos, Japiassu é autor dos seguintes livros: *Introdução ao pensamento epistemológico*. Rio de Janeiro: Francisco Alves, 1975; *O mito da neutralidade científica*. Rio de Janeiro: Imago, 1976; *Interdisciplinaridade e patologia do saber*. Rio de Janeiro: Imago, 1977; *Interpretação e ideologia*. Rio de Janeiro: Francisco Alves, 1977; *Para ler Bachelard*. Rio de Janeiro: Francisco Alves, 1977; *Nascimento e morte das Ciências Humanas*. Rio de Janeiro: Francisco Alves, 1978; *Psicologia dos psicólogos*. Rio de Janeiro: Imago, 1979; *Questões epistemológicas*. Rio de Janeiro: Imago, 1981; *A pedagogia da incerteza*. Rio de Janeiro: Imago, 1983; *Psicanálise: ciência e contraciência*. Rio de Janeiro: Imago, 1989; *A revolução científica moderna*. Rio de Janeiro: Imago, 1986; *Dicionário Básico de Filosofia* (com Danilo Marcondes). Rio de Janeiro: J. Zahar Editor, 1990; *As paixões da ciência*. São Paulo: Letras & Letras, 1991; *Saber astrológico: impostura científica?* São Paulo: Letras & Letras, 1992; *Introdução às Ciências Humanas*. São Paulo: Letras & Letras, 1993; *Introdução à epistemologia da psicologia*. São Paulo: Letras & Letras, 199; *Francis Bacon: o profeta da ciência moderna*. São Paulo: Letras & Letras, 1995; *A crise da razão e do saber objetivo*. São Paulo: Letras &

Continua

Continuação

> Letras, 1996; *Um desafio à filosofia: pensar-se nos dias de hoje*. São Paulo: Letras & Letras, 1997; *Um desafio à educação: repensar a pedagogia científica*. São Paulo: Letras & Letras, 1998; *Nem tudo é relativo*. São Paulo: Letras & Letras, 2000; *Desistir de pensar? Nem pensar!* São Paulo: Letras & Letras, 2001; *Ciência e destino humano*. Rio de Janeiro: Imago, 2005; *O sonho transdisciplinar e as razões da filosofia*. Rio de Janeiro: Imago, 2006; *Como nasceu a ciência moderna e as razões da filosofia*. Rio de Janeiro: Imago, 2007; *O eclipse da psicanálise*. Rio de Janeiro: Imago, 2009; *Crise das ciências humanas*. 2012; *A face oculta da ciência*. Rio de Janeiro: Imago, 2013; *Ciência: questões impertinentes*. São Paulo: Letras & Letras, 2015.

Figura 6. Ficha de documentação biográfica.

2.3. A ESTRUTURA LÓGICA DO TEXTO

Todo trabalho científico, a ser escrito ou a ser lido e estudado, tem a forma de um discurso textual, ou seja, trata-se de um texto que é portador de uma mensagem codificada pelo seu autor e a ser decodificada pelo seu leitor.

Mas tanto a codificação como a decodificação da mensagem integrante do conteúdo desse discurso, além das regras linguísticas e gramaticais, pressupõem outras tantas regras lógicas. Elas expressam alguns pré-requisitos lógicos de toda atividade intelectual.

O trabalho científico em geral, do ponto de vista lógico, é um discurso completo. Tal discurso, em suas grandes linhas, pode ser narrativo, descritivo ou dissertativo. No sentido em que é tratado neste texto, o trabalho científico assume a forma dissertativa, pois seu objetivo é *demonstrar*, mediante *argumentos*, uma *tese*, que é uma solução proposta para um *problema*, relativo a determinado *tema*.

A demonstração baseia-se num processo de reflexão por argumentação, ou seja, baseia-se na articulação de ideias e fatos, portadores de razões que comprovem aquilo que se quer demonstrar. Essa articulação é conseguida mediante a apresentação de argumentos. Esses argumentos fundam-se nas conclusões dos raciocínios e nas conclusões dos processos de levantamento e caracterização dos fatos.

O raciocínio é um processo de pensamento pelo qual conhecimentos são logicamente encadeados de maneira a produzirem novos conhecimentos. Tal processo lógico pode ser dedutivo ou indutivo. Dedução e indução são, pois, processos lógicos de raciocínio.

O levantamento e a caracterização de fatos são realizados mediante o processo de pesquisa, sobretudo da pesquisa experimental, de acordo com técnicas específicas.[9]

2.3.1. A demonstração

Uma monografia científica deve, pois, assumir a forma lógica de demonstração de uma tese proposta hipoteticamente para solucionar um problema.

O problema é formulado sob a forma de uma enunciação de determinado tema, proposta de maneira interrogativa, pressupondo, portanto, pelo menos uma alternativa como resposta: é assim ou de outra maneira?; ou seja, pressupõe sempre a ruptura de harmonia existente numa afirmação assertiva. O problema, como já se viu (Cf. p. 139-140), levanta uma dúvida, coloca um obstáculo que precisa ser superado; opta-se, então, por uma das alternativas, na busca de uma evidência que está faltando.[10]

---

[9] Cabe à metodologia da pesquisa científica estabelecer os procedimentos técnicos a serem utilizados para tal investigação. Ademais, cada ciência delimita a aplicação das normas gerais do método científico ao objeto específico de sua pesquisa. Cf. L. LIARD, *Lógica*. 6. ed. São Paulo: Nacional, 1965. p. 104-174.

[10] Sobre a questão da evidência, ver P. CAROSI, *Curso de filosofia*, I. São Paulo: Paulinas, 1963. p. 383

Para se colocar o problema, é preciso que seja formulado de maneira clara em seus termos, definida e delimitada. É preciso esclarecer os termos, definindo-os devidamente. Daí a importância da definição.[11] Os limites da problematização devem ser determinados, pois não se pode tratar de tudo ao mesmo tempo e sob os mais diversos aspectos.

A demonstração da tese é realizada mediante uma sequência de argumentos, cada um provando uma etapa do discurso. A demonstração, de modo geral, utiliza-se mais do processo dedutivo.

Na demonstração de uma tese, pode-se proceder de maneira direta, quando se argumenta no sentido de provar que uma proposta de solução é verdadeira, sendo as demais falsas. E isto por decorrência das premissas. Nesse caso, trata-se de encontrar as premissas verdadeiras, objetivamente verdadeiras, e depois aplicar-lhes os procedimentos lógicos do raciocínio.

A demonstração, porém, pode proceder de maneira indireta quando se demonstra ser falsa a alternativa que se opõe contraditoriamente à tese proposta. Assim acontece quando se demonstra que da falsidade de uma tese decorrem consequências falsas; sendo o consequente falso, o antecedente também é falso.[12]

Também se demonstra a falsidade de um enunciado quando se mostra que ele se opõe diretamente ao princípio de não contradição ou a outro princípio evidente. É o caso da redução ao absurdo. (Cf. CAROSI, p. 387-9).

> Note-se que os termos dissertação, demonstração, argumentação e raciocínio são tomados, muitas vezes, como sinônimos. Neste caso, toma-se a parte pelo todo, considerando-se de maneira generalizada um processo parcial desenvolvido durante o discurso. É, pois, lícito dizer que o discurso é, na realidade, um raciocínio ou ainda uma argumentação.

---

[11] Mais elementos relacionados à lógica e a sua expressão redacional, cf a p. 91 deste livro, bem como L. LIARD, *Lógica*, p.24; Othon M. GARCIA, *Comunicação em prosa moderna*, p. 304.

[12] A natureza e os processos de raciocínio lógico são abordados mais detidamente às p. 92-93 deste livro. Podem ser vistos também em Paulo CAROSI, *Curso de Filosofia*, I, p. 387

Contudo, o sentido desses termos, no presente capítulo, é mais restrito. Dissertação é a forma geral do discurso e quer dizer que o discurso está pretendendo demonstrar uma tese mediante argumentos; demonstração é, pois, o conjunto sequenciado de operações lógicas que de conclusão em conclusão chega a uma conclusão final procurada; argumentação é entendida como uma operação, uma atividade executada durante a demonstração pelo uso dos argumentos; já raciocínio é um processo lógico de conhecimento, operação mental específica que pode servir inclusive de argumento para a demonstração.

A argumentação, ou seja, a operação com argumentos, apresentados com objetivo de comprovar uma tese, funda-se na evidência racional e na evidência dos fatos. A evidência racional, por sua vez, justifica-se pelos princípios da lógica. Não se pode buscar fundamentos mais primitivos. A evidência é a certeza manifesta imposta pela força dos modos de atuação da própria razão. Surge veiculada pelos princípios epistemológicos e lógicos do conhecimento humano, tanto por ocasião do desdobramento do raciocínio, como por ocasião da presentificação dos fatos.

A apresentação dos fatos é a principal fonte dos argumentos científicos. Daí o papel das estatísticas e do levantamento experimental dos fatos; no campo ou no laboratório, a caracterização dos fatos é etapa imprescindível da dissertação científica.

A argumentação formal que se desenvolve no discurso filosófico ou científico pressupõe devidamente analisadas as suas proposições em todos os elementos, devendo se ter sempre proposições afirmativas bem definidas e devidamente limitadas. De fato, é com as proposições que se formam os argumentos.

Argumentar consiste, pois, em apresentar uma tese, caracterizá-la devidamente, apresentar provas ou razões que estão a seu favor e concluir, se for o caso, pela sua validade. Para evitar que fiquem abertas margens para dúvidas, devem ser examinadas eventualmente as razões contrárias, tentando-se refutar a tese e prevenindo-se de objeções.

Esse processo é continuamente retomado e repetido no interior do discurso dissertativo que se compõe, com efeito, de etapas de levantamento de fatos, de caracterização de ideias e de fatos, mediante processos de análise ou de síntese, de apresentação de argumentos lógicos ou tatuais, de configuração de conclusões.

O trabalho científico, do ponto de vista de seus aspectos lógicos, pode ser representado, esquematicamente, da seguinte forma:

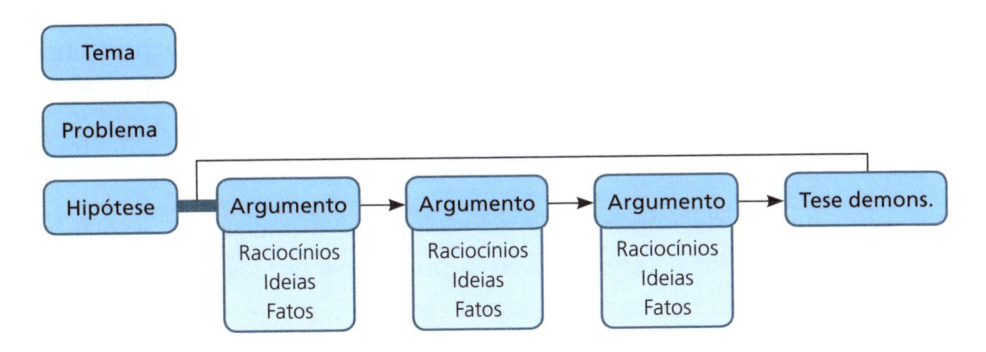

2.3.2. O raciocínio

O raciocínio é, pois, um dos elementos mais importantes da argumentação, porque suas conclusões fornecem bases sólidas para os argumentos.

Trata-se de um processo lógico de pensamento pelo qual de conhecimentos adquiridos se pode chegar a novos conhecimentos com o mesmo coeficiente de validade dos primeiros.

Quanto à sua estrutura, o raciocínio é um todo complexo, formado que é por um encadeamento de vários juízos, que são, igualmente, conjuntos formados por vários conceitos.

De maneira geral, como já se viu (Cf. p. 82-86), uma monografia científica pode ser considerada como um complexo de raciocínios que se desdobram num discurso lógico, do qual o texto redigido é simplesmente uma expressão linguística.

Neste sentido, a redação do texto mediante signos linguísticos é um simples instrumento para a transmissão do pensamento elaborado sob a forma de raciocínios, juízos e conceitos. A composição do texto é um processo de codificação da mensagem. O texto-linguagem é o código que cifra a mensagem pensada pelo autor.

Decorre daí a prioridade lógica do raciocínio sobre a redação. Por outro lado, porém, o leitor não pode ter acesso ao raciocínio a não ser através dos textos. Por isso, na composição do texto, no trabalho de codificação da mensagem pensada, todo o empenho deve ser posto no sentido de se garantir a melhor adequação possível entre a mensagem e o texto-código que servirá de intermédio entre o pensamento do autor e o pensamento do leitor.[13]

Em função da importância do raciocínio, é necessário tratar de alguns pontos básicos referentes à natureza dos processos lógicos do pensamento e do conhecimento, subjacentes à expressão linguística dos textos. Os aspectos gramaticais escapam aos limites deste trabalho.[14]

2.3.3. Processos lógicos de estudo

O trabalho científico implica ainda outros processos lógicos para a realização de suas várias etapas. Assim, para abordar determinado tema, objeto de suas pesquisas, reflexão e conhecimento, o autor pode utilizar-se de processos analíticos ou sintéticos.

3.a. A análise

A análise é um processo de tratamento do objeto – seja ele um objeto material, um conceito, uma ideia, um texto etc. – pelo qual este objeto é decomposto em suas partes constitutivas, tornando-se simples

---

[13] Voltar ao fluxograma da p. 56.

[14] Para os aspectos tratados pelas gramáticas, recomenda-se o texto de Othon M. GARCIA, *Comunicação em prosa moderna*.

aquilo que era composto e complexo. Trata-se, portanto, de dividir, isolar, discriminar.

A análise é pré-requisito para uma classificação. Esta se baseia em caracteres que definem critérios para a distribuição das partes em determinadas ordens. Não é outra coisa que se manifesta quando um texto é esquematizado, estruturado: as divisões seguem determinados critérios que não podem ser mudados arbitrariamente. Para se descobrir tais caracteres procede-se analiticamente.

3.b. A síntese

A síntese é um processo lógico de tratamento do objeto pelo qual este objeto decomposto pela análise é recomposto reconstituindo-se a sua totalidade. A síntese permite a visão de conjunto, a unidade das partes até então separadas num todo que então adquire sentido uno e global.

3.c. Análise e síntese

Análise e síntese, embora se oponham, não se excluem. Pelo contrário, complementam-se. A compreensão das coisas pela inteligência humana parece passar necessariamente por três momentos, ou seja, para se chegar a compreender intencionalmente um objeto, é preciso ir além de uma visão meramente indiferenciada de sua unidade inicial, tal como a temos na experiência comum, uma consciência do todo sem a consciência das partes; é preciso dividir, pela análise, o todo em suas partes constitutivas para que, então, num terceiro momento, se tenha consciência do todo, tendo-se plena consciência das partes que oconstituem: é a síntese. É o que afirma Saviani ao declarar que a análise é a mediação entre a síncrese e a síntese.[15]

---

[15] Dermeval SAVIANI, em *Educação brasileira*: estrutura e sistemas, traz esclarecimentos mais detalhados sobre o significado e o papel dessas categorias. (Cf. SAVIANI, D. *Educação brasileira*: estrutura e sistema. São Paulo: Cortez, 1987. p. 28-9.)

3.d. A formação dos conceitos

O raciocínio é o momento amadurecido do pensamento; raciocinar é encadear juízos e formular juízos é encadear conceitos. Por isso, pode-se dizer que o conhecimento humano inicia-se com a formação dos conceitos.[16]

O conceito é a imagem mental por meio da qual se "representa" um objeto, sinal imediato do objeto representado. O conceito garante uma referência direta ao objeto real. Esta referência é dita intencional no sentido de que o conceito adquirido por processos especiais de apreensão das coisas pelo intelecto, que não vêm a propósito aqui, se refere a coisas, a objetos, a seres, a ideias, de maneira representativa e substitutiva. Este objeto passa então a existir para a inteligência, passa a ser pensado. Portanto, o conceito representa e "substitui" a coisa no nível da inteligência.[17]

O conceito, por sua vez, é simbolizado pelo termo ou palavra, no nível da expressão linguística. Os termos ou palavras são os sinais dos conceitos, suas imagens acústicas ou orais. Por extensão, tudo o que se disser dos conceitos, no plano da lógica, pode ser dito também dos termos ou palavras.

COMPREENSÃO E EXTENSÃO DOS CONCEITOS

Assim, conceitos e termos podem ser logicamente considerados tanto do ponto de vista da compreensão, como do ponto de vista da extensão. A *compreensão* do conceito é o conjunto das propriedades características que são específicas do objeto pensado. São os aspectos, as dimensões, as notas que constituem um ser ou um objeto, um fato ou um acontecimento, que fazem deste ser ou objeto, deste fato ou acontecimento que ele seja o que é

---

[16] O estudo aprofundado desta questão é objeto da teoria do conhecimento, gnoseologia ou epistemologia, disciplina filosófica que aborda os processos do conhecimento humano.

[17] Embora se use correntemente o verbo "representar" para expressar o sentido do conceito, o termo não é muito adequado, pois o conceito é resultante de um complexo processo de construção realizado pela mente do sujeito, processo que está longe de ser algo parecido com fotografar, ou com reproduzir o objeto. Sua referência ao objeto não é aquela de uma fotografia.

e se distinga dos demais; já a *extensão* é o conjunto dos seres e dos objetos que realizam determinada compreensão, ou seja, a classe dos indivíduos portadores de um conjunto de propriedades características. Observe-se que quanto mais limitada for a compreensão de um conceito, tanto mais ampla será a sua extensão e vice-versa. Assim, considerando-se os conceitos "brasileiro" e "paulista", a extensão do conceito "brasileiro" é mais ampla do que a do conceito "paulista", isto porque a compreensão de "brasileiro" é mais limitada, mais pobre do que a compreensão de "paulista", ou seja, para ser paulista, um indivíduo, além de possuir todas as características exigidas para ser brasileiro, tem ou possui outra característica específica para se definir como paulista.[18]

Essas considerações não são bizantinas, levando-se em conta que é a compreensão do conceito que permite a elaboração da definição e a extensão que permite elaborar a divisão ou a classificação.

DEFINIÇÃO E DIVISÃO

A *definição* é um termo complexo e, como tal, destina-se a desdobrar todas as notas que compõem a compreensão do conceito.[19] À *divisão* cabe expressar a extensão dos conceitos, classificando-os, organizando-os em suas classes, de acordo com critérios determinados pela natureza dos objetos. A definição, embora tomando quase sempre a forma de uma proposição, de um juízo, é apenas um termo complexo, plenamente equivalente ao conceito definido. Para ser correta, não deve ser maior nem

---

[18] Aprofundar as diferenças entre esses dois conceitos em Paulo CAROSI, *Curso de filosofia*, I, p. 257-9.

[19] Para mais subsídios sobre o significado de definição e divisão, consultar Paulo CAROSI, *Curso de filosofia*, I, p. 269, L. LIARD, *Lógica*, p. 24; Othon M. GARCIA, *Comunicação em prosa moderna*, p. 304

menor que o termo que pretende definir, não deve ser negativa. Deve ser uma equação.[20]

A relevância da definição para o trabalho científico em geral está no fato de ela permitir exata formulação das questões a serem debatidas. Discussões sem clara definição dos temas discutidos não levam a nada. Aprender a bem definir as coisas de que se trata no trabalho é uma exigência fundamental.

VOCABULÁRIO COMUM, TÉCNICO E ESPECÍFICO

Observa-se que nosso vocabulário – conjunto de termos ou palavras que designam as coisas ou objetos através dos conceitos – pode encontrar-se em vários níveis: o primeiro é o nível do vocabulário corrente, comum, que é o usado para nossa comunicação social. Assimilado pela experiência pessoal da cultura, esse vocabulário, embora o mais usado, não é adaptado à vida científica. De fato, o conhecimento científico exige um vocabulário de segundo nível, ou seja, um vocabulário técnico. Para o pensamento teórico da ciência ou da filosofia, não bastam os significados imediatos da linguagem comum. Conceitos e termos adquirem significado unívoco, preciso e delimitado. Às vezes são mantidos os mesmos termos, mas as significações são alteradas, com uma compreensão bem definida. Em certo sentido, estudar, aprender uma ciência é, de modo geral, aceder ao vocabulário técnico, familiarizando-se com ele, habilitando-se a manejá-lo e superando assim o vocabulário comum.

O vocabulário pode ainda atingir um terceiro nível: é o caso de conceitos que adquirem um sentido específico no pensamento de determinado autor ou sistema de ideias. Isto é muito comum nos trabalhos dos pensadores teóricos, na ciência e na filosofia.

---

[20] Mais elementos sobre esses conceitos são encontrados em Jean BELANGER, *Técnica e prática do debate*. Rio de Janeiro: Civilização Brasileira, 1970. p. 87

Um trabalho científico de alta qualidade exige, portanto, o uso adequado de um vocabulário técnico e, eventualmente, de um vocabulário específico. A percepção de tais significações diferenciadas é também condição essencial para a leitura científica e para o estudo aprofundado.[21] Na composição de um trabalho científico, o vocabulário técnico e o vocabulário específico ocupam os pontos nevrálgicos da estrutura lógica do discurso, ao passo que o vocabulário comum serve para as ligações das várias partes. De fato, mesmo para expor ideias teóricas de nível técnico ou específico, é preciso servir-se das ideias mais simples, do nível corrente, traduzindo as ideias de nível técnico de maneira acessível e gradativa.

O conceito é, pois, o resultado das apreensões dos dados e das relações de nossa experiência global, é o conteúdo pensado pela mente, o objeto do pensamento. É simples resultado dessa apreensão, não contendo ainda nenhuma afirmação. Elencando uma série de notas correspondentes à sua compreensão, o conceito e o termo se exprimem pela definição.[22]

3.e. A formação dos juízos

Para pensar e conhecer não é suficiente "conceber conceituando". O conhecimento só se completa quando se formula um juízo que é "o ato da mente pelo qual ela afirma ou nega alguma coisa, unindo ou separando dois conceitos por intermédio de um verbo". (Cf. MARITAIN, 1968, p.38)

O juízo é enunciado verbalmente através da proposição, sinal do juízo mental. A proposição é, pois, a vinculação entre um sujeito e um predicado através de um verbo, que são os termos da proposição.

---

[21] Cf. diretrizes para a leitura analítica, especialmente a análise textual, p. 58-60

[22] O tema é bem desenvolvido por Jacques MARITAIN, *Lógica menor*. Rio de Janeiro: Agir, 1968. p. 20-25

Algumas proposições derivam da experiência, enunciam fatos dados na experiência externa ou interna, que elas expressam diretamente; outras são formadas pela análise do conceito-sujeito e o predicado é descoberto enquanto é uma nota da compreensão desse conceito.

Nos períodos compostos, encontram-se várias proposições; esses períodos são formados por coordenação ou por subordinação. Na coordenação, as proposições estão em condições de igualdade, ao passo que na subordinação uma oração está em relação de dependência para com outras.

Essas várias relações têm importância à medida que fornecem matéria para o desenvolvimento da argumentação. A análise das proposições é tarefa prévia da argumentação formal.

O raciocínio que constitui o trabalho é uma sequência de juízos e de proposições que precisam ser bem elaborados, tanto do ponto de vista sintático-gramatical (GARCIA, 1975, p. 132), como do ponto de vista lógico. (Cf. CAROSI, 1963, p. 287-324).

3.f. A elaboração dos raciocínios

O discurso científico é fundamentalmente raciocínio, ou seja, um encadeamento de juízos feito de acordo com certas leis lógicas que presidem a toda atividade do pensamento humano.

Também no raciocínio pode-se distinguir a operação mental, o resultado desta operação e o sinal externo desta operação, embora se use o mesmo termo para designar essas três dimensões: raciocínio.

Como último ato de conhecimento da inteligência, o raciocínio é precedido pela apreensão, que dera lugar aos conceitos, e pelo juízo, que dera lugar aos juízos. O raciocínio é, portanto, a ordenação de juízos e de conceitos. (Cf. CAROSI, 1963, p. 325).

O raciocínio consiste em obter um novo conhecimento a partir de um antigo, é a passagem de um conhecimento para outro. Portanto, mostra a fecundidade do pensamento humano. Comporta sempre duas fases: a primeira, em que se tem algum conhecimento, e uma segunda, em que se adquire outro conhecimento.

Os lógicos chamam essas duas fases, respectivamente, antecedente e consequente: entre elas deve existir um nexo lógico cognoscitivo necessário. (Cf. CAROSI, 1963, p. 326). O antecedente é uma razão lógica que leva ao conhecimento do consequente, como uma decorrência daquela razão.

O antecedente compõe-se de uma ou várias premissas e o consequente constitui-se de uma conclusão. A afirmação da conclusão é feita à medida que decorre ou depende das premissas. A relação lógica de conhecimentos prévios a conhecimentos até então não afirmados é uma relação de consequência.

RACIOCÍNIO DEDUTIVO E INDUTIVO

O raciocínio divide-se, basicamente, em duas grandes formas: a dedução e a indução. O raciocínio dedutivo é um raciocínio cujo antecedente é constituído de princípios universais, plenamente inteligíveis; através dele se chega a um consequente menos universal. As afirmações do antecedente são universais e já previamente aceitas: e delas decorrerá, de maneira lógica, necessária, a conclusão, a afirmação do consequente. Deduzindo-se, passa-se das premissas à conclusão.

São exemplos clássicos do raciocínio dedutivo os silogismos da lógica formal clássica (Cf. CAROSI, 1963, p. 338 ss.), assim como as formas de explicação científica de estrutura tipo *explans-explanandum*, da lógica simbólica moderna.[23]

A indução ou o raciocínio indutivo é uma forma de raciocínio em que o antecedente são dados e fatos particulares e o consequente

---

[23] A Lógica Formal Moderna se propõe como instrumento lógico-linsguístico da ciência, enquanto a Lógica Clássica é mais aplicada no âmbito da Filosofia tradicional. Cf. LAMBERT, K.; BRITTAN, G. *Introdução à filosofia da ciência*. São Paulo: Cultrix, 1972; HEMPEL, C. *Filosofia da ciência natural*. Rio de Janeiro: Zahar, 1966.

uma afirmação mais universal. Na realidade, há na indução uma série de processos que não se esquematizam facilmente. Enquanto a dedução fica num plano meramente inteligível, a indução faz intervir também a experiência sensível e concreta, o que elimina a simplicidade lógica que tinha a operação dedutiva.

Da indução pode aproximar-se o raciocínio por analogia: trata-se, então, de passar de um ou de alguns fatos a outros fatos semelhantes. No caso da indução de alguns fatos julgados característicos e representativos, generaliza-se para a totalidade dos fatos daquela espécie, atingindo-se toda a sua extensão.

O resultado desse processo de observação e análise dos fatos concretos é uma norma, uma regra, uma lei, um princípio universal, que constitui sempre uma generalização. A indução parte, pois, de fatos particulares conhecidos para chegar a conclusões gerais até então desconhecidas.

2.4. DIRETRIZES PARA A REALIZAÇÃO DE UM SEMINÁRIO

2.4.1. Objetivos

O objetivo último de um seminário é levar todos os participantes a uma reflexão aprofundada de determinado problema, a partir de textos e em equipe. O seminário é considerado aqui como um método de estudo e atividade didática específica de cursos universitários.[24]

Para alcançar esse objetivo último, o seminário deve levar todos os participantes:

A um contato íntimo com o texto básico, criando condições para uma análise rigorosa e radical deste.

---

[24] Outros sentidos do "seminário" são encontrados em Imídeo G. NERICI, *Metodologia do ensino superior*, p. 166-73. Cf. também, neste livro, p. 254.

À compreensão da mensagem central do texto, de seu conteúdo temático.

À interpretação desse conteúdo, ou seja, a uma compreensão da mensagem de uma perspectiva de situação de julgamento e de crítica da mensagem.

À discussão da problemática presente explícita ou implicitamente no texto.

Essas etapas devem ser preparadas e realizadas de acordo com as diretrizes da leitura analítica (Cf neste capítulo, p. 53-69), sendo que a análise textual, pelo menos em cursos avançados, deve ser realizada previamente por todos os participantes.

2.4.2. O texto-roteiro didático

Para facilitar a participação de todos, o coordenador do seminário, através de preparação prolongada e pesquisa sistemática, fornece como material de trabalho, antes do dia da reunião do seminário, um texto-roteiro, apostilado. Desse roteiro constam:

2.a. Material a ser apresentado previamente pelo coordenador

Trata-se do texto-roteiro para o seminário com o seguinte conteúdo: apresentação da temática do seminário, breve visão de conjunto da unidade e esquema geral do texto.

Quanto à apresentação temática do seminário, é de se observar que não se trata da análise temática como um todo, mas, para apresentar o tema do seminário, tal qual é determinado pelo texto, o responsável, em geral, recorre à primeira etapa dessa análise (Cf. p. 60 ss.).

A visão de conjunto é elaborada como foi estipulado quando da análise textual (Cf. p. 58-60). Assinalam-se, em grandes linhas, as várias etapas do texto estudado. Não se apresenta um resumo, uma síntese lógica do raciocínio, mas simplesmente são enunciados os vários assuntos abordados na unidade. Indica-se, entre parênteses, o número das páginas cujo conteúdo remete ao texto básico.

O esquema geral de que se trata aqui é a estrutura redacional pelo texto, o seu plano arquitetônico. Toma a forma de um índice dos vários tópicos abordados. Para realizar esse esquema, divide-se o texto como se intitulassem os vários temas tratados.

Tais elementos constam do texto-roteiro como guia de visualização da estrutura redacional do texto, o que facilitará aos demais participantes sua posição diante dele quando da preparação da leitura.

Situação da unidade estudada no texto de onde é tirada, na obra do autor, assim como no pensamento geral do autor e no contexto histórico cultural em que o autor estudado se encontrava. O responsável pelo seminário recorre à análise textual (Cf. p. 58-60) e à análise interpretativa (Cf. p. 62-65). A compreensão do pensamento geral do autor favorece a compreensão do texto estudado.

Elaboração dos principais conceitos, ideias e doutrinas que tenham relevância no texto. Trata-se de uma tarefa de documentação feita quando da análise textual (Cf. p. 58-60) e realizada de acordo com a técnica da documentação (Cf. p. 159-161). Note-se que a pesquisa é feita sobre outras fontes que não o texto básico e o texto complementar do seminário, uma vez que esses esclarecimentos visam tornar a compreensão do texto acessível. Se o conceito já se encontra suficientemente esclarecido no texto, é desnecessário redefini-lo, exceto se isto representa maior explicitação.

Roteiro de leitura com síntese dos momentos lógicos essenciais do texto. Essa etapa é feita de acordo com a análise temática (Cf. p. 60-62) e compõe-se fundamentalmente da exposição sintetizada do raciocínio do autor. Note-se que a exposição será resumida, mais indicativa do que explicitativa: não substitui a leitura do texto básico, mas, antes, exige-a. A finalidade do roteiro é permitir a comparação das várias compreensões pelos diferentes participantes.

A problematização que levanta questões importantes para a discussão das ideias veiculadas pelo texto. Observe-se que não é suficiente formular perguntas lacônicas: é preciso criar contextos problematizadores que provoquem o raciocínio argumentativo dos participantes. Sobre a noção de problema, cf. p. 60 e 139.

Orientação bibliográfica: o texto-roteiro fornece finalmente uma bibliografia especializada sobre o assunto. Não indica apenas uma lista de livros relacionados com o tema; acrescenta informações sobre o conteúdo destes, sobretudo aquelas passagens relacionadas com o tema da unidade. Na bibliografia comentada não aparecem o texto básico e o texto complementar eventualmente definidos para o seminário e que sejam de leitura obrigatória. Assinalam-se textos específicos consultados pelo responsável durante sua pesquisa para a preparação do seminário. Também não constam dessa bibliografia as obras de referência geral, como enciclopédias, dicionários, tratados etc., nem mesmo aquelas obras de referência da área dentro da qual se situa o texto. Essa bibliografia visa dar orientação aos demais participantes, caso lhes interesse aprofundar o estudo do tema.

2.b. Material a ser apresentado no dia da realização do seminário

O coordenador apresenta ao grupo um texto com suas reflexões pessoais sobre o tema que estudou de maneira aprofundada. Tais reflexões versam sobre os principais problemas sentidos pelo coordenador e consequentemente se relacionam com a problemática previamente encaminhada ao grupo.

2.4.3. O texto-roteiro interpretativo

Para grupos adiantados existe outra forma de texto-roteiro para um seminário. A forma anterior permite a execução de todas as etapas de abordagem e tratamento de um texto, para uma exploração exaustiva.

Contudo, tal forma exige a realização de muitas tarefas técnicas de pesquisa e de elaboração que podem despender muito tempo que poderia ser destinado à reflexão. Devido a esse seu caráter abrangente, tal forma de roteiro é recomendada para os estudantes que se iniciam na análise de textos, desde que sejam exigidas as várias etapas numa sequência crescente.

Na realidade, qualquer que seja a forma do texto-roteiro adotada, os objetivos do seminário continuam os mesmos e, por isso, as etapas do roteiro didático porventura não mais utilizadas ficam pressupostas, devendo ser cumpridas num trabalho prévio de preparação, caso ainda se façam necessárias.

Pode-se elaborar igualmente o que se chama aqui texto-roteiro *interpretativo*, como forma alternativa para condução do seminário.

Basicamente, o responsável pelo seminário elabora outro texto, referente à temática do texto básico ou a determinada problemática prefixada, no qual os momentos da análise textual, da análise temática, da análise *interpretativa* e da problematização se fundem num novo discurso personalizado. O autor do novo texto expõe, globalmente, no desenvolvimento de seu raciocínio, sua compreensão da mensagem, precisando os conceitos, apresentando sua interpretação, levantando suas críticas, formulando os problemas que encontrou na sua leitura básica e nas suas pesquisas complementares. De maneira explícita, *o responsável pelo seminário dedica-se à elaboração de um texto-roteiro no qual desenvolveu intencionalmente uma reflexão que, quanto mais pessoal for, maior contribuição dará ao grupo.*

Quando não se parte de um texto básico, mas de determinado tema, sem especificação de bibliografia, o responsável constrói seu discurso compondo um texto portador dos problemas que quer ver discutidos pelo grupo que participará do seminário.

Este tipo de texto-roteiro tem potencialidade para alimentar um seminário, mas o seminário para ser fecundo exige preparação dos participantes para o encontro de classe. Daí a necessidade, nos quadros do desenvolvimento de um curso, de que os demais participantes também leiam, analisem e aprofundem o texto básico ou os escritos que componham a bibliografia para a abordagem da problemática do seminário. Não havendo tal preparação, o encontro corre o risco de ser transformado em aula expositiva e perder muito de suas virtualidades geradoras de discussões. Os participantes devem vir literalmente municiados de compreensão e interpretação do texto básico ou de posições definidas acerca do problema para que possam confrontar-se com o expositor do seminário, que será, então, questionado pelo grupo.

O seminário assim conduzido acarreta limitações também na sua definição: reserva-se um tempo determinado para que o responsável apresente sua reflexão, para que exponha sua comunicação, passando-se em seguida aos debates.

Mesmo que se entregue com antecedência esse texto-roteiro, a exposição sintética de introdução é prevista. A exposição dos pontos de vista do coordenador não será uma leitura lacônica, mas a apresentação de um raciocínio demonstrativo é acompanhada pelos demais participantes que estão, a esta altura, em condições de intervir numa discussão aprofundada de todas as posições que surgirem. Teoricamente, todos os participantes já fizeram leituras e pesquisas referentes ao tema como preparação para o seminário.

Geralmente nos simpósios que adotam este esquema de seminário, mas partem tão somente de *problemas* e não de *textos*, ocorre uma variação nesta questão de distribuição de roteiro. São escalados previamente alguns debatedores que recebem o texto com antecedência e são chamados a se pronunciar formalmente a respeito dos problemas. Embora isso não seja necessário em turmas pequenas com certa homogeneidade de formação, este esquema pode ser aplicado mesmo para fins didáticos.

Dessa forma se desenvolve durante o seminário o debate. Além da discussão dos problemas propriamente ditos, das questões levantadas ou implicadas pelo texto, referentes ao conteúdo, os participantes comentam o roteiro e a exposição do coordenador quanto a sua capacidade em apreender a ideia central, em explicitar os aspectos essenciais, quanto à capacidade de síntese, de raciocínio lógico, de clareza, quanto à capacidade de distanciamento do texto, de fornecer exemplos, de levantar problemas, de assumir posições pessoais, de aprofundar as questões.

2.4.4.   O texto-roteiro de questões

Há ainda outro tipo de roteiro, de grandes possibilidades, para se conduzir o seminário. Trata-se de um desdobramento do roteiro didático. Neste caso, pressupõem-se determinação e leitura de um texto básico comum para todos os participantes. Cabe então ao responsável entregar aos demais, com certa antecedência, um conjunto de questões, de problemas devidamente formulados. Não se trata de uma relação de perguntas lacônicas, mas da criação de questões formadas num contexto de problematização em que é posta uma dificuldade que exigirá pesquisa e reflexão para que elas sejam corretamente respondidas e debatidas.

Para fins didáticos, o responsável pelo seminário exige que os participantes tragam por escrito suas abordagens e tratamentos das questões, devendo todos ter a oportunidade, dentro da dinâmica do seminário, de expor seus pontos de vista. Essa dinâmica tem igualmente várias formas de encaminhamento enquanto trabalho em grupo, em classe.

2.4.5.   Orientação para a preparação do seminário

O texto-roteiro possibilita a participação no seminário. Com efeito, como o seminário é um trabalho essencialmente coletivo, de equipe, pressupõe empenho de todos e não apenas do coordenador responsável pelo encaminhamento dos trabalhos no dia do seminário. Assim sendo, todos os participantes fazem um estudo do texto para poder exercer efetiva participação nos debates do seminário. Cabe aos participantes comparar sua compreensão e interpretação do texto com a compreensão e interpretação do coordenador; levantar problemas temáticos e interpretativos para a discussão geral; exigir esclarecimentos e explicações do coordenador e dos demais participantes a respeito das respectivas tomadas de posição. O seminário não se reduz a uma aula expositiva apresentada por um colega e comentada pelo professor: é um círculo de debates para o qual todos devem estar suficientemente equipados. Por isso, exige-se que todos os participantes estudem o texto com o rigor devido.

A preparação é feita da seguinte maneira: em primeiro lugar faz-se leitura da documentação do texto básico e do texto complementar; em seguida, faz-se leitura analítica do texto básico; depois faz-se leitura de documentação do texto-roteiro do seminário. Essas três abordagens são feitas de modo que se complementem mutuamente.

Dos textos complementares eventualmente usados para a preparação, textos escolhidos livremente pelos participantes, faz-se documentação temática ou bibliográfica (Cf. p. 69-70). Igualmente, abrem-se fichas de documentação bibliográfica das obras comentadas na bibliografia do texto-roteiro. Das conclusões elaboradas pelo grupo durante as discussões, faz-se documentação temática, com anotações pessoais (Cf. p. 69-71).

2.4.6. Esquema geral de desenvolvimento do seminário

6.1. Introdução pelo professor.

6.2. Apresentação pelo coordenador:

    6.2.1. das tarefas a serem cumpridas no dia, das orientações para o procedimento a ser adotado pelos participantes durante a realização do seminário e do cronograma das atividades em classe;

    6.2.2. de uma breve introdução para localização do tema do seminário no desenvolvimento da temática geral dos seminários anteriores;

6.2.3. de esclarecimentos relacionados com o texto-roteiro, eventualmente reclamados pelos participantes. Nesse momento, faz-se igualmente uma revisão de leitura para que não haja muitas dúvidas quanto à compreensão do texto.

6.3. Execução coordenada pelo responsável das várias atividades executadas pelos participantes, conforme dinâmica definida pelo modelo de seminário escolhido pelo coordenador.

6.4. Apresentação introdutória à discussão geral da reflexão pessoal, pelo coordenador.

6.5. Síntese final de responsabilidade do professor.

Conclusão

Tais diretrizes referem-se a seminários realizados com fins didáticos dentro da programação de um curso. Nesse caso, abordam-se temas com encadeamento lógico. Em tais seminários, o professor atua apenas como supervisor e observador dos trabalhos; no cronograma deve ser previsto um intervalo, desde que o período do seminário ultrapasse duas horas; cabe ainda ao coordenador entregar ao professor observações de avaliação da participação dos vários elementos componentes do grupo.

Quanto ao modo prático de realização do seminário, adota-se qualquer das técnicas do trabalho em grupo, sendo mais comuns as seguintes:

a) exposição introdutória, discussão em pequenos grupos; discussão em pequenos grupos, discussão em plenário, síntese de conclusão;

b) exposição introdutória, discussão em pequenos grupos, discussão do grupo coordenador observada pelo grupo observador dos participantes, síntese de conclusão;

c) exposição introdutória, discussão em grupos formados horizontalmente, discussão em grupos formados verticalmente, síntese de conclusão;

d) exposição introdutória, revisão de leitura em plenário, discussão da problemática também em plenário, síntese de conclusão.

Finalmente, cumpre acrescentar uma observação. Embora se tenha feito constante referência, ao se falar do seminário, à leitura de *trechos*, de passagens de unidade, das obras dos autores, é necessário que o estudante se empenhe na leitura da *obra dos autores em sua totalidade*. Leitura que pode ser feita por etapas, como sugere este capítulo, mas que deve desdobrar-se sempre mais no conjunto da obra dos autores estudados. Por outro lado, frise-se a exigência de se ler o próprio autor na fonte original ou em tradução confiável.

Teoria e Prática Científica

Neste capítulo, vamos fazer uma aproximação do significado da ciência como construção do conhecimento, mostrando sua formação histórica e sua constituição teórica. Vamos ver que a ciência surgiu na modernidade, expressando uma ruptura crítica com o modo metafísico de pensar, típico da Antiguidade e da Idade Média, e se caracterizando como uma leitura da fenomenalidade do mundo natural. Para tanto, além de ter que se apoiar em alguns pressupostos filosóficos, a ciência precisa adotar práticas metodológicas e procedimentos técnicos, capazes de assegurar a apreensão objetiva dos fenômenos através dos quais a natureza se manifesta. Vamos ver também que esse processo se sustenta apoiando-se em fundamentos epistemológicos, e que se realiza pela aplicação de uma metodologia sistemática e se operacionaliza mediante procedimentos técnicos. No início, a ciência surge com a pretensão de ser um saber único, a ser construído sob um único paradigma e conduzido por um único método. Foi o que garantiu a unidade do sistema das Ciências Naturais. No entanto, quando se passou a estudar cientificamente o homem, com suas peculiaridades, através das Ciências Humanas, rompeu-se esse monolitismo metodológico em função da necessidade e da possibilidade de referências a múltiplos paradigmas epistemológicos para se dar conta da integralidade de sua condição.

3.1. O MÉTODO COMO CAMINHO DO CONHECIMENTO CIENTÍFICO

Quando observamos a prática científica concreta, o que nos aparece de forma mais evidente é a aplicação de atividades de caráter operacional técnico. Uma infinidade de aparelhos tecnológicos enchem os laboratórios, desenvolvem-se variados procedimentos de observação, de experimentação, de coleta de dados, de registros de fatos, de levantamento, identificação e catalogação de documentos históricos, de cálculos estatísticos, de tabulação, de entrevistas, depoimentos, questionários etc.

Mas todo esse sofisticado arsenal de técnicas não é usado aleatoriamente. Ao contrário, ele segue um cuidadoso plano de utilização, ou seja, ele cumpre um roteiro preciso, ele se dá em função de um *método*. A aplicação do instrumental tecnológico se dá em decorrência de um processo metodológico, da prática do método de pesquisa que está sendo usado.

> A ciência se faz quando o pesquisador aborda os fenômenos aplicando recursos técnicos, seguindo um método e apoiando-se em fundamentos epistemológicos.

No entanto, não basta seguir um método e aplicar técnicas para se completar o entendimento do procedimento geral da ciência. Esse procedimento precisa ainda referir-se a um fundamento epistemológico que sustenta e justifica a própria metodologia praticada. É que a ciência é sempre o enlace de uma malha teórica com dados empíricos, é sempre uma articulação do lógico com o real, do teórico com o empírico, do ideal com o real. Toda modalidade de conhecimento realizado por nós implica uma condição prévia, um pressuposto relacionado a nossa concepção da relação sujeito/objeto. Qual a contribuição de cada polo desta relação: sujeito que conhece e objeto conhecido? São independentes um do outro? Ou um depende do outro? Ou um se impõe ao outro? O resultado do conhecimento é determinado pelo objeto, exterior ao sujeito ou, ao contrário, o que conhecemos é mais a expressão da subjetividade do pesquisador do que o registro objetivo da realidade?

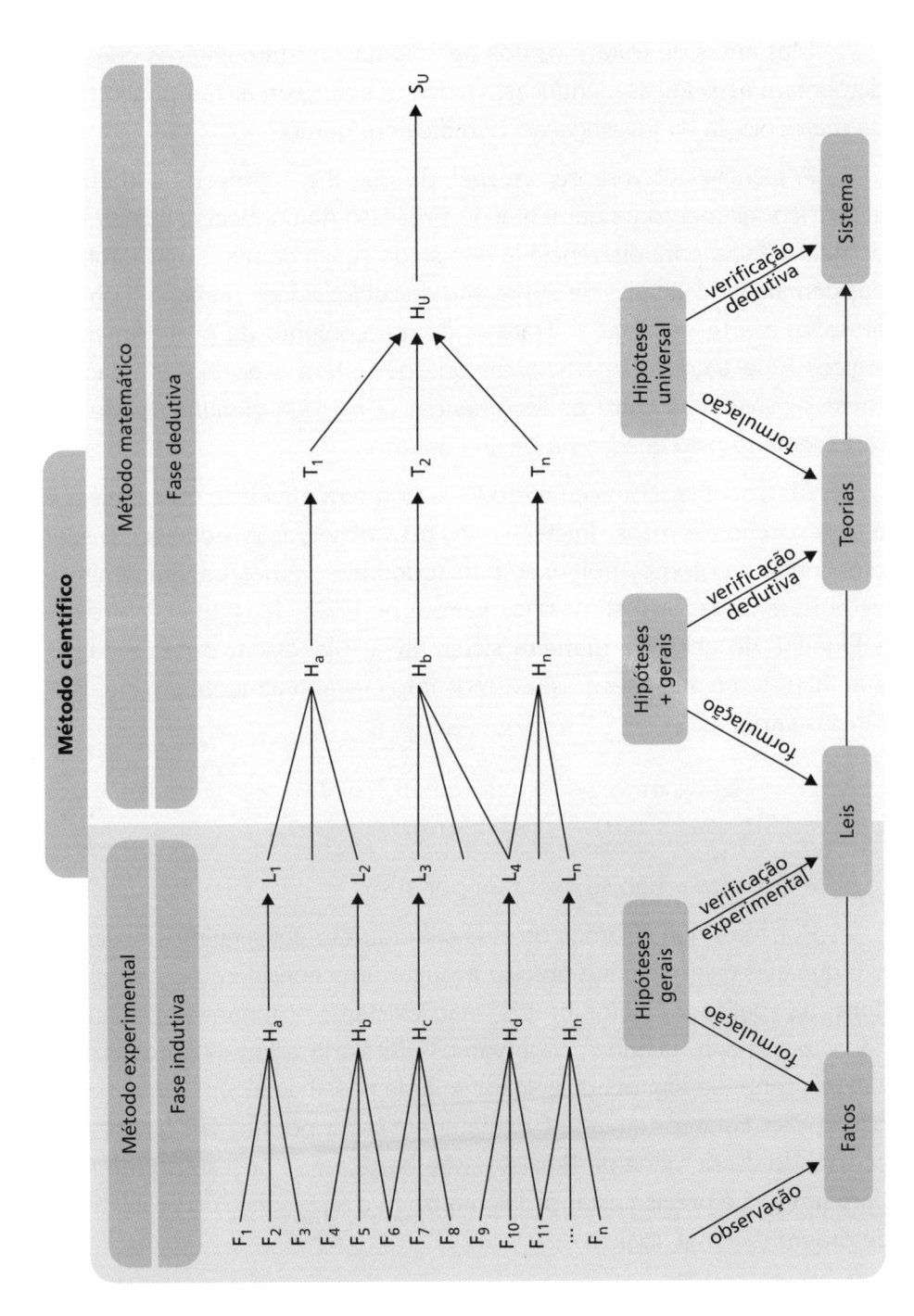

Figura 1. Estrutura lógica do método científico.

Mas antes de tratarmos dos paradigmas epistemológicos que fundamentam as práticas científicas, vamos nos aproximar um pouco mais da metodologia da investigação científica em geral.

A ciência utiliza-se de um método que lhe é próprio, o *método científico,* elemento fundamental do processo do conhecimento realizado pela ciência para diferenciá-la não só do senso comum, mas também das demais modalidades de expressão da subjetividade humana, como a filosofia, a arte, a religião. Trata-se de um conjunto de procedimentos lógicos e de técnicas operacionais que permitem o acesso às relações causais constantes entre os fenômenos. O método científico pode ser representado pelo quadro na página anterior.

Ao trabalhar com seu método, a primeira atividade do cientista é a *observação de fatos.* Inicialmente, essa observação pode ser casual e espontânea, como, por exemplo: todos nós vemos cotidianamente os objetos largados a si mesmos caírem no chão. Mas posso começar a jogá-los no chão de maneira sistemática, planejada, organizada. O que interessa é que sejam os mesmos fatos, eventualmente em circunstâncias variadas.

> A percepção de uma situação problemática que envolve um objeto é o fator que desencadeia a indagação científica.

Mas os fatos não se explicam por si sós.

Por mais que vejamos objetos caírem, não conseguimos observar por que eles caem! Aqui é preciso avançar uma consideração complicadora: na realidade, "fatos brutos" não existem, propriamente falando; não dizem nada: quando "observamos" fatos, já estamos "problematizados", sentindo alguma dificuldade e já de posse de algum esquema de percepção. Estamos querendo exatamente saber por que tais fatos estão ocorrendo dessa maneira. Por isso, não basta *ver*, é necessário *olhar*, e para tanto já é preciso estar problematizado e a presença do problema é de ordem racional, lógica.

O problema se formula então como a questão pela *causa* dos fenômenos observados, qual a relação causal constante entre eles. Aí entra em ação novamente o poder lógico da razão: a razão, com sua criatividade, *formula uma hipótese*, ou seja, propõe uma determinada relação causal como explicação.

Newton, após observar os corpos caírem, levantou a hipótese de que eles caíam em decorrência de uma atração recíproca, intuindo que poderia ser uma força de atração proporcional às massas e às distâncias.

Hipótese: proposição explicativa provisória de relações entre fenômenos, a ser comprovada ou infirmada pela experimentação. E se confirmada, transforma-se na lei.

Formulada a hipótese, o cientista volta ao campo experimental para verificá-la. É o momento da *verificação experimental*, do teste da hipótese. Isolam-se, em condições laboratoriais, as variáveis que se supõem em relação e observa-se o seu comportamento. Se confirmada a hipótese, tem-se então a *lei*. Trata-se de um princípio geral que unifica uma série ilimitada de fatos: vários fatos particulares se explicam mediante um único princípio que dá conta assim de uma multiplicidade de fatos.

Lei científica: enunciado de uma relação causal constante entre fenômenos ou elementos de um fenômeno. Relações necessárias, naturais e invariáveis. Fórmula geral que sintetiza um conjunto de fatos naturais, expressando uma relação funcional constante entre variáveis. Variável: é todo fato ou fenômeno que se encontra numa relação com outros fatos, enquanto submetido a um processo de variação, qualquer que seja o tipo de variação com relação a alguma propriedade ou grau, a variação de um fato se correlacionando com a variação do outro. Exemplo: o calor dilatando o metal.

Por outro lado, pode ocorrer ainda que várias leis referentes a vários setores de fenômenos têm a possibilidade de, por sua vez, ser unificadas numa lei mais abrangente, que é a *teoria*. Explica assim, num nível mais geral ainda, um conjunto maior de fatos aparentemente diferentes entre si. Finalmente, várias teorias poderiam se resumir numa única teoria/lei que explicasse todo o funcionamento do universo: tal seria o *sistema*, que não foi estabelecido ainda, mas que é desejado pelos cientistas.

Teoria: conjunto de concepções, sistematicamente organizadas; síntese geral que se propõe a explicar um conjunto de fatos cujos subconjuntos foram explicados pelas leis. Sistema: conjunto organizado cujas partes são interdependentes, obedecendo a um único princípio, entendido este como uma lei absolutamente geral, uma proposição fundamental.

Se observarmos agora o esquema da Figura 1 no sentido horizontal, veremos que o método científico se compõe de dois momentos: o *momento experimental* e o *momento matemático*. O método científico é um método experimental/matemático, notando-se que no momento experimental está em curso a *fase indutiva* do método, enquanto, no momento matemático, a ciência se constrói em sua *fase dedutiva*.

Indução e dedução são duas formas de raciocínio, isto é, procedimentos racionais de argumentação ou de justificação de uma hipótese.

No caso do raciocínio indutivo, da indução, ocorre um *processo de generalização* pelo qual o cientista passa do particular para o universal. De *alguns* fatos observados (fatos particulares), ele conclui que a relação identificada se aplica a *todos* os fatos da mesma espécie, mesmo àqueles não observados (princípio universal). O que se constatou de uma amostra é estendido a toda a população de casos da mesma espécie. Assim, após constatar que, até o momento, um determinado número de homens morreram, chega-se à conclusão, por indução, de que todos os homens são mortais!

Indução: procedimento lógico pelo qual se passa de alguns fatos particulares a um princípio geral. Trata-se de um processo de generalização, fundado no pressuposto filosófico do determinismo universal. Pela indução, estabelece-se uma lei geral a partir da repetição constatada de regularidades em vários casos particulares; da observação de reiteradas incidências de uma determinada regularidade, conclui-se pela sua ocorrência em todos os casos possíveis.

Já quando, em função do conhecimento de que todos os homens são mortais, concluo que um determinado homem que encontro vai morrer, esta conclusão é estabelecida por *dedução*. Trata-se de uma passagem do universal para o particular e para o singular. De um princípio geral, deduzimos outros menos gerais até fatos particulares.

> **Dedução**: procedimento lógico, raciocínio, pelo qual se pode tirar de uma ou de várias proposições (premissas) uma conclusão que delas decorre por força puramente lógica. A conclusão segue-se necessariamente das premissas.

A ciência trabalha, pois, com raciocínios indutivos e com raciocínios dedutivos. Quando passa dos fatos às leis, mediante hipóteses, está trabalhando com a indução; quando passa das leis às teorias ou destas aos fatos, está trabalhando com a dedução.

O processo lógico-dedutivo está presente na ciência sobretudo na sua matematização, pois a matemática é a sua linguagem por excelência e a matemática é uma linguagem lógico-dedutiva.

Foi esse o método adotado pelos cientistas que lhes permitiu construir uma imagem mecânica do mundo. O mundo natural é um conjunto de partículas em movimento, dotadas de energia, e que se ligam entre si de acordo com "leis fixas e imutáveis", gerando assim uma total regularidade do funcionamento do universo.

> A técnica, como poder de manejo do mundo físico, atuou como mais um argumento a favor da veracidade da ciência, contribuindo para a consolidação de sua hegemonia epistêmica, cultural e até mesmo política.

Com esse método, a ciência teve pleno êxito na era moderna. Esse sucesso explicativo foi reforçado pelo seu poder em manipular o mundo mediante a *técnica*, por cuja formação e desenvolvimento ela é a responsável direta. A ciência se legitimou assim por essa sua eficácia operatória, com a qual forneceu aos homens recursos reais elaborados para a sustentação de sua existência material. A técnica serviu de base para a *indústria*, para a revolução industrial, o que ampliou, sobremaneira, o poder do homem em manipular a natureza.

3.2. OS FUNDAMENTOS TEÓRICO-METODOLÓGICOS DA CIÊNCIA

> Depois de conhecer o mundo físico mediante a aplicação da metodologia experimental-matemática, a ciência se propôs a conhecer também o mundo humano, seguindo o mesmo caminho...

Na modernidade, a ciência tornou-se instância hegemônica de conhecimento, ao se propor como substituta da metafísica, área filosófica que pretendia ser um modo verdadeiro e universal de se conhecer o real. Mostrando que essa pretensão não se sustentava, os modernos também conceberam a ciência como sendo a única modalidade de conhecimento válido, portanto, também universal e verdadeiro. Por isso, a ideia deles é que também só existiria um único método.

Foi sob essa perspectiva de unicidade metodológica que se formou e desenvolveu o sistema das Ciências Naturais. E foi também sob essa inspiração que vingou a proposta de se criar o sistema das Ciências Humanas, uma vez que também o homem e suas manifestações deveriam ser tratados como fenômenos idênticos aos demais fenômenos naturais. Com efeito, na visão dos inauguradores das ciências que tomavam o homem como objeto, ele é um *ser natural* como todos os demais (naturalismo), submisso assim a leis de regularidade (determinismo), acessível portanto aos procedimentos de observação e de experimentação (experimentalismo). Daí a ideia comtiana de se criar uma "física social", cujo objeto seria o homem, indivíduo ou sociedade. Conceber o real como sendo a natureza é uma posição metafísica, ontológica, dizendo respeito ao modo de ser do mundo. É um pressuposto ontológico. Já supor que só podemos ter acesso a esse mundo mediante uma abordagem experimental/matemática das manifestações fenomênicas é um pressuposto epistemológico.

Determinismo universal: princípio segundo o qual todos os fenômenos da natureza são rigidamente determinados e interligados entre si, de acordo com leis que expressam relações causais constantes.

A produção de conhecimentos científicos sobre o mundo natural, com a aplicação do método experimental/matemático, possibilitou a constituição das Ciências Naturais, formando assim o sistema das Ciências da Natureza. Esse método utiliza-se de técnicas operacionais que complementam e aprimoram as condições de observação, de experimentação e de mensuração, procedimentos que precisam ser realizados de forma objetiva, sem influências deturpantes decorrentes de nossa subjetividade. Mas é bom observar que todo esse edifício pressupõe fundamentos filosóficos, de cunho ontológico e de cunho epistemológico. Isso quer dizer que, ao fazer ciência, o homem parte de uma determinada concepção acerca da natureza do real e acerca do seu modo de conhecer. Essas "verdades" básicas não precisam ser demonstradas nem mesmo conscientemente aceitas pelo cientista, mas elas são pressupostas. A sistematização dessas posições de fundo são os assim chamados paradigmas – no caso do conhecimento, paradigmas epistemológicos. Para que o conhecimento produzido pela ciência tenha consistência, é preciso admitir algumas verdades universais, ou seja, a ciência precisa apoiar-se em alguns pressupostos.

Para a ciência, o real se esgota na ordem natural do universo físico, à qual tudo se reduz, incluindo o homem e a própria razão, que é razão natural. O homem se constitui então como um organismo vivo, regido pelas leis da natureza, tanto no plano individual como no social, leis que determinam sua maneira de ser e de agir. Assim, os valores e critérios de sua ação se encontram expressos na própria natureza sob a forma de leis de funcionamento que se pode conhecer pelas várias ciências, aplicando-se o método científico, simultaneamente experimental e matemático.

Dos paradigmas epistemológicos...

Para os objetivos deste trabalho, vamos tratar apenas dos paradigmas epistemológicos. O pressuposto epistemológico refere-se à forma pela qual é concebida a relação sujeito/objeto no processo de conhecimento. Cada modalidade de conhecimento pressupõe um tipo de relação entre sujeito e objeto e, dependentemente dessa relação, temos conclusões diferentes. Assim, está implicada no conhecimento científico uma afirmação prévia da parte que cabe a cada um desses polos. Por isso, o pesquisador, ao construir seu conhecimento, está "aplicando" esse pressuposto epistemológico e, por coerência interna com ele, vai utilizar recursos metodológicos e técnicos pertinentes e compatíveis com o paradigma que catalisa esses pressupostos. Daí se falar de referencial teórico-metodológico.

> Se você quiser aprofundar a questão dos pressupostos filosóficos do conhecimento científico, pode ler... JAPIASSU, H. F. *Introdução ao pensamento epistemológico.* 3. ed. Rio de Janeiro: Francisco Alves, 1977. OLIVA, Alberto (Org.). *Epistemologia*: a cientificidade em questão. Campinas: Papirus, 1990.

No caso das pesquisas realizadas no âmbito das Ciências Naturais, há praticamente um único paradigma teórico-metodológico, que é aquele representado pelo positivismo, coetâneo à constituição da ciência. Mas no caso da pesquisa em Ciências Humanas, além desse paradigma originário, constituíram-se paradigmas epistemológicos alternativos, donde se falar hoje de *pluralismo paradigmático*. Isso porque ao tentar compreender/explicar cientificamente o que é o homem em sua especificidade, os pesquisadores se deram conta de que há várias possibilidades de como se conceber a relação sujeito/objeto, podendo-se ter também várias formas de compreensão/explicação do modo de ser do homem.

Assim, no caso das Ciências Naturais, cujo modelo paradigmático é a física clássica de Newton, fica implícita nossa capacidade de conhecer o mundo real mediante o entendimento prévio de que nossa razão aborda o real graças a seu equipamento de observação experimental e a seu equipamento lógico representado pela mensuração matemática.

> A expressão "positivo", Comte a construiu a partir de sua Teoria dos Três Estados, de acordo com a qual o espírito humano teria passado, historicamente, por três estágios: o teológico, o metafísico e o positivo. Enquanto no estágio teológico, próprio da infância da humanidade, o espírito se deixava guiar pela superstição, no estágio metafísico, próprio da adolescência da humanidade, o espírito se guiava pela imaginação, e no estágio positivo o guia do espírito é a observação dos fatos.

A tradição filosófica apropriou-se da expressão "positivo", usada por Comte, um dos responsáveis pela sistematização da metodologia experimental/matemática, e designou o paradigma epistemológico com os pressupostos das ciências naturais como "positivismo".

> Para a metafísica, era possível à razão humana chegar à essência das coisas.

O positivismo é uma expressão da filosofia moderna que, como o próprio nome o diz, entende que o sujeito "põe" o conhecimento a respeito do mundo, mas o faz a partir da experiência que tem da manifestação dos fenômenos. Entende que o mundo é aquilo que ele se mostra fenomenalmente, a apreensão de seus fenômenos sendo feita através de uma experiência controlada, da qual são eliminadas as interferências qualitativas. Daí a única forma segura de conhecimento ser aquela praticada pela ciência, que dispõe de instrumentos técnicos aptos a superar as limitações subjetivas da percepção.

> Já para a ciência, a essência dos objetos é inacessível, uma vez que eles se revelam à nossa experiência apenas como fenômenos, como "aparências"...

A ciência, no sentido estrito em que a entendemos hoje, nasceu na modernidade, quando se fez uma crítica cerrada ao modo metafísico de pensar e de, supostamente, conhecer. Esse modo metafísico de conhecer era fundado na crença de que nós podíamos, com as luzes da nossa razão, chegar à *essência* das coisas, dos entes e objetos. Cada objeto tinha uma essência, uma natureza própria, imutável, responsável pela identidade específica desse objeto. Por um processo epistêmico, a abstração, nós chegaríamos a essa essência, conjunto de características permanentes que realizavam a identidade de cada ser. Havia assim o pressuposto da capacidade da razão humana para conhecer a essência das coisas. Cabe ao conceito expressar mentalmente essa essência, e, à palavra ou termo, expressar simbolicamente o conteúdo conceitual.

> Francis Bacon foi o filósofo inglês, do século XVII, que insistiu sobre o que o saber representava em termos de poder. Para ele, a finalidade do conhecimento científico seria sempre dominar e manejar a natureza com vistas a criar melhores condições para a existência dos homens.

Esta era a concepção metafísica do real, que foi hegemônica nos longos períodos histórico-culturais da Antiguidade e da Idade Média. Mas, a partir do Renascimento, os modernos começaram a questionar essa capacidade, negando a possibilidade de nosso acesso à essência das coisas. Chegaram à conclusão de que só podemos conhecer, de fato, os fenômenos, nunca as essências. Ou seja, só podemos conhecer aquilo que é dado à experiência sensível que nos revela um conjunto de relações entre os objetos, relações que podemos mensurar com os recursos da matemática, mas nunca chegar a suas eventuais essências. Nasce assim uma nova modalidade de conhecimento, o modo científico de conhecer, a ciência, que se instaura aplicando um novo método próprio, adequado para apreender as relações fenomenais e mensurá-las quantitativamente. É o método experimental-matemático, cuja aplicação possibilitará ao homem ampliar e aprofundar seu conhecimento da natureza, a tal ponto que passará a ter o poder de interferir nos objetos, transformando-o pela técnica. A ciência é simultaneamente um *saber teórico* (explica o real) e um *poder prático* (maneja o real pela técnica).

A ciência apreende seus objetos como fenômenos – ela se atém a essa fenomenalidade. Busca estabelecer relações de causa a efeito entre os fenômenos. Tem como pressuposto que o universo é um sistema completo de regularidades e que, por isso, os fenômenos se comportam sempre da mesma maneira, eles seguem "leis", de tal modo que as *mesmas causas produzem sempre os mesmos efeitos*. Mas o sentido da causalidade para a ciência é apenas aquele de uma relação funcional entre os fenômenos, de tal modo que um determinado estado do objeto é função constante de outro determinado estado. O que se estabelece é uma *relação funcional quantitativa*. Por exemplo, quando se constata que a cada grau de temperatura a que é submetida uma barra de metal corresponde uma variação de tamanho dessa barra, está se dizendo que a dilatação do metal é função da temperatura. E a dilatação é medida em centímetros e a temperatura em graus, grandezas puramente matemáticas. A ciência generaliza e conclui que toda vez que uma barra de metal for submetida a uma variação de temperatura, ela sofrerá uma dilatação, em determinada proporção. Tem-se então uma lei científica que expressa, dessa maneira, uma relação causal constante entre os fenômenos. As sensações subjetivas de calor e a visão da extensão dos objetos são percepções qualitativas, vivenciadas subjetivamente.

3.3. A FORMAÇÃO DAS CIÊNCIAS HUMANAS E OS NOVOS PARADIGMAS EPISTEMOLÓGICOS

Com o sucesso do conhecimento científico para a explicação dos fenômenos naturais (astronômicos, físicos, biológicos) e em decorrência dos seus pressupostos filosóficos, a ciência passou a encarar também o homem como objeto de seu conhecimento, a ser abordado da mesma forma que os outros fenômenos naturais. O homem seria um ser natural como todos os demais (naturalismo), submisso às mesmas leis de regularidade (determinismo), acessível portanto aos procedimentos de observação, experimentação e mensuração (experimentalismo e racionalismo).

Como pretendia Comte, é possível – e necessário – constituir uma *física social*, análoga à física natural.

Assim, ao longo da modernidade *e*, particularmente, a partir do século XIX, foram se constituindo as Ciências Humanas, com a pretensão de se configurar de acordo com os mesmos parâmetros das ciências naturais. Mas à medida que foram se desenvolvendo os estudos sobre os diferentes aspectos da fenomenalidade humana, os pesquisadores começaram a perceber que não prevalecia o paradigma epistemológico único representado pelo positivismo, ou seja, os pesquisadores se dão conta de que, no caso do estudo e conhecimento do homem, outros paradigmas podem ser utilizados, com resultados igualmente satisfatórios no que concerne à eficácia explicativa. Rompe-se então o monolitismo do paradigma positivista e outros pressupostos epistemológicos são assumidos para fundamentar o conhecimento do homem. Esta a razão de se falar, na contemporaneidade, de um *pluralismo epistemológico*, ou seja, há várias possibilidades de se entender a relação sujeito/objeto quando da experiência do conhecimento, configurando-se várias perspectivas epistemológicas. Por sua vez, essas novas posições epistemológicas carregam consigo outros pressupostos ontológicos, ou seja, outras formas de cosmovisão que sustentam as concepções acerca da relação sujeito/objeto.

Na sua gênese, as Ciências humanas procuraram praticar a metodologia experimental/matemática da ciência, assumindo os pressupostos ontológicos e epistemológicos do Positivismo. Mas as peculiaridades do modo de ser humano foram mostrando a complexidade do fenômeno humano e a insuficiência da metodologia positivista para sua apreensão e explicação. Por isso, mesmo sem abandonar a inspiração da tradição positivista, foram enriquecendo-a e aprimorando-a.

> Nas origens do funcionalismo encontram-se Spencer e Durkheim, que o praticaram sobretudo na Sociologia, mas a consolidação do método funcionalista é atribuída particularmente a Bronislaw Malinowski, da área da Antropologia.

Desse modo, as pesquisas em Ciências Humanas passaram a se realizar sob a referência teórico-metodológica do *Funcionalismo*.

O funcionalismo apoia-se no pressuposto da analogia que aproxima as relações existentes entre os diversos órgãos de um organismo biológico e aquelas existentes entre as formas de organização social e cultural. Para esse paradigma, a sociedade humana e a cultura são como um organismo, cujas partes funcionam para atender às necessidades do conjunto. Toda atividade social e cultural é funcional, ou seja, desempenha uma função determinada. Por isso, o papel das Ciências Humanas é o de identificar objetivamente essas relações funcionais, descrevendo seus processos e explicitando suas articulações no interior da sociedade. Para tanto, elas precisam ser estabelecidas a partir de uma abordagem empírica, com métodos apropriados.

> Pensadores como Lévi-Strauss, Lacan, Foucault (num primeiro momento), Althusser aplicaram os fundamentos epistemológicos estruturalistas a diversos campos do conhecimento, sempre apoiando-se no pressuposto de que todas as formas da vida social se organizam sob o modelo de sistemas estruturados, sempre de acordo com regras de ordenação e de transformação.

O *Estruturalismo* é outra corrente epistemológica, também inserida na tradição positivista, que muito marcou as Ciências Humanas, tendo como referência fundamental a obra de Claude Lévi-Strauss. Na verdade, teve sua origem mais imediata nos trabalhos de linguística desenvolvidos por Saussure, ao mostrar que a língua é de fato um sistema de signos que funciona independentemente das intervenções eventuais dos sujeitos. Esta ideia de que a estrutura é um microssistema anterior à intervenção histórica dos sujeitos acabou se generalizando para todo o âmbito da cultura, vista como um grande sistema de comunicação, como um grande sistema de signos, portador de suas leis e regras gerais que definem, aprioristicamente, as ações dos sujeitos.

Assim, o grande pressuposto do Estruturalismo é que todo sistema constitui um jogo de oposições, de presenças e ausências, formando uma estrutura, constituindo uma estrutura e gerando uma interdependência entre as partes, de tal forma que as alterações que ocorrerem num elemento acarretam alteração em cada um dos outros elementos do sistema, atingindo todo o conjunto.

O método estrutural assume a fenomenalidade empírica como objeto de investigação, mas os fatos empíricos devem ser abordados em sua imanência, levando-se em conta sua inserção num sistema, sincronicamente considerado como parte de um todo estruturado, no qual as relações pertencem a grupos de transformações, pertinentes a grupos de modelos correspondentes.

Mas a epistemologia contemporânea tem também uma tradição subjetivista que, ao contrário da tradição positivista, questiona a excessiva priorização do objeto na constituição do conhecimento verdadeiro. E propõe um outro modo de conceber a relação de reciprocidade entre sujeito e objeto. É o caso da *Fenomenologia,* da *Hermenêutica* e da *Arqueogenealogia.*

A *Fenomenologia*, nascida principalmente na obra de Husserl, vai referir-se a uma experiência primeira do conhecimento (a experiência eidética, momento da intuição originária), em que sujeito e objeto são puros polos – noético/noemáticos – da relação, não sendo ainda nenhuma coisa ou entidade. Pura atividade fundante de tudo que vem depois.

Como paradigma epistemológico, a Fenomenologia parte da pressuposição de que todo conhecimento fatual (aquele das ciências fáticas ou positivas) funda-se num conhecimento originário (o das ciências eidéticas) de natureza intuitiva, viabilizado pela condição intencional de nossa consciência subjetiva. Graças à intencionalidade da consciência, podemos ter uma intuição eidética, apreendendo as coisas em sua condição original de fenômenos puros, tais como aparecem *e se revelam* originariamente, suspensas todas as demais interveniências que ocorrem na relação sujeito/objeto. O fenômeno se manifesta em sua originariedade quando a relação sujeito/objeto se "reduz" à relação bipolar noese/noema, polo noético/polo noemático.

A atitude fenomenológica faz com que o método investigativo sob sua inspiração aplique algumas regras negativas e outras positivas. Negativamente, trata-se de excluir ou suspender, a colocar entre parênteses, toda influência subjetiva, psicológica, toda teoria prévia sobre o objeto bem como toda afirmação da tradição, inclusive aquela da própria ciência; positivamente, trata-se de ver todo o dado e de descrever o objeto, analisando-o em toda sua complexidade.

Diretamente ligada à Fenomenologia, a *Hermenêutica* vai propor que todo conhecimento é necessariamente uma interpretação que o sujeito faz a partir das expressões simbólicas das produções humanas, dos signos culturais. Mas, como metodologia da investigação, apoia-se igualmente em subsídios epistemológicos fornecidos pela Psicanálise, pela Dialética e pelo próprio Estruturalismo.

A investigação antropológica, subjacente às Ciências Humanas, conduzida sob a inspiração hermenêutica, pressupõe que toda a realidade da existência humana se manifesta expressa sob uma dimensão simbólica. A realidade humana só se faz conhecer na trama da cultura, malha simbólica responsável pela especificidade do existir dos homens, tanto individual quanto coletivamente. E, no âmbito cultural, a linguagem ocupa um lugar proeminente, uma vez que se trata de um sistema simbólico voltado diretamente para essa expressão.

Por isso mesmo, a análise da linguagem, nas diferentes formas de discurso, é atividade central na pesquisa hermenêutica.

> São representantes desta tendência, além do segundo Foucault, Deleuze, Guattari, Maffesoli, Baudrillard, Morin, entre outros.

Cabe dar especial destaque a uma tendência ligada à tradição subjetivista e que vem tendo marcante presença nos dias atuais, que pode ser designada como *Arqueogenealogia*, derivada que é de duas grandes perspectivas da epistemologia contemporânea: a arqueologia e a genealogia. Com efeito, alguns pensadores atuais, assumindo uma posição extremamente crítica com relação ao racionalismo iluminista da modernidade, estão defendendo uma outra dimensão para nossa subjetividade, buscando desidentificá-la da racionalidade. Propõem substituir a economia da razão pela economia do desejo, ou seja, priorizar, inclusive na ordem do conhecimento, outras dimensões que não aquela da lógica racional. Falam de uma desterritorialização do sujeito, querendo com isso ampliar os espaços da subjetividade. Trata-se então de resgatar outras dimensões da vivência humana, supostamente negligenciadas pelos filósofos modernos, como o sentimento, a paixão, a vitalidade, as energias instintivas. O homem não se definiria mais como animal racional mas como uma verdadeira máquina desejante.

Uma terceira tradição filosófica é aquela representada pela *Dialética*. Esta tendência vê a reciprocidade sujeito/objeto eminentemente como uma interação social que vai se formando ao longo do tempo histórico. Para esses pensadores, o conhecimento não pode ser entendido isoladamente em relação à prática política dos homens, ou seja, nunca é questão apenas de saber, mas também de poder. Daí priorizarem a práxis humana, a ação histórica e social, guiada por uma intencionalidade que lhe dá um sentido, uma finalidade intimamente relacionada com a transformação das condições de existência da sociedade humana.

O paradigma dialético é uma epistemologia que se baseia em alguns pressupostos que são considerados pertinentes à condição humana e às condutas dos homens.

Totalidade: a inteligibilidade das partes pressupõe sua articulação com o todo; no caso, o indivíduo não se explica isoladamente da sociedade.

Historicidade: o instante não se entende separadamente da totalidade temporal do movimento, ou seja, cada momento é articulação de um processo histórico mais abrangente.

Complexidade: o real é simultaneamente uno e múltiplo (unidade e totalidade), multiplicidade de partes, articulando-se tanto estrutural quanto historicamente, de modo que cada fenômeno é sempre resultante de múltiplas determinações que vão além da simples acumulação, além do mero ajuntamento. Um fluxo permanente de transformações.

Dialeticidade: o desenvolvimento histórico não é uma evolução linear, a história é sempre um processo complexo em que as partes estão articuladas entre si de formas diferenciadas da simples sucessão e acumulação. As mudanças no seio da realidade humana ocorrem seguindo uma lógica da contradição e não da identidade. A história se constitui por uma luta de contrários, movida por um permanente conflito, imanente à realidade.

Praxidade: os acontecimentos, os fenômenos da esfera humana, estão articulados entre si, na temporalidade e na espacialidade, e se desenvolvem através da prática, sempre histórica e social, e que é a substância do existir humano.

Cientificidade: toda explicação científica é necessariamente uma explicação que explicita a regularidade dos nexos causais, articulando, entre si, todos os elementos da fenomenalidade em estudo. Só que esta causalidade, para a perspectiva dialética, se expressa mediante um processo histórico-social, conduzido por uma dinâmica geral pela atuação de forças polares contraditórias, sempre em conflito.

Concreticidade: prevalece a empiricidade real dos fenômenos humanos, donde decorre a precedência das abordagens econômico-políticas, pois o que está em pauta é a prática real dos homens, no espaço social e no tempo histórico, práxis coletiva.

Para saber mais

BOMBASSARO, Luiz C. *As fronteiras da epistemologia*; como se produz o conhecimento. Petrópolis: Vozes, 1994.

CARVALHO, M. Cecília de (Org.). *Paradigmas filosóficos da atualidade.* Campinas: Papirus, 1989.

JAPIASSU, H. F. *Introdução ao pensamento epistemológico.* 3. ed. Rio de Janeiro: Francisco Alves, 1977.

OLIVA, Alberto (Org.). *Epistemologia*: a cientificidade em questão. Campinas: Papirus, 1990.

3.4. MODALIDADES E METODOLOGIAS DE PESQUISA CIENTÍFICA

Como se viu, a ciência se constitui aplicando técnicas, seguindo um método e apoiando-se em fundamentos epistemológicos. Tem assim elementos gerais que são comuns a todos os processos de conhecimento que pretenda realizar, marcando toda atividade de pesquisa. Mas, além da possível divisão entre Ciências Naturais e Ciências Humanas, ocorrem diferenças significativas no modo de se praticar a investigação científica, em decorrência da diversidade de perspectivas epistemológicas que se podem adotar e de enfoques diferenciados que se podem assumir no trato com os objetos pesquisados e eventuais aspectos que se queira destacar.

Por essa razão, várias são as modalidades de pesquisa que se podem praticar, o que implica coerência epistemológica, metodológica e técnica, para o seu adequado desenvolvimento.

3.4.1. Pesquisa quantitativa, pesquisa qualitativa

Uma primeira diferenciação que se pode fazer é aquela entre a pesquisa quantitativa e a pesquisa qualitativa. Como vimos, a ciência nasce, no início da era moderna, opondo-se à modalidade metafísica do conhecimento, fundada na pretensão do acesso racional à essência dos objetos reais e afirmando a limitação de nosso conhecimento à fenomenalidade do real. E esse conhecimento dos fenômenos, por sua vez, limitava-se à expressão de uma relação funcional de causa a efeito que só podia ser medida como uma função matemática. Por isso, toda lei científica revestia-se de uma formulação matemática, exprimindo uma relação quantitativa. Daí a característica original do método científico ser sua configuração experimental-matemática.

Esse modelo de conhecimento científico, denominado positivista, adequou-se perfeitamente à apreensão e ao manejo do mundo físico, tornando-se assim paradigmático para a constituição das ciências, inclusive daquelas que pretendiam conhecer também o mundo humano. Mas logo os cientistas se deram conta de que o conhecimento desse mundo humano não podia reduzir-se, impunemente, a esses parâmetros e critérios. Quando o homem era considerado como um objeto puramente natural, seu conhecimento deixava escapar importantes aspectos relacionados com sua condição específica de sujeito; mas, para garantir essa especificidade, o método experimental-matemático era ineficaz.

Quando se fala de pesquisa quantitativa ou qualitativa, e mesmo quando se fala de metodologia quantitativa ou qualitativa, apesar da liberdade de linguagem consagrada pelo uso acadêmico, não se está referindo a uma modalidade de metodologia em particular. Daí ser preferível falar-se de *abordagem quantitativa*, de a*bordagem qualitativa*, pois, com estas designações, cabe referir-se a conjuntos de metodologias, envolvendo, eventualmente, diversas referências epistemológicas. São várias metodologias de pesquisa que podem adotar uma abordagem qualitativa, modo de dizer que faz referência mais a seus fundamentos epistemológicos do que propriamente a especificidades metodológicas.

Para saber mais

ALVES-MAZZOTTI, A. J.; GEWANDSZNAJDER, F. *O método nas ciências naturais e sociais*: pesquisa quantitativa e qualitativa. São Paulo: Pioneira, 1998.

CHIZZOTTI, Antonio. *Pesquisa qualitativa em ciências humanas e sociais*. 6. ed. Petrópolis: Vozes, 2014.

DUARTE, Rosália. Pesquisa qualitativa: reflexões sobre o trabalho de campo. *Cadernos de Pesquisa*. São Paulo, n. 115, p. 139-154, mar. 2002.

FLICK, Uwe. *Introdução à pesquisa qualitativa*. Porto Alegre: Grupo A, 2008.

GODOY, Arilda Schmidt. Introdução à pesquisa qualitativa e suas possibilidades. RAE – *Revista de Administração de Empresas*, São Paulo, v. 35, n. 2, p. 57-63, 1995.

GÜNTHER, Hartmut. Pesquisa Qualitativa versus Pesquisa Quantitativa: esta é a questão? Psicologia: *Teoria e Pesquisa*, v. 22, n. 2, p. 201-210, maio-ago. 2006

3.4.2. Pesquisa etnográfica

A pesquisa etnográfica visa compreender, na sua cotidianidade, os processos do dia a dia em suas diversas modalidades, os modos de vida do indivíduo ou do grupo social. Faz um registro detalhado dos aspectos singulares da vida dos sujeitos observados em suas relações socioculturais. Trata-se de um mergulho no microssocial, olhado com uma lente de aumento. Aplica métodos e técnicas compatíveis com a abordagem qualitativa. Utiliza-se do *método etnográfico*, descritivo por excelência.

Para saber mais

ANDRÉ, Marli. *Etnografia da prática escolar*. 5. ed. Campinas: Papirus, 1995.

LAPLANTINE, F. *Aprender antropologia*. São Paulo: Brasiliense, 1994.

LUDKE, M.; ANDRÉ, M. E. D. A. *Pesquisa em Educação*: abordagens qualitativas. 5. ed. São Paulo: EPU, 1986. 123 p.

OLIVEIRA, R. C. de. *O trabalho do antropólogo*. 2. ed. Brasília: Paralelo 15, 2000.

PEIRANO, Marisa. *A favor da etnografia*. Rio de Janeiro: Relume Dumará, 1994.

ROCHA, Ana Luiza Carvalho da; ECKERT Cornelia. Etnografia: saberes e práticas. In: PINTO, Céli Regina Jardim; GUAZZELLI, César Augusto Barcellos. *Ciências Humanas: pesquisa e método*. Porto Alegre: Editora da UFRGS, 2008. p. 9-24.

3.4.3. Pesquisa participante

É aquela em que o pesquisador, para realizar a observação dos fenômenos, compartilha a vivência dos sujeitos pesquisados, participando, de forma sistemática e permanente, ao longo do tempo da pesquisa, das suas atividades. O pesquisador coloca-se numa postura de identificação com os pesquisados. Passa a interagir com eles em todas as situações, acompanhando todas as ações praticadas pelos sujeitos. Observando as manifestações dos sujeitos e as situações vividas, vai registrando descritivamente todos os elementos observados bem como as análises e considerações que fizer ao longo dessa participação.

Para saber mais

BRANDÃO, Carlos R. (Org.). *Repensando a pesquisa participante*. São Paulo: Brasiliense, 1984.

DEMO, Pedro. *Pesquisa participante:* saber pensar e intervir juntos. *Brasília*: Líber Livro, 2004.

NORONHA, Olinda M. Pesquisa participante: repondo questões teórico-metodológicas. In: FAZENDA, Ivani (org.). *Metodologia da pesquisa educacional*. São Paulo: Cortez, 2001, p.137-143.

ROCHA, M. L. da; AGUIAR, K. F. de. Pesquisa-intervenção e a produção de novas análises. *Psicologia: Ciência e Profissão*, v.23, n. 4, p. 64-72, 2003.

SCHMIDT, M. Luisa Sandoval. Pesquisa participante: alteridade e comunidades interpretativas. *Psicologia USP*, v. 17, n. 2, p. 11-41, 2006.

3.4.4. Pesquisa-ação

A pesquisa-ação é aquela que, além de compreender, visa intervir na situação, com vistas a modificá-la. O conhecimento visado articula-se a uma finalidade intencional de alteração da situação pesquisada. Assim, ao mesmo tempo que realiza um diagnóstico e a análise de uma determinada situação, a pesquisa-ação propõe ao conjunto de sujeitos envolvidos mudanças que levem a um aprimoramento das práticas analisadas.

Para saber mais

MIRANDA, Marilia Gouvea de; RESENDE, Anita C. Azevedo. Sobre a pesquisa-ação na educação e as armadilhas do praticismo. *Revista Brasileira de Educação*, v .11, n. 33, p. 511-518, 2006.

MORIN, André. *Pesquisa-ação integral e sistêmica*: uma antropopedagogia renovada. Rio de Janeiro: DP&A, 2004.

THIOLLENT, Michel. *Metodologia da pesquisa-ação*. 14 ed. rev. e aum. São Paulo: Cortez, 2005.

TRIPP, David. Pesquisa-ação: uma introdução metodológica. *Educação e Pesquisa*, São Paulo, v. 31, n. 3, p. 443-466, set./dez. 2005

3.4.5. Estudo de caso

Pesquisa que se concentra no estudo de um caso particular, considerado representativo de um conjunto de casos análogos, por ele significativamente representativo. A coleta dos dados e sua análise se dão da mesma forma que nas pesquisas de campo, em geral.

O caso escolhido para a pesquisa deve ser significativo e bem representativo, de modo a ser apto a fundamentar uma generalização para situações análogas, autorizando inferências. Os dados devem ser coletados e registrados com o necessário rigor e seguindo todos os procedimentos da pesquisa de campo. Devem ser trabalhados, mediante análise rigorosa, e apresentados em relatórios qualificados.

Para saber mais

ANDRÉ, Marli E. D. A. de. *Estudo de caso em pesquisa e avaliação educacional*. Brasília: Líber Livro, 2005.

FREITAS, Wesley R. S.; JABBOUR, Charbel J. C. Utilizando estudo de caso(s) como estratégia de pesquisa qualitativa: boas práticas e sugestões. *Estudo & Debate*, Lajeado, v. 18, n. 2, p. 7-22, 2011. Disponível em: http://www.univates.br/revistas/index.php/estudoedebate/article/viewFile/ 30/196

MAZZOTTI, A. J. A. Usos e abusos dos estudos de caso. *Cadernos de Pesquisa*, São Paulo, v. 36, n. 129, set./dez. 2006.

MENDONÇA, Ana Waley. *Metodologia para estudo de caso*. Palhoça: Unisul Virtual, 2014. Disponível em: http://busca.unisul.br/pdf/restrito/ 000003/0000034B.pdf

VENTURA, Magda M. O estudo de caso como modalidade de pesquisa. *Revista SOCERJ*, Rio de Janeiro, v. 20, n. 5, p. 383-386, 2007.

YIN, Robert K. *Estudo de caso*. Porto Alegre: Bookman-Artmed, 2001.

3.4.6. Análise de conteúdo

É uma metodologia de tratamento e análise de informações constantes de um documento, sob forma de discursos pronunciados em diferentes linguagens: escritos, orais, imagens, gestos. Um conjunto de técnicas de análise das comunicações. Trata-se de se compreender criticamente o sentido manifesto ou oculto das comunicações.

Envolve, portanto, a análise do conteúdo das mensagens, os enunciados dos discursos, a busca do significado das mensagens. As linguagens, a expressão verbal, os enunciados, são vistos como indicadores significativos, indispensáveis para a compreensão dos problemas ligados às práticas humanas e a seus componentes psicossociais. As mensagens podem ser verbais (orais ou escritas), gestuais, figurativas, documentais.

Sua perspectiva de abordagem se situa na interface da Linguística e da Psicologia Social. Mas enquanto a linguística estuda a língua, o sistema da linguagem, a Análise de Conteúdo atua sobre a fala, sobre o sintagma. Ela descreve, analisa e interpreta as mensagens/enunciados de todas as formas de discurso, procurando ver o que está por detrás das palavras.

Os discursos podem ser aqueles já dados nas diferentes formas de comunicação e interlocução bem como aqueles obtidos a partir de perguntas, via entrevistas e depoimentos.

Para saber mais

BARDIN, Laurence. *Análise de conteúdo*. Lisboa: Edições 70, 1979.

CAVALCANTE, Ricardo Bezerra; CALIXTO, Pedro; KERR, Marta Macedo Pinheiro. Análise de conteúdo: considerações gerais, relações com a pergunta de pesquisa, possibilidades e limitações do método. *Inf. & Soc.*, João Pessoa, v. 24, n .1, p. 13-18, jan./abr. 2014.

FRANCO, M. Laura P. B. *Análise do conteúdo*. Brasília: Editora Plano, 2003. (Série Pesquisa em Educação, 6.)

FRANCO, M. Laura P. B. O que é análise de conteúdo. *Cadernos de Psicologia da Educação*, São Paulo, PUCSP, n. 7, p. 1-31, ago. 1986

MORAES, Roque. Análise de conteúdo. *Revista Educação*, Porto Alegre, v. 22, n. 37, p. 7-32, 1999.

OLIVEIRA, E.; ENS, R.; ANDRADE, D.; MUSSIS, C. R., Análise de conteúdo e pesquisa na área de educação. *Revista Diálogo Educacional*, Curitiba, v. 4, n. 9, p. 11-27, maio/ago. 2003.

ROSEMBERG, F. Da intimidade aos quiprocós: uma discussão em torno da análise de conteúdo. *Caderno CERU*, São Paulo, n. 16, p. 69-80, 1981.

SILVA, Cristiane R.; GOBBI, Beatriz C.; SIMÃO, Ana Adalgisa, O uso da análise de conteúdo como uma ferramenta para a pesquisa qualitativa: descrição e aplicação do método. *Organizações Rurais & Agroindustriais – Revista de Administração da UFLA*, Lavras, v. 7, n. 1, p. 70-81, 2005.

SIMÕES, S. P. Significado e possibilidades da análise de conteúdo. *Tecnologia Educacional*, v. 20, n. 102/103, p. 54-57, set./dez., 1991.

3.4.7. Pesquisa bibliográfica, pesquisa documental, pesquisa experimental, pesquisa de campo

Com referência à natureza das fontes utilizadas para a abordagem e tratamento de seu objeto, a pesquisa pode ser bibliográfica, de laboratório e de campo.

A **pesquisa bibliográfica** é aquela que se realiza a partir do registro disponível, decorrente de pesquisas anteriores, em documentos impressos, como livros, artigos, teses etc. Utiliza-se de dados ou de categorias teóricas já trabalhados por outros pesquisadores e devidamente registrados. Os textos tornam-se fontes dos temas a serem pesquisados. O pesquisador trabalha a partir das contribuições dos autores dos estudos analíticos constantes dos textos.

No caso da **pesquisa documental**, tem-se como fonte documentos no sentido amplo, ou seja, não só de documentos impressos, mas sobretudo de outros tipos de documentos, tais como jornais, fotos, filmes, gravações, documentos legais. Nestes casos, os conteúdos dos textos ainda não tiveram nenhum tratamento analítico, são ainda matéria-prima, a partir da qual o pesquisador vai desenvolver sua investigação e análise.

Já a **pesquisa experimental** toma o próprio objeto em sua concretude como fonte e o coloca em condições técnicas de observação e manipulação experimental nas bancadas e pranchetas de um laboratório, onde são criadas condições adequadas para seu tratamento. Para tanto, o pesquisador seleciona determinadas variáveis e testa suas relações funcionais, utilizando formas de controle. Modalidade plenamente adequada para as Ciências Naturais, é mais complicada no âmbito das Ciências Humanas, já que não se pode fazer manipulação das pessoas.

Na **pesquisa de campo**, o objeto/fonte é abordado em seu meio ambiente próprio. A coleta dos dados é feita nas condições naturais em que os fenômenos ocorrem, sendo assim diretamente observados, sem intervenção e manuseio por parte do pesquisador. Abrange desde os levantamentos (*surveys*), que são mais descritivos, até estudos mais analíticos.

3.4.8. Pesquisa exploratória, pesquisa explicativa

Quanto a seus objetivos, uma pesquisa pode ser exploratória, descritiva ou explicativa.

A **pesquisa exploratória** busca apenas levantar informações sobre um determinado objeto, delimitando assim um campo de trabalho, mapeando as condições de manifestação desse objeto. Na verdade, ela é uma preparação para a pesquisa explicativa.

A **pesquisa explicativa** é aquela que, além de registrar e analisar os fenômenos estudados, busca identificar suas causas, seja através da aplicação do método experimental/matemático, seja através da interpretação possibilitada pelos métodos qualitativos.

3.4.9. Técnicas de pesquisa

As técnicas são os procedimentos operacionais que servem de mediação prática para a realização das pesquisas. Como tais, podem ser utilizadas em pesquisas conduzidas mediante diferentes metodologias e fundadas em diferentes epistemologias. Mas, obviamente, precisam ser compatíveis com os métodos adotados e com os paradigmas epistemológicos adotados.

DOCUMENTAÇÃO

É toda forma de registro e sistematização de dados, informações, colocando-os em condições de análise por parte do pesquisador.

Pode ser tomada em três sentidos fundamentais: como técnica de coleta, de organização e conservação de documentos; como ciência que elabora critérios para a coleta, organização, sistematização, conservação, difusão dos documentos; no contexto da realização de uma pesquisa, é a técnica de identificação, levantamento, exploração de documentos fontes do objeto pesquisado e registro das informações retiradas nessas fontes e que serão utilizadas no desenvolvimento do trabalho.

Documento: em ciência, documento é todo *objeto* (livro, jornal, estátua, escultura, edifício, ferramenta, túmulo, monumento, foto, filme, vídeo, disco, CD etc.) que se torna *suporte material* (pedra, madeira, metal, papel etc.) de uma *informação* (oral, escrita, gestual, visual, sonora etc.) que nele é fixada mediante *técnicas especiais* (escritura, impressão, incrustação, pintura, escultura, construção etc.). Nessa condição, transforma-se em fonte durável de informação sobre os fenômenos pesquisados.

ENTREVISTA

Técnica de coleta de informações sobre um determinado assunto, diretamente solicitadas aos sujeitos pesquisados. Trata-se, portanto, de uma interação entre pesquisador e pesquisado. Muito utilizada nas pesquisas da área das Ciências Humanas. O pesquisador visa apreender o que os sujeitos pensam, sabem, representam, fazem e argumentam.

ENTREVISTAS NÃO DIRETIVAS

Por meio delas, colhem-se informações dos sujeitos a partir do seu discurso livre. O entrevistador mantém-se em escuta atenta, registrando todas as informações e só intervindo discretamente para, eventualmente, estimular o depoente. De preferência, deve praticar um diálogo descontraído, deixando o informante à vontade para expressar sem constrangimentos suas representações.

ENTREVISTAS ESTRUTURADAS

São aquelas em que as questões são direcionadas e previamente estabelecidas, com determinada articulação interna. Aproxima-se mais do questionário, embora sem a impessoalidade deste. Com questões bem diretivas, obtém, do universo de sujeitos, respostas também mais facilmente categorizáveis, sendo assim muito útil para o desenvolvimento de levantamentos sociais.

HISTÓRIA DE VIDA

Coleta as informações da vida pessoal de um ou vários informantes. Pode assumir formas variadas: autobiografia, memorial, crônicas, em que se possa expressar as trajetórias pessoais dos sujeitos.

OBSERVAÇÃO

É todo procedimento que permite acesso aos fenômenos estudados. É etapa imprescindível em qualquer tipo ou modalidade de pesquisa.

QUESTIONÁRIO

Conjunto de questões, sistematicamente articuladas, que se destinam a levantar informações escritas por parte dos sujeitos pesquisados, com vistas a conhecer a opinião destes sobre os assuntos em estudo. As questões devem ser pertinentes ao objeto e claramente formuladas, de modo a serem bem compreendidas pelos sujeitos. As questões devem ser objetivas, de modo a suscitar respostas igualmente objetivas, evitando provocar dúvidas, ambiguidades e respostas lacônicas.

Podem ser questões fechadas ou questões abertas. No primeiro caso, as respostas serão escolhidas dentre as opções predefinidas pelo pesquisador; no segundo, o sujeito pode elaborar as respostas, com suas próprias palavras, a partir de sua elaboração pessoal.

De modo geral, o questionário deve ser previamente testado (pré-teste), mediante sua aplicação a um grupo pequeno, antes de sua aplicação ao conjunto dos sujeitos a que se destina, o que permite ao pesquisador avaliar e, se for o caso, revisá-lo e ajustá-lo.

CONCLUINDO...

A ciência, como modalidade de conhecimento, só se processa como resultado de articulação do lógico com o real, do teórico com o empírico. Não se reduz a um mero levantamento e exposição de fatos ou a uma coleção de dados. Estes precisam ser articulados mediante uma leitura teórica. Só a teoria pode caracterizar como científicos os dados empíricos. Mas, em compensação, ela só gera ciência se estiver articulando dados empíricos.

Referências epistemológicas são, pois, necessárias para a produção do conhecimento científico; no entanto, elas não seriam fecundas para a realização de uma abordagem significativa dos objetos se não dispusessem de mediações técnico-metodológicas. Estas se constituem pelo conjunto de recursos e instrumentos adequados para a exploração das fontes mediante procedimentos operacionais. Com efeito, a construção de conhecimento novo pela ciência, entendida como processo de saber, só pode acontecer mediante uma atividade de pesquisa especializada, própria às várias ciências. Pesquisas que, além de categorial epistemológico preciso e rigoroso, exigem capacidade de domínio e de manuseio de um conjunto de métodos e técnicas específicos de cada ciência que sejam adequados aos objetos pesquisados.

A Pesquisa na Dinâmica da Vida Universitária

4

Este capítulo apresenta os processos operacionais do desenvolvimento da pesquisa, mostrando como se realiza a investigação científica. Serão abordadas aquelas diretrizes práticas e gerais que se aplicam a todas as modalidades de trabalhos científicos, independentemente da área de conhecimento em que se está realizando a pesquisa.

O desenvolvimento de um processo investigativo não pode realizar-se de forma espontânea ou intuitiva; ele precisa seguir um plano e aplicar um método. O sentido e o papel do método foram apresentados no capítulo anterior. Agora, trata-se de sua prática operacional.

No quadro a seguir, pode-se visualizar o desenvolvimento metódico e planejado de uma investigação, constituído de uma sequência de momentos, compreendendo as seguintes etapas:

1. A elaboração do projeto de pesquisa;

2. O levantamento das fontes referentes ao objeto;

3. A atividade de pesquisa e a prática da documentação;

4. A análise dos dados e a construção do raciocínio demonstrativo;

5. A redação do relatório com os resultados da investigação.

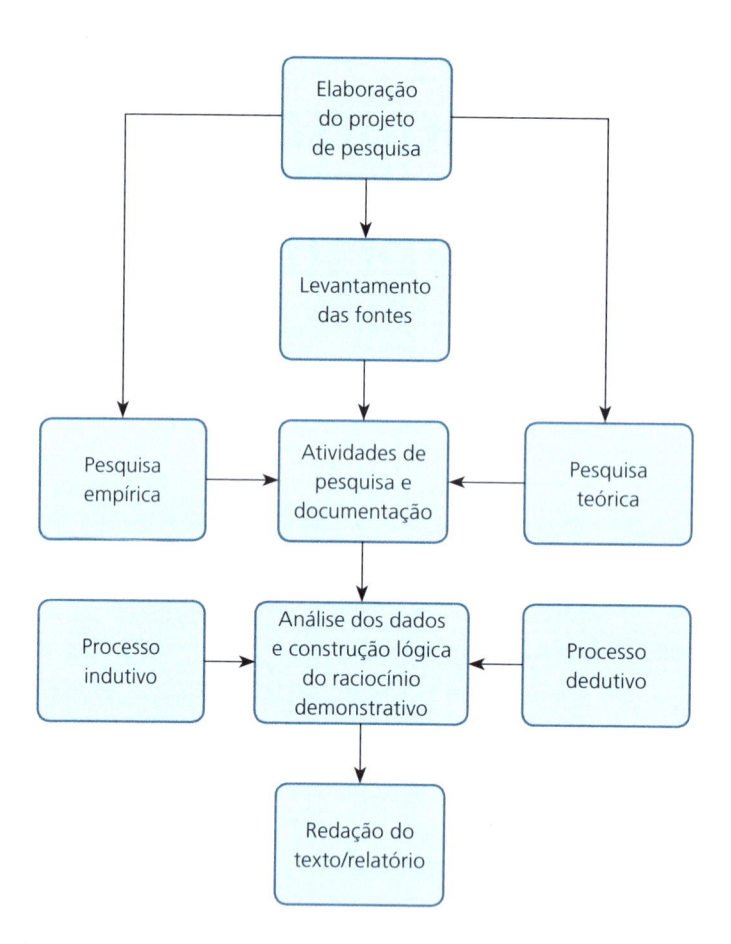

Figura 1. Fluxograma da elaboração do trabalho científico.

4.1. ELABORANDO O PROJETO DE PESQUISA

Antes de ser realizado, um trabalho de pesquisa precisa ser planejado. O Projeto é o registro deste planejamento. Para elaborar o projeto, o pesquisador precisa ter bem claro o seu *objeto* de pesquisa, como ele se coloca, como ele está *problematizado*, quais as *hipóteses* que está levantando para resolver o problema, com que *elementos teóricos* pode contar, de quais *recursos instrumentais* dispõe para levar adiante a pesquisa e quais *etapas* pretende percorrer. Ora, para chegar a todos esses elementos, o pesquisador precisa vivenciar uma experiência problematizadora. Além dos subsídios que estará recebendo do acúmulo de suas intuições pessoais, ele poderá colher elementos de suas leituras, dos cursos, dos debates, enfim, de todas as contribuições do contexto acadêmico, profissional e cultural em que vive.

O projeto de pesquisa, como planejamento das atividades a serem desenvolvidas, possibilitará ao pesquisador impor-se uma disciplina de trabalho não só a respeito da ordem dos procedimentos lógicos e metodológicos mas também em termos de organização e distribuição do tempo. Constitui assim um eficaz roteiro de trabalho.

4.1.1. A estrutura do projeto enquanto texto

Amadurecidos os pontos, pode-se explicitá-los por escrito, compondo o Projeto, com a seguinte estrutura:

1. **Título**: ainda que provisório, atribui-se um *título* ao Projeto, o mesmo que se prevê dar ao trabalho final que relatará os resultados da pesquisa. O título deve expressar, o mais fielmente possível, o conteúdo temático do trabalho. Poderá, eventualmente, ser metafórico, mas, nesses casos, dever-se-á acrescentar um *subtítulo* tematicamente expressivo.

2. **Apresentação**: inicia-se o Projeto com uma *apresentação* em que se exporá sinteticamente como se chegou ao tema de investigação, qual foi a gênese do problema, as circunstâncias que interferiram nesse processo, por que se fez tal opção, se houve antecedentes. Esta é a parte mais pessoal da exposição do projeto, único momento em que o pesquisador pode referir-se a motivos de ordem pessoal.

3. **Objeto e problema da pesquisa:** retomando o que já foi anunciado na Apresentação, procura-se, em seguida, com uma exposição mais objetiva e técnica, colocar o *problema*, ou seja, como o *tema* está

problematizado e, consequentemente, por que ele precisa ainda ser pesquisado. Trata-se, portanto, de delimitar, circunscrever o tema-problema. O tema deve ser problematizado e é preciso ter uma ideia muito clara do problema a ser resolvido.

4. **Justificativa**: neste tópico do Projeto, cabe adiantar a contribuição que se espera dar com os resultados da pesquisa, justificando-se assim a relevância e a oportunidade de sua realização, mediante o desenvolvimento do Projeto. Este é o momento de se referir então aos *estudos anteriores* já feitos sobre o tema para assinalar suas eventuais limitações e destacar, assim, a necessidade de se continuar a pesquisá-lo e as contribuições que o seu trabalho dará, *justificando-o* desta maneira. É o que denomina a *revisão de literatura*, processo necessário para que se possa avaliar o que já se produziu sobre o assunto em pauta, situando-se, a partir daí, a contribuição que a pesquisa projetada pode dar ao conhecimento do objeto a ser pesquisado.

5. **Hipóteses e objetivos:** em seguida, o projeto deve explicitar a(s) **hipótese(s)** avançadas para a solução do problema. Lembre-se de que todo trabalho científico constitui um raciocínio demonstrativo de alguma hipótese, pois é essa demonstração que soluciona o problema pesquisado. À hipótese se vinculam os **objetivos**, ou seja, os resultados que precisam ser alcançados para que se construa toda a demonstração. Aqui está se referindo aos objetivos intrínsecos da pesquisa, pertinentes ao tema e vinculados ao desenvolvimento do raciocínio. Objetivos extrínsecos, obviamente, só cabem na Apresentação.

6. **Quadro teórico**: cabe, nesta altura, expor os referenciais teórico-metodológicos, ou seja, os instrumentos lógico-categoriais nos quais se apoia para conduzir o trabalho investigativo e o raciocínio. Trata-se de esclarecer as várias categorias que serão utilizadas para dar conta dos fenômenos a serem abordados e explicados. Muitas vezes essas categorias integram algum paradigma teórico específico, de modo explícito. Outras vezes, trata-se de definir bem as categorias explicativas de que se precisa para analisar os fenômenos que são objeto da pesquisa.

7. **Fontes, procedimentos e etapas**: nesta etapa, devem ser anuncia-
das as *fontes* (empíricas, documentais, bibliográficas) com que o pesquisador conta para a realização da pesquisa e os *procedimentos*
metodológicos e técnicos que usará, deixando bem claro como é que
vai proceder. À vista dos objetivos perseguidos, da natureza do objeto
pesquisado e dos procedimentos possíveis, indique as *etapas* de seu
processo de investigação, tendo bem presente que os resultados de
cada uma destas etapas é que constituirão as *partes* do relatório final
do trabalho, ou seja, os seus capítulos.

8. **Cronograma:** o pesquisador deve indicar no seu projeto as várias
etapas, distribuindo-as no tempo disponível para as atividades pre-
vistas pela pesquisa, incluindo a redação final. Não confundir os
passos cronológicos com as etapas de investigação, de que se falou
no item anterior.

9. **Bibliografia**: assinale, sempre de acordo com as normas técnicas
pertinentes, os títulos básicos a serem utilizados no desenvolvimento da pesquisa, discriminando, se for o caso, as fontes, os textos de
referência teórica, os documentos legais etc. Ter bem claro que esta
bibliografia poderá se ampliar ao final da pesquisa, já que novos documentos poderão ser identificados em decorrência e no desenvolvimento do processo de investigação.

OBSERVAÇÕES:

1. O projeto, em seus vários pontos, pode ser alterado no decorrer da pesquisa. Isto é normal e até positivo, uma vez que revela
eventuais descobertas de dados novos e aprofundamento das
ideias do autor.

2. Também os itens deste roteiro podem ser reduzidos, ampliados
ou estruturados em outra ordem, de acordo com a natureza da
pesquisa a ser desenvolvida. A estruturação é flexível e seus
elementos devem ser distribuídos em conformidade com as exigências lógicas da própria pesquisa.

3. Por outro lado, projeto de pesquisa não deve ser confundido com plano de trabalho, de que se falará na página 160. Apesar do caráter de provisoriedade de ambos, neste último caso trata-se da própria estrutura lógica da monografia, dividindo esquematicamente, como um sumário, os vários momentos do discurso, do ponto de vista de seu conteúdo.

4. Resta lembrar ainda a dintinção entre o *projeto e o próprio trabalho* – dissertação ou tese. No projeto, o pesquisador deve ter muito claro o caminho a ser percorrido, as etapas a serem vencidas, os instrumentos e as estratégias a serem utilizados. É para isto que, em última análise, ele é feito; esta é a sua finalidade intrínseca. Mas não é o projeto que vai ser publicado e sim a dissertação ou a tese. E aí o que está em jogo é o *resultado* do trabalho desenvolvido de acordo com o projeto. Distinguem-se, pois, um do outro, plano de pesquisa e plano de exposição. Assim, nem sempre é necessário escrever um capítulo para explicar qual é o quadro teórico: o importante é basear-se nesse quadro teórico de maneira coerente. O leitor dar-se-á conta em qual quadro teórico o autor se apoiou.

4.2. DESENVOLVENDO O PROCESSO DE INVESTIGAÇÃO

Distinguem-se três fases no amadurecimento de um trabalho: há o momento da invenção, da intuição, da descoberta, da formulação de hipóteses, fase eminentemente lógica em que o pensamento é provocador, o espírito é atuante; logo após parte-se para a pesquisa positiva, seja experimental, seja de campo ou bibliográfica. Nesta etapa, o espírito é posto diante dos fatos, de outras ideias; há a oportunidade de cotejar as primeiras intuições com as intuições alheias ou com os fatos objetivos. Do confronto nasce uma posição amadurecida. Abandonam-se algumas ideias, acrescentam-se novas, reformulam-se outras. Isto quer dizer que a primeira formulação não é necessariamente definitiva: inicialmente, do ponto de vista lógico, será tão somente provisória. Já na terceira etapa, ou seja, no momento em que, amadurecida uma posição, se parte para a composição do trabalho, então é preciso estar de posse de uma formulação definitiva, que poderá confirmar a primeira ou modificá-la.

Nas presentes diretrizes, estas fases não estão sendo consideradas distintamente, uma vez que são concomitantes nas várias etapas do trabalho científico, considerado de um ponto de vista da técnica de sua elaboração.

4.2.1. Levantamento das fontes e documentos

O trabalho de pesquisa deverá dar conta dos elementos necessários para o desenvolvimento do raciocínio demonstrativo, recorrendo assim a um volume de fontes suficiente para cumprir essa tarefa, seja ela relacionada com o levantamento de dados empíricos, com ideias presentes nos textos ou com intuições e raciocínios do próprio pesquisador. No caso da pesquisa bibliográfica, além do critério de tempo disponível, da natureza e objetivos do próprio trabalho, do estágio científico do pesquisador, deve-se adotar um critério formal, cruzando duas perspectivas: partir sempre do mais geral para o mais particular e do mais recente para o mais antigo, ressalvando-se, obviamente, o caso dos documentos clássicos.

Denomina-se *heurística* a ciência, técnica e arte de localização e levantamento de documentos. É constituída de uma série de procedimentos para a busca metódica e sistemática dos documentos que possam interessar ao tema que se pesquisa.

1.a. As fontes bibliográficas

Tais documentos se definem pela natureza dos temas estudados e pelas áreas em que os trabalhos se situam. Tratando-se de trabalhos no âmbito da reflexão teórica, tais documentos são basicamente *textos*: livros, artigos etc.

A bibliografia como técnica tem por objetivo a descrição e a classificação dos livros e documentos similares, segundo critérios, tais como autor, gênero literário, conteúdo temático, data etc. Dessa técnica resultam *repertórios, boletins, catálogos bibliográficos*. E é a eles que se deve recorrer quando se visa elaborar a bibliografia especial referente ao tema do trabalho. Fala-se de bibliografia especial porque a escolha das obras deve ser criteriosa, retendo apenas aquelas que interessem especificamente ao assunto tratado.

Os *repertórios*, os *boletins* e os *catálogos* são obras especializadas no levantamento das publicações, indistintamente de todas as áreas ou restritas a áreas determinadas. Assim, existem *repertórios de filosofia* que só assinalam obras referentes à filosofia. O mesmo acontece com as demais áreas do saber.

Os estudiosos encontram também nas grandes *enciclopédias*, nos *dicionários especializados*, nas *monografias*, nos *tratados*, nos *textos didáticos*, nas *revistas* informações bibliográficas para trabalhos de cunho científico nas respectivas áreas. Outra fonte para o levantamento bibliográfico são os *fichários das bibliotecas*. Tais fichários catalogam livros, seja pelo critério de autor, seja pelo critério de assunto. No primeiro caso, através do nome de um autor identifica-se, pela ordem alfabética, as respectivas fichas; já no fichário por assuntos, as obras são classificadas de acordo com números-códigos estabelecidos por sistemas universais de classificação temática.[1] Neste caso, identifica-se o número sob o qual o assunto é classificado, para o que se deve consultar o índice

---

[1] Os principais sistemas de classificação são a CDD e a CDU: a Classificação Decimal de Dewey e a Classificação Decimal Universal. Esta última é baseada na primeira, aperfeiçoando-a em alguns pontos. Ambas dividem o campo do saber humano em dez áreas, subdivididas, por sua vez, em dez subáreas que se subdividem sucessivamente. Estas subdivisões são indicadas por números arábicos dentro das várias seções. Assim, a Filosofia recebeu o número 100, a Psicologia, considerada subárea da Filosofia, o conjunto 150; a Lógica, 160, a Sociologia, 300, a Educação, 370, a História, 900, a História do Brasil, 981, a Conjuração Mineira é classificada sob o n. 981.03. Cf. Heloisa de Almeida PRADO. *Organize sua biblioteca*. 2. ed. São Paulo: Polígono, 1971. p. 129 ss.

de assuntos que se encontra num pequeno arquivo junto aos fichários gerais na antessala das bibliotecas e, em seguida, procuram-se no fichário de assuntos as respectivas fichas, pela ordem numérica.

As informações colhidas pela heurística devem ser transcritas primeiramente nas *fichas bibliográficas* (Cf. p. 79). Na face dessas fichas são transcritos os dados referentes ao documento em si, conforme as técnicas bibliográficas. A seguir, assinalam-se com grande proveito os códigos das bibliotecas onde se encontra o documento, as resenhas do documento e eventualmente alguma rápida apreciação. Como essas fichas são a base de qualquer trabalho científico, todo estudioso deveria formar um fichário na sua especialidade, o que lhe seria de extrema utilidade no momento de qualquer pesquisa (Cf. p. 69 ss.).

Todos esses dados constantes de catálogos e das demais fontes bibliográficas já estão integrando, nos dias de hoje, os CD-ROMs, bem como os bancos de dados da Internet. Esses CDs podem ser lidos em microcomputadores, graças a programas específicos. Os bancos de dados da Internet com fontes bibliográficas são acessáveis graças aos programas de busca. Tal pesquisa facilita e enriquece enormemente o trabalho de levantamento dessas fontes documentais.

1.b. A Internet como fonte de pesquisa

A Internet, rede mundial de computadores, tornou-se uma indispensável fonte de pesquisa para os diversos campos de conhecimento. Isso porque representa hoje um extraordinário acervo de dados que está colocado à disposição de todos os interessados, e que pode ser acessado com extrema facilidade por todos eles, graças à sofisticação dos atuais recursos informacionais e comunicacionais acessíveis no mundo inteiro.

As diretrizes para sua utilização como tecnologia de acesso a valiosos bancos de dados científicos, aqui apresentadas, são apenas indicações operacionais para um usuário comum, não entrando nas questões técnicas, nem mesmo naquelas mais simples que certamente todo usuário da informática já tem condições de manusear. Pretende-se apenas trazer algumas indicações gerais que servirão de subsídios para as abordagens iniciais desse poderoso equipamento. Seu próprio uso levará o pesquisador a dominar cada vez mais seus significativos recursos técnicos.

A Internet é um conjunto de redes de computadores interligados no mundo inteiro, permitindo o acesso dos interessados a milhares de informações que estão armazenadas em seus *Web Sites*. Permite a esses interessados navegar por essa malha de computadores, podendo consultar e colher elementos informativos, de toda ordem, aí disponíveis. Permite ainda aos pesquisadores de todo o planeta trocar mensagens e informações, com rapidez estonteante, eliminando assim barreiras de tempo e de espaço.

É como um conjunto desse tipo que a Internet desenvolveu a WWW (World Wide Web, rede mundial de computadores), que pode ser acessada através do protocolo HTTP (protocolo de transporte de hipertexto), que é uma técnica utilizada pelos servidores da rede mundial de computadores para passarem informações para os programas rastreadores (browsers web).

Assim, entidades e pessoas interligam-se a essa rede mediante *Web Sites*, que se encontram alocados em "provedores", que são grandes centros que articulam as redes de computadores, aos quais se articulam, por sua vez, os "servidores", bem como os computadores pessoais dos usuários.

Para que o usuário possa navegar na Internet, seu micro precisa estar conectado a ela por meio de redes de comunicação (as bandas largas como as da TV a cabo) com seu provedor. O usuário deve contratar os serviços de um provedor, tornando-se um assinante, e ter instalado em seu micro um programa de navegação (browser). Os mais usados são o Internet Explorer, o Google Chrome, o Mozilla Firefox, o Opera e o Safari. Esses programas podem ser abertos pelos seus ícones de atalho eventualmente exibidos na área de trabalho do Windows ou então pela sequência normal de comandos através do menu *Iniciar* (fig. 2).

Se a conexão do micro for por banda larga (Net, Vivo, TIM...), acessa-se imediatamente a "página inicial". Fica então instalado o Programa de navegação na rede.

Se a operação se realizar a contento, abre-se a página inicial do provedor, com o campo da URL (Localizador Universal de Recurso) indicando-o.

Uma vez na tela inicial do Navegador, é só digitar o endereço procurado e pressionar *Enter*. Ao fim de alguns segundos, abrir-se-á a página inicial do site procurado, que terá vários "links/atalhos", indicando outros arquivos que podem ser acessados mediante simples comando com a seta do mouse, botão esquerdo.

Os endereços podem ou não iniciar-se com os prefixos http://, seguidos de uma especificação particular que indica sua localização numa rede, num servidor, num domínio e numa determinada Home Page, que é o documento central do Web Site. Uma vez acessado um Web Site, seu endereço fica arquivado numa agenda oculta sob o campo da URL. Para nova pesquisa no mesmo Web Site, basta clicar na setinha que fica no final direito do campo e selecioná-lo, deslocando-o para o campo.

Uma vez acessado o site, basta circular por suas páginas, seguindo as orientações fornecidas pelos ícones ou denominações textuais, interagindo com as informações que vão sendo dadas.

Pode-se passar de um site para outro através de links, palavras ou ícones que, uma vez acionados, levam o browser a uma nova página ou endereço. A navegação permite um roteiro em cascata, um site indicando muitos outros, complementares em relação ao domínio pesquisado. Para ir de uma página a outra, basta usar os comandos icônicos constantes da barra superior da tela: avançar, voltar, voltar à página inicial etc.

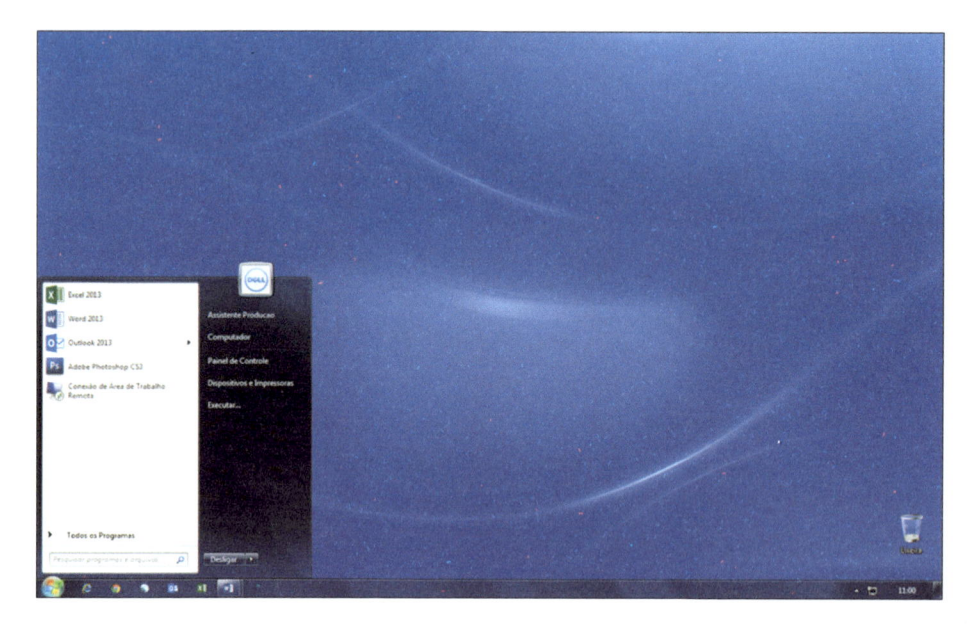

Figura 2. Menu Iniciar.

Figura 3. Página inicial do provedor.

b.1. Pesquisa científica na Internet

O que se pode pesquisar na Internet? Como se trata de uma enorme rede, com um excessivo volume de informações, sobre todos os domínios e assuntos, é preciso saber garimpar, sobretudo, dirigindo-se a endereços certos. Mas quando ainda não se dispõe desse endereço, pode-se iniciar o trabalho tentando exatamente localizar os endereços dos sites relacionados ao assunto de interesse. Isso pode ser feito através dos *Web Sites de Busca*, assim designados programas que ficam vinculados à própria rede e que se encarregam de localizar os sites a partir da indicação de palavras-chave, assuntos, nomes de pessoas, de entidades etc. Entre os mais correntes e poderosos, citam-se o google (www.google.com.br), o Yahoo (www.yahoo.com), Bing (www.bing.com). Direcionado para a pesquisa acadêmica há um Google específico: o "Google Chrome Acadêmico".

De particular interesse para a área acadêmica são os endereços das próprias bibliotecas das grandes universidades, que colocam à disposição, assim, informações de fontes bibliográficas a partir de seus acervos documentais. Cabe assinalar que esses catálogos são encontrados também em CDs que podem ser consultados diretamente pelo usuário seja nos equipamentos de outras bibliotecas, seja em seu equipamento particular, uma vez que tais CDs são comercializados como se fossem livros. Desse modo, está ocorrendo uma complementaridade entre os acervos informatizados e os acervos tradicionais das bibliotecas.

Também são acessíveis, via Internet, os catálogos das editoras, que fornecem informações sobre os lançamentos editoriais, permitindo identificação de fontes bibliográficas.

BIBLIOTECAS VIRTUAIS

Igualmente estão disponíveis os catálogos das bibliotecas, sejam elas das universidades, dos órgãos públicos ou de entidades científicas e culturais. Em geral, a grande maioria dessas bibliotecas disponibiliza os dados referenciais dos documentos de seus acervos. Não necessariamente os conteúdos dos títulos estão digitalizados para download. Algumas disponibilizam resumos e demais referências bibliográficas. No portal de cada uma, o consulente encontrará a relação dos serviços oferecidos.

Dentre essas bibliotecas, destacam-se as seguintes:

As bibliotecas das universidades estaduais paulistas (USP, Unicamp <http://www.bibli.fe.unicamp.br/>, Unesp) são acessáveis diretamente ou através do portal do Cruesp <www.cruesp.usp.br>. A USP, por sua vez, tem um sistema que integra as 70 bibliotecas de suas unidades de ensino, museus e institutos de pesquisa dos diversos campi espalhados pelo estado. Esse sistema pode ser acessado pelo portal <www.sibi.usp.br>. Dispõe ainda de bibliotecas especializadas, uma de teses e dissertações <www.teses.usp.br> e um portal de revistas <www.revistas.usp.br>, bem como uma específica para a produção intelectual da universidade <www.producao.usp.br>. Está integrada igualmente nesse site a Biblioteca de Obras Raras <www.obrasraras.usp.br> que, inclusive, disponibiliza textos digitalizados das obras. No portal do SIBiUSP serão encontradas informações sobre os recursos online disponíveis para o usuário. Entre estes está o **Dedalus** <www.dedalus.usp.br> – sistema de busca e localização das obras nas bibliotecas físicas.

Outras bibliotecas de destaque também estão ao alcance dos pesquisadores:

Biblioteca Nacional <www.bn.br>. É o órgão responsável pela execução da política governamental de recolhimento, guarda e preservação da produção intelectual do Brasil. Possui um acervo com mais de 9 milhões de itens, pelo que foi considerada pela Unesco – Organização das Nações Unidas para a Educação, a Ciência e a Cultura – como a sétima maior biblioteca nacional do mundo e, também, a maior biblioteca da América Latina.

Bibliotecas da Cidade de São Paulo <www4.prefeitura.sp.gov. br/biblioteca>. Trata-se do Sistema Municipal de Bibliotecas. Mediante seu catálogo online, é possível identificar a existência do documento nos acervos das várias bibliotecas do Município e se informar em quais delas ele está disponível. Inclui o acervo da Biblioteca Mário de Andrade, a principal biblioteca da cidade de São Paulo.

Biblioteca da Universidade Federal do Rio de Janeiro <www. minerva.ufrj.br>

Biblioteca do Senado <www.senado.gov.br/biblioteca>.

Biblioteca do Congresso Americano <www.loc.gov>. A mais antiga instituição cultural norte-americana e a maior biblioteca do planeta, contando em seu acervo com milhões de livros, coleções, manuscritos, fotos e gravações, de todos os campos de conhecimento, produzidos em todo o mundo.

Podem ser acessados também os acervos e serviços das grandes bibliotecas nacionais em todo o mundo: Biblioteca Nacional de Portugal <www.bn.pt>; Biblioteca Nacional da Argentina <www.bibnal.edu. ar>; Biblioteca Nacional do México <http://bnm.unam.mx>; Biblioteca Britânica <www.bl.uk>; Biblioteca Nacional da França <www.bn.fr>; Biblioteca Nacional da Espanha <www.bne.es>; Biblioteca Apostólica Vaticana <www.vatlib.it>.

Às bibliotecas virtuais podem ser aproximados os portais que, além das informações bibliográficas, disponibilizam eventualmente também os textos. Nestes casos, o usuário pode baixar o documento em seu computador ("fazer download"), para leitura direta ou impressão.

É o caso do **Projeto Gutenberg** <www.gutenberg.net>, que disponibiliza gratuitamente livros clássicos da literatura mundial.

No **Google**, encontram-se vários aplicativos bastante úteis. Realizam buscas especializadas: o Google Acadêmico, que faz buscas relacionadas mais diretamente com a vida científica; o Google Livros, que busca livros, dos quais alguns são liberados para leitura ou download.

Há outros programas de buscas especializadas de mapas, imagens, vídeos etc.

Domínio Público <http://www.dominiopublico.gov.br/> é um site gerenciado pelo governo federal. Disponibiliza livros, documentos, fotos e mídias, sobretudo da área educacional e cultural, particularmente material que já caiu em domínio público.

A **Biblioteca Brasiliana**, da USP <http://www.bbm.usp.br/>, disponibiliza cerca de 3.000 títulos clássicos e científicos que versam sobre a história brasileira, sob todos os seus segmentos. Trata-se de acervo originário de doação da família Mindlin.

BANCOS DE DADOS

Outra fonte fundamental para a pesquisa científica na rede mundial é constituída pelos Bancos de Dados, elaborados e mantidos por entidades acadêmicas, científicas e culturais, públicas e privadas. Elementos de que os pesquisadores precisam para a realização de seus trabalhos podem ser buscados nesses portais, mediante recursos específicos de busca, que trabalham sobretudo a partir de descritores (palavras-chave, unitermos).

www.inep.gov.br

Instituto Nacional de Estudos e Pesquisas Educacionais Anísio Teixeira é o órgão do Ministério da Educação responsável pelos processos de avaliação do sistema educacional do país. Levanta e sistematiza os dados estatísticos da área. Mantém o Centro de Informação e Biblioteca em Educação (Cibec), que é a unidade dedicada à conservação e disseminação de informações produzidas pelo Instituto, assim como de vários acervos acumulados ao longo de sua história, incluindo documentos históricos, livros (inclusive obras raras), periódicos, obras audiovisuais (em diversos formatos) e outros de sua área de especialidade, a educação brasileira. Gerencia também o Thesaurus Brasileiro da Educação (Brased), que é um vocabulário controlado que reúne termos e conceitos, extraídos de documentos analisados no Centro de Informação e Biblioteca em Educação (Cibec), relacionados entre si a partir de uma estrutura conceitual da área. Estes termos, chamados descritores, são destinados à indexação e à recuperação de informações. Disponibiliza também um acervo de Bibliografias Temáticas no campo da educação.

www.ibge.gov.br

Instituto Brasileiro de Geografia e Estatística. Órgão do Ministério do Planejamento, responsável pelo levantamento, sistematização e divulgação dos indicadores conjunturais relativos aos diversos campos da atividade nacional, mantendo-os atualizados.

www.bireme.br

Centro Latino-americano e do Caribe de Informação em Ciências da Saúde, criado pela OPAS – Organização Pan-Americana de Saúde, sistematiza e divulga informação técnico-científica na área da saúde – incluindo a biblioteca virtual da área da saúde e Banco de Dados.

www.prossiga.ibict.br

Portal brasileiro que traz bases de dados, bibliotecas virtuais, eventos científicos e portais temáticos nas diversas áreas do conhecimento.

www.lambda.maxwell.ele.puc-rio.br

Banco de dados da PUC do Rio de Janeiro. Centro Digital de Referência com base na integração do ambiente de ensino assistido por tecnologia de informação baseada na WEB com o ambiente de biblioteca/arquivo/museu digital, recriando-se a associação de uma instituição de ensino/pesquisa com uma biblioteca.

www.ibict.br

Instituto Brasileiro de Informação em Ciência e Tecnologia. Como centro nacional de pesquisa, de intercâmbio científico, de formação, treinamento e aperfeiçoamento de pessoal científico, tem por finalidade contribuir para o avanço da ciência, da tecnologia e da inovação tecnológica do país, por intermédio do desenvolvimento da comunicação e informação nessas áreas.

Igualmente, jornais e revistas, instituições de pesquisas e entidades culturais possuem seus endereços e podem ser acessados para os mesmos fins.

INDEXADORES

São plataformas com Bancos de Dados de revistas científicas, disponibilizando seus elementos bibliográficos, bem como os conteúdos dos artigos. Armazenam os textos completos dos periódicos nelas indexados. Através deles, o usuário tem acesso às revistas.

Portal de Periódicos Capes <http://www.periodicos.capes.gov. br>. Neste portal, estão indexados periódicos nacionais e internacionais de todas as áreas de conhecimento. Alguns são de acesso aberto, outros apenas para pesquisadores de instituições cadastradas na Capes. A Capes mantém ainda um Banco de Teses <http://www1.capes.gov. br/bdteses> defendidas em todos os Programas de Pós-graduação, das quais disponibiliza os resumos e os dados bibliográficos.

Edubase <http://edubase.modalbox.com>. Base de dados de artigos de periódicos nacionais em Educação e áreas afins, desenvolvida e fundada pela Biblioteca da Faculdade de Educação e gerenciada pelo HYPERLINK "http://edubase.modalbox.com/%22/%22", Sistema de Bibliotecas da Unicamp, precisamente pelo Portal de Periódicos Eletrônicos Científicos. Vem cadastrando, além dos artigos de periódicos, trabalhos de anais de eventos e capítulos de livros relacionados à Educação e áreas afins de acesso aberto.

Doaj – Directory of Open Access Journals. Universidade de Lund. Suécia. <https://doaj.org>. O Directory of Open Access Journals indexa mais de 10.000 periódicos de acesso aberto que cobrem todas as áreas de ciência, tecnologia, medicina, ciências sociais e humanidades. Visa aumentar a visibilidade e a facilidade de utilização de acesso aberto a revistas científicas e acadêmicas, promovendo, assim, sua maior utilização e impacto. O DOAJ pretende ser abrangente e cobrir acesso aberto a revistas científicas e acadêmicas que utilizam um sistema de controle de qualidade para garantir o conteúdo.

Latindex – Sistema Regional de Información en Línea para Revistas Científicas de América Latina, el Caribe, España y Portugal. UNAM. México. <http://www.latindex.unam.mx/>.

Red ALyC – Red de Revistas Científicas de América Latina y el Caribe, España y Portugal, en Sciencias Sociales y Humanidades. <http://www.redalyc.org>. Possui cerca de 1.000 periódicos indexados.

Scielo – Scientific Electronic Library Online. Fapesp/CNPq. <www.scielo.br>. Constitui uma biblioteca eletrônica que viabiliza acesso aos textos completos dos artigos dos periódicos cadastrados. Além de eficiente conjunto de índices e formulários internos de busca, conta com a indicação de instrumentos de manejo das referências disponíveis para sua melhor aplicação na elaboração de trabalhos.

Scopus. Trata-se de indexador de revistas científicas, livros e eventos, nas áreas de tecnologia, medicina, ciências sociais, artes e humanidades, disponibilizando ferramentas hábeis para acompanhamento e análise das pesquisas relatadas nesses veículos. Não é de acesso livre, demandando inscrição prévia paga. <http://www.elsevier.com/solutions/scopus>.

Science Direct <http://www.sciencedirect.com/>.

Acesso Livre <livre.cnen.gov.br>.

Para copiar os resultados da pesquisa julgados relevantes e que precisam ser guardados para ulterior exploração, basta clicar no comando correspondente. O programa de navegação vai perguntar se quer salvar ou abrir o arquivo. Basta escolher a opção "Salvar em disco", e indique a pasta onde ele deve ser arquivado.

O registro bibliográfico das fontes localizadas na rede Internet é feito de acordo com normas específicas de referenciação, conforme indicação nas páginas 204-205.

b.2. O correio eletrônico: a comunicação via e-mail

Já muito conhecido e utilizado, o Correio Eletrônico é um sistema de comunicação via Internet, por meio do qual podemos trocar mensagens escritas com interlocutores espalhados pelo mundo inteiro. O nosso endereço pessoal funciona como uma espécie de caixa postal, que vai recebendo e guardando as mensagens que recebemos e que ficam arquivadas a nossa disposição para consulta oportuna.

O acesso a nossa conta pessoal do correio eletrônico pode se dar por dois caminhos. Pode-se entrar diretamente nessa caixa, mediante seu ícone que fica nas barras de trabalho, ou então mediante o webmail, que se abre no próprio site do servidor usado. Note-se que, no alto à direita da tela, ficam as duas caixinhas para acesso à conta de e-mail, uma para inclusão do **usuário** (endereço do e-mail) e outra para a **senha**. Registrando estes e clicando em "entrar", abre-se a página pessoal, no webmail, para uso do correio eletrônico.

O correio eletrônico é geralmente formado por um nome indicando o usuário, seguido do símbolo @ (arroba), da indicação do provedor de acesso à Internet, de uma designação do domínio sob o qual ela se insere na rede. Assim, em maria@uol.com.br: "maria" é a identificação do usuário; "@" é o símbolo que indica tratar-se de um endereço eletrônico; "uol" é a identificação do provedor de acesso (no caso, Universo Online); "com" indica tratar-se do domínio "comercial" e "br" é a indicação do país, no caso Brasil. Todos os países são designados por apenas duas letras.

Para enviar uma mensagem, clica-se em "criar e-mail", preenchendo, nos campos correspondentes, o endereço eletrônico do destinatário, com cópias para eventuais outros destinatários, se for o caso, o assunto e, na janela principal, o texto da mensagem. Havendo arquivos para ser enviados, clicar em "Anexar", seguindo as solicitações de escolha do arquivo no disco em que se encontra e mandando "Abrir". Tudo isso feito, dá-se o comando "Enviar" (fig. 4).

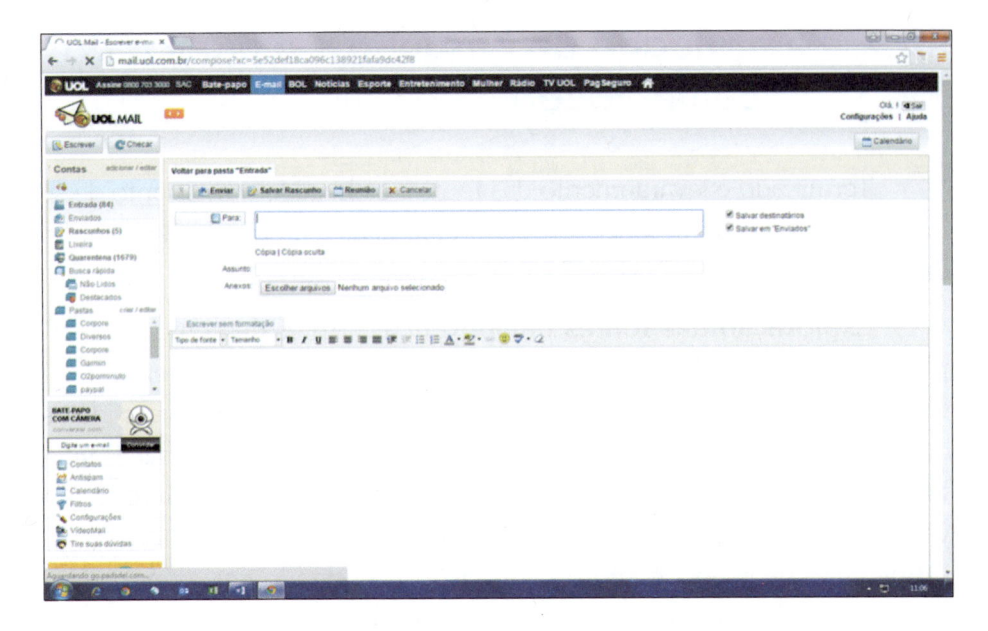

Figura 4. Composição e envio de mensagens.

A operação tendo êxito, a mensagem enviada fica armazenada na caixa "itens enviados", onde pode ser recuperada a qualquer momento, ficando registrada assim a comprovação da remessa. Caso, por algum motivo, a mensagem não possa ser recebida pelo usuário, esta informação é devolvida sob a forma de mensagem vindado provedor.

Qualquer mensagem, enviada ou recebida, pode ser repassada a outros destinatários, bastando para tanto abri-la, em seguida clicar em "encaminhar", indicar os novos destinatários e, ao final, dar o comando "enviar".

Para responder a uma mensagem recebida, dar o comando "responder": é aberta uma janela com o endereço do remetente ora destinatário, com o assunto já registrado. Para que a resposta seja dada a todos os que receberam coletivamente a mensagem, escolher o comando "responder a todos".

4.2.2.   A atividade de pesquisa e a prática da documentação

Terminado o levantamento das fontes, é chegado o momento de se iniciar o trabalho da pesquisa propriamente dita, o momento de leitura e da coleta de dados.

Exploração das fontes bibliográficas. Antes de começar a explorar suas fontes documentais, o pesquisador deve ter presente a estrutura geral de seu trabalho, anunciada no Projeto. Serão essas ideias que nortearão a leitura e a pesquisa que se iniciam. A visualização dessas etapas, base para a futura estruturação do trabalho final, é um valioso roteiro para o desenvolvimento da atividade investigativa. Obviamente, este plano é sempre provisório, podendo ser alterado em decorrência do próprio desenvolvimento da pesquisa.

De posse de um roteiro de ideias, parte-se para a análise dos documentos em busca dos elementos que se revelem importantes para o trabalho.

A primeira medida, no entanto, é operar uma triagem em todo o material recolhido durante a elaboração da bibliografia. Nem tudo será necessariamente lido, pois nem tudo interessará devidamente ao tema a ser estudado. Os documentos que se revelarem pouco pertinentes ao tema serão deixados de lado. Para presidir a essa triagem, utilizem-se as resenhas, que permitem avaliar a utilidade do documento em questão. Na falta delas, além da opinião de especialistas, o melhor caminho é tomar contato direto com a obra, lendo seu sumário, o prefácio, a introdução, as "orelhas", assim como algumas passagens do seu texto, até o momento em que se possa ter dela uma opinião.

Uma vez definidos os documentos a serem pesquisados, procede-se à leitura combinando o critério de atualidade com o critério da generalidade para o estabelecimento da ordem de leitura. Inicia-se pelos textos mais recentes, e mais gerais, indo para os mais antigos e mais particulares. As obras recentes geralmente retomam as contribuições significativas do passado, dispensando assim uma volta a textos superados. Observar, contudo, que obras clássicas dificilmente perdem seu valor de atualidade. Já na questão da generalidade, atentar para as condições de quem está fazendo o trabalho, levando em conta o nível em que se encontra, a dificuldade do tema, a familiaridade do autor com o assunto e com a área em que é tratado. Feitas essas ressalvas, a ordem lógica é partir das obras gerais, enciclopédias, dicionários, tratados etc., chegando às *monografias especializadas* e aos *artigos de revista*, muito importantes devido a sua atualidade.

A essa altura, dá-se início à leitura. Note-se, contudo, que já não se trata de uma leitura analítica desses documentos em vista da reconstituição do processo do raciocínio do autor. Mesmo quando a leitura integral do texto se fizer necessária, ela será feita tendo em vista o aproveitamento direto apenas daqueles elementos que sirvam para articular as ideias do novo raciocínio que se desenvolve. Os elementos a serem recolhidos visam reforçar, apoiar e justificar as ideias pessoais formuladas pelo autor do trabalho. Esses elementos retirados das várias fontes dão às várias afirmações do autor, além do material sobre o qual se trabalha, a garantia de maior objetividade fundada no testemunho e na verificação de outros pensadores.

A documentação. À medida que se procede à leitura e que elementos importantes vão surgindo, faz-se a documentação. Trata-se de tomar nota de todos os elementos que serão utilizados na elaboração do trabalho científico.

Quando se fala aqui de *documentação*, refere-se à tomada de apontamentos durante a leitura de consulta e pesquisa. Esses apontamentos servem de matéria-prima para o trabalho e funcionam como um primeiro estágio de rascunho. É desaconselhável tomar notas em cadernos, de maneira sequencial, assim como também não é prático assinalar no próprio texto as passagens importantes que eventualmente serão aproveitadas através de citações na redação final do trabalho. Essa técnica, se tiver alguma utilidade, só a terá para a leitura analítica.

Os elementos julgados válidos devem ser transcritos nas *fichas de documentação* (Cf. p. 79). Mas o que *exatamente* e como se deve transcrever na *ficha de documentação?* Passa-se para a ficha alguma passagem completa do texto que se lê, caso em que se deve transcrever ao pé da letra, colocando-se tudo *entre aspas* e citando a fonte; em outros casos, faz-se apenas a síntese das ideias em questão; nesta hipótese, as aspas são dispensadas, mas mantém-se a citação da fonte. Conforme o hábito pessoal, a transcrição nas fichas será feita interrompendo-se a leitura (o que é mais aconselhável) ou, então, primeiramente será feita uma leitura completa do texto pesquisado, assinalando-se levemente as passagens importantes, transcrevendo-as a seguir.

As fichas de documentação contêm, além do corpo da citação e referências indicadoras da fonte, um título e um subtítulo que permitem identificá-las e classificá-las. Esses títulos, colocados no alto à direita, são definidos pelas ideias diretrizes do roteiro provisório. Igualmente, quando surge uma ideia nova, um aspecto até então despercebido, lança-se um novo título nas fichas de documentação e o material passa a fazer parte do plano de trabalho.

A técnica da documentação em fichas tem, do ponto de vista didático, no contexto universitário brasileiro, a vantagem de permitir eficiência no trabalho em equipe, garantindo a participação complementar de todos os membros do grupo. Com efeito, parte-se de um roteiro comum e os integrantes da equipe pesquisam isoladamente, cada um lendo e documentando textos diferentes. No fim das pesquisas, as fichas de fontes diferentes são agrupadas conforme os temas definidos pelos títulos e subtítulos, faltando apenas a construção posterior do trabalho. As fichas são redistribuídas de acordo com os vários momentos do trabalho, cabendo a cada participante da equipe compor uma parte dele.

Durante a pesquisa, ou em outras circunstâncias da vivência intelectual, o leitor sempre pode ter ideias próprias sobre algum dos tópicos que está discutindo. As fichas de documentação servem também para registrar essas ideias que, se não forem logo gravadas, acabam perdendo-se. Enfim, nesta fase do trabalho, tudo o que interessar a ele deverá ser transposto para as fichas que formarão o acervo do material com o qual se trabalhará na construção formal do novo texto.

4.2.3. Análise dos dados e a construção do raciocínio demonstrativo

Construção lógica ou síntese é a coordenação inteligente das ideias conforme as exigências racionais da sistematização própria do trabalho. Pode acontecer que, devido a desdobramentos ocorridos durante a pesquisa, se faça necessária uma reformulação do roteiro provisório para o estabelecimento do plano definitivo.

A ordem lógica do pensamento de quem escreve pode não coincidir com a ordem de descoberta e de intuição do autor. Isto é normal, já que o pensamento expresso não pode perder de vista a finalidade que tem de comunicar ao leitor essas descobertas. Por isso, o que interessa antes de tudo é a inteligibilidade do texto.

A construção lógica do trabalho é o arranjo encadeado dos raciocínios utilizados para a demonstração da hipótese formulada no início. Naturalmente, esses raciocínios, em trabalhos que comportem elementos de pesquisa positiva de bibliografia, como na maioria dos trabalhos acadêmicos, são formados a partir dos dados colhidos nas fontes consultadas e a partir das ideias descobertas pela reflexão do autor.

Todo trabalho científico, seja ele uma tese, um texto didático, um artigo ou uma simples resenha, deve constituir uma totalidade de inteligibilidade, estruturalmente orgânica, deve formar uma unidade com sentido intrínseco e autônomo para o leitor que não participou de sua elaboração, que internamente as partes se concatenem logicamente.

Concretamente, isto quer dizer que as partes do trabalho, seus capítulos e, no interior deles, os parágrafos devem ter uma sequência lógica rigorosa determinada pela estrutura do discurso. Não basta que as proposições tenham sentido em si mesmas: é necessário que o sentido esteja logicamente inserido no contexto do discurso e da redação.

Do ponto de vista da estrutura formal, o trabalho tem três partes fundamentais: a *introdução*, o *desenvolvimento* e a *conclusão*. É dentro desta estrutura que se desenvolverá o raciocínio demonstrativo do discurso em questão.

A *introdução*, quando for o caso, levanta o estado da questão, mostrando o que já foi escrito a respeito do tema e assinalando a relevância e o interesse do trabalho. Em todos os casos, manifesta as intenções do autor e os objetivos do trabalho, enunciando seu tema, seu problema, sua tese e os procedimentos que serão adotados para o desenvolvimento do raciocínio. Encerra-se com uma justificação do plano do trabalho. Lendo a *introdução*, o leitor deve sentir-se esclarecido a respeito do teor da problematização do tema do trabalho, assim como a respeito da natureza do raciocínio a ser desenvolvido. Evitem-se intermináveis retrospectos históricos, a apresentação precipitada dos resultados, os discursos grandiloquentes. Deve ser sintética e versar única e exclusivamente sobre a temática intrínseca do trabalho. *Note-se que é a última parte do trabalho a ser escrita.*

O *desenvolvimento* corresponde ao corpo do trabalho e será estruturado conforme as necessidades do plano definitivo da obra. As subdivisões dos tópicos do plano lógico, os itens, seções, capítulos etc. surgem da exigência da logicidade e da necessidade de clareza e não de um critério puramente espacial. Não basta enumerar simetricamente os vários itens: *é preciso que haja subtítulos portadores de sentido*. Em trabalhos científicos, todos os títulos de capítulos ou de outros itens devem ser temáticos e expressivos, ou seja, devem dar a ideia exata do conteúdo do setor que intitulam.

A fase de fundamentação lógica do tema deve ser exposta e provada; a reconstrução racional tem por objetivo explicar, discutir e demonstrar (SALOMON, 1973, p. 273 ss. Cf. também p. 81-85). Explicar é tornar evidente o que estava implícito, obscuro ou complexo; é descrever, classificar e definir. Discutir é comparar as várias posições que se entrechocam dialeticamente. Demonstrar é aplicar a argumentação apropriada à natureza do trabalho. É partir de verdades garantidas para novas verdades.

A *conclusão* é a síntese para a qual caminha o trabalho. Será breve e visará recapitular sinteticamente os resultados da pesquisa elaborada até então. Se o trabalho visar resolver uma tese-problema e se, para tal, o autor desenvolver uma ou várias hipóteses, através do raciocínio, a conclusão aparecerá como um balanço do empreendimento. O autor manifestará seu ponto de vista sobre os resultados obtidos, sobre o alcance deles.

Quando o trabalho é essencialmente analítico e comporta uma pesquisa positiva sobre o pensamento de outros autores, esta conclusão pode ser fundamentalmente crítica. Quando, porém, a crítica é mais desenvolvida, entrará no corpo do trabalho como um capítulo.

3.a. A redação do texto

A fase de redação consiste na expressão literária do raciocínio desenvolvido no trabalho. Guiando-se pelas exigências próprias da construção lógica, o autor redige o texto, confrontando as fichas de documentação, criando o texto redacional em que vão inserir-se. Uma vez de posse do encadeamento lógico do pensamento, esse trabalho é apenas uma questão de comunicação literária.

Recomenda-se que a montagem do trabalho seja feita através de uma primeira redação de rascunho. Terminada a primeira composição, sua leitura completa permitirá uma revisão adequada do todo e a correção de possíveis falhas lógicas ou redacionais. Apesar da clareza e eficiência que o método de fichas possibilita para a redação do trabalho, muitos aspectos desnecessários acabam sobrando neste, e só depois de uma leitura atenta podem ser eliminados.

Em trabalhos científicos, impõe-se um estilo sóbrio e preciso, importando mais a clareza do que qualquer outra característica estilística. A terminologia técnica só será usada quando necessária ou em trabalhos especializados, nível em que já se tornou terminologia básica. De qualquer modo, é preciso que o leitor entenda o raciocínio e as ideias do autor sem ser impedido por uma linguagem hermética ou esotérica. Igualmente, evitem-se a pomposidade pretensiosa, o verbalismo vazio, as fórmulas feitas e a linguagem sentimental. O estilo do texto será determinado pela natureza do raciocínio específico às várias áreas do saber em que se situa o trabalho.

3.b. A construção do parágrafo

De um ponto de vista da redação do texto, é importante ressaltar a questão da construção do parágrafo. O parágrafo é uma parte do texto que tem por finalidade expressar as etapas do raciocínio. Por isso, a sequência dos parágrafos, o seu tamanho e a sua complexidade dependem da própria natureza do raciocínio desenvolvido. Duas tendências são incorretas: ou o excesso de parágrafos – praticamente cada frase é tida como um novo parágrafo – ou a ausência deles. Como a paragrafação representa, no nível do texto, as articulações do raciocínio, percebe-se então a insegurança de quem assim escreve. Neste caso, é como se as ideias e as proposições a elas correspondentes tivessem as mesmas funções, a mesma relevância no desenvolvimento do discurso e como se este não tivesse articulações.

A mudança de parágrafo toda vez que se avança na sequência do raciocínio marca o fim de uma etapa e o começo de outra.

A estrutura do parágrafo reproduz a estrutura do próprio trabalho; constitui-se de uma introdução, de um corpo e de uma conclusão.

Na *introdução*, anuncia-se o que se pretende dizer; no corpo, desenvolve-se a ideia anunciada; na conclusão, resume-se ou sintetiza-se o que se conseguiu.

Dependendo da natureza do texto e do raciocínio que lhe é subjacente, o parágrafo representa a exposição de um raciocínio comum, ou seja, comporta premissas e conclusão.

Portanto, a articulação de um texto em parágrafos está intimamente vinculada à estrutura lógica do raciocínio desenvolvido. É por isso mesmo que, na maioria das vezes, esses parágrafos são iniciados com conjunções que indicam as várias formas de se passar de uma etapa lógica à outra.

3.c. Conclusão

A redação do trabalho exige o domínio prático de todo um instrumental técnico que deve ser utilizado devidamente. Como em outros setores da metodologia, aqui também há muitas divergências nas orientações. As diretrizes que seguem pretendem ser as mais práticas possíveis e visam atingir os trabalhos didáticos mais comuns à vida universitária. São normas gerais que, no caso de trabalhos específicos, como as dissertações de mestrado e as teses de doutoramento, precisam ser complementadas com as exigências que lhes são específicas.

4.3. RELATANDO OS RESULTADOS DA PESQUISA

4.3.1. Aspectos técnicos da redação

1.a. A apresentação gráfica geral do trabalho

Do ponto de vista da apresentação geral, um trabalho científico contém as seguintes partes:

- Capa inicial

- Página de rosto

- Sumário

- Lista de tabelas e figuras

- Núcleo do trabalho:

  ○ Introdução

  ○ Desenvolvimento

  ○ Conclusão

- Apêndices e anexos

- Referências

- Capa final ou quarta capa

A **capa inicial** contém apenas três elementos: no alto da página, o nome do autor na ordem normal com letras maiúsculas; no centro da página, o título do trabalho, grifado; embaixo, a cidade e o ano. Tudo o mais é desnecessário pelo menos em se tratando de trabalhos didáticos. A capa final ou quarta capa não comporta nenhum elemento.

A **página de rosto** tem, no alto, o nome completo do autor, eventualmente com rápida alusão à sua qualificação profissional; no meio, o título completo do trabalho; mais abaixo, à direita, será dada uma explanação referente à natureza do trabalho, seu objetivo acadêmico e à instituição a que se destina; embaixo, cidade e ano. Exemplo a seguir.

O **sumário** esquematiza as principais divisões do trabalho: partes, seções, capítulos etc., exatamente como aparecem no corpo do trabalho, indicando ainda a página em que cada divisão inicia. Indica ainda o prefácio, as listas, tabelas e bibliografia. Vem logo depois da página de rosto.

Caso constem do trabalho *tabelas*, *figuras* ou *ilustrações*, são elaboradas as respectivas listas que se situam com a respectiva paginação, logo após o *sumário*.

Na sequência vem o núcleo do trabalho: a introdução, o desenvolvimento e a conclusão. As várias divisões em partes, seções e capítulos estruturam-se, no corpo do trabalho, de acordo com as necessidades do raciocínio e da redação (Cf. p. 161-165).

Apêndice e **anexos** só se acrescentam quando exigidos pela natureza do trabalho; os apêndices geralmente constituem desenvolvimentos autônomos elaborados pelo próprio autor, para complementar o próprio raciocínio, sem prejudicar a unidade do núcleo do trabalho; já os anexos são documentos, nem sempre do próprio autor, que servem de complemento ao trabalho e fundamentam sua pesquisa.

A **bibliografia final** é apresentada segundo a ordem alfabética dos autores, podendo ainda os títulos ser numerados. Caso comporte subdivisões internas, no interior de cada uma destas divisões, segue-se ainda a ordem alfabética. Em alguns casos, por exemplo, quando se assinala a obra de um autor, usa-se o critério cronológico de publicação.

Quando devem ser assinaladas sucessivamente várias obras de um mesmo autor, segue-se a ordem alfabética dos títulos dessas obras ou então, se for o caso, a ordem cronológica da publicação; em ambos os casos, substitui-se o nome do autor por um traço; caso se queira citar a mesma obra em edições diferentes, substitui-se não só o nome do autor, mas também todos os demais elementos que não sofreram modificação:

Ex.: JAPIASSU, Hilton Ferreira. *Introdução ao pensamento epistemológico*. Rio de Janeiro: Francisco Alves, 1975.

——— 2. ed. ———. 1976. 200 p.

PEDRO SILVEIRA DOS SANTOS

A VISÃO ESTRUTURALISTA DA HISTÓRIA

Trabalho de aproveitamento
do curso de Metodologia
do Programa de Filosofia
da Educação da Universidade
Católica de São Paulo

São Paulo – 1984

Figura 5. Modelo de página de rosto.

1.b. A forma gráfica do texto

b.1. A digitação dos textos

Os trabalhos são digitados para impressão em folhas de papel sulfite, tamanho Letter ou A4, de um lado só, respeitando-se as seguintes margens:

- margem superior: 2,5 cm.
- margem inferior: 2,5 cm.
- margem esquerda: 3 cm.
- margem direita: 2 cm.

As páginas são numeradas a partir da página de rosto, sendo o número colocado no alto da página, no meio ou de preferência à direita (no canto direito superior), sempre a 2 cm da borda da folha e da primeira linha do texto.

Os trabalhos devem ser digitados dentro dos limites acima estabelecidos, com espaço dois, exigindo-se especial cuidado com a margem direita, de maneira que fique também reta no sentido vertical do texto.

Caso se queira colocar *notas* no pé da página, elas devem ficar separadas do texto por um traço que avança até 1/3 da página, traço este que fica distante 1 cm da última linha e da primeira nota. As *notas de rodapé* ficam com a mesma margem à esquerda e à direita do texto, apenas o número de chamadas adentra-se 1 cm. Além disso, são digitadas em espaço simples, em fontes dois pontos menores que as fontes do texto. Sugere-se fonte 12 para o texto e fonte 10 para as notas de rodapé.

Os *parágrafos* iniciam-se a quatro espaços para dentro em relação à margem esquerda.

Os capítulos devem sempre ser iniciados numa nova página mesmo que sobre espaço suficiente na página que termina o capítulo anterior, situando-se os títulos, em maiúsculas, a 8 cm do limite superior, centrados na folha e numerados: Capítulo I ou Capítulo 1.

Os subtítulos e subdivisões são escritos de forma homogênea que os realcem devidamente; os espaços que os separam dos textos são maiores e proporcionais; são também numerados conforme a técnica dos números pontuados: 2.1, 2.1.1 etc. *Não precisam iniciar em nova página.*

Para especificar tópicos no interior destas subdivisões usam-se algarismos ou letras, fechados em meio-parênteses: 1) a) etc., evitando exageros com a formação de séries de números pontuados muito longas.

Atualmente, modelos similares dessas e de outras formas gráficas já constam da maior parte dos programas editores de texto.

Os microcomputadores já se tornaram ferramentas comuns para a realização das tarefas acadêmicas, de modo especial para a elaboração dos textos, tarefa na qual substituíram, com enorme rapidez e com maior eficácia, a datilografia tradicional. Como é a elaboração de textos a atividade mais solicitada aos estudantes, e como os estudantes já dispõem desse equipamento em casa ou na faculdade, com os trabalhos, em sua maioria, já sendo executados por esse meio, serão inseridas aqui algumas orientações relacionadas à preparação dos textos, aproveitando-se os recursos oferecidos por esse instrumento.

O computador desempenha suas funções comandado por um programa, um *software*, que é por assim dizer o sistema de suas regras lógico-operacionais. É esse programa que determina as operações técnicas que fazem a máquina, o *hardware*, funcionar e realizar determinadas tarefas.

USANDO O EDITOR DE TEXTOS WORD 2013 COM O WINDOWS

Assim, para a elaboração de um texto, o micro usa um equipamento técnico-mecânico que funciona e opera comandado por dois tipos de programas: um sistema operacional, no caso o mais conhecido entre nós é o Windows, e um programa editor de textos, no caso o mais conhecido é o Word, que já se encontra na versão 2013. O sistema operacional Windows aparece em várias versões ainda em uso em nossos micros, sendo o Windows 10 o mais recente. Do mesmo modo, também existem várias versões do programa Word, sendo a mais usada, no momento, a versão 2013.

O programa usado nestas orientações é o da versão Word 2013. Trata-se de um dos editores de textos mais utilizados atualmente. É de se registrar a velocidade com que são mudados esses programas e as muitas inovações técnico-operacionais que os novos sistemas vão trazendo. Ademais, existem vários sistemas alternativos, embora haja sempre uma certa analogia funcional de base entre eles. Por causa disso, o usuário deve adequar-se às peculiaridades do sistema de que dispõe, familiarizando-se com ele. Em qualquer caso, precisará contar com alguma iniciação para lidar com seu computador, até porque as presentes diretrizes foram elaboradas por um usuário comum, aplicando-se à simples elaboração do texto, sem nenhuma pretensão de dar conta de uma iniciação técnica ao uso do computador e de explorar todos os valiosos recursos que esta tecnologia aporta.

Ligado o micro, aparece no monitor a tela inicial do Windows com os ícones de atalho dos Programas. Para conectar-se à Internet, pode-se clicar no ícone do Navegador adotado, caso o ícone esteja disponível na tela, ou então clicar no botão Iniciar, no canto esquerdo da barra inferior. Depois clicar em Todos os Programas, escolhendo em seguida o referido programa.

A tela do Word pode ser aberta igualmente pela sequência regular dos comandos, sem utilização de ícones de atalho que nem sempre estão visíveis na tela. Neste caso, basta ir clicando e selecionando: Iniciar / Programas / Microsoft Word, clicando uma vez neste último.

Na segunda faixa da tela aparece a **Barra de Menus** de operações gerais, disponíveis no programa Word. São elas: Arquivo, Página Inicial, Inserir, Design, Layout de Página, Referências, Correspondências, Revisão, Exibição. Cada uma dessas operações contém uma série de tarefas que detalham a operação maior.

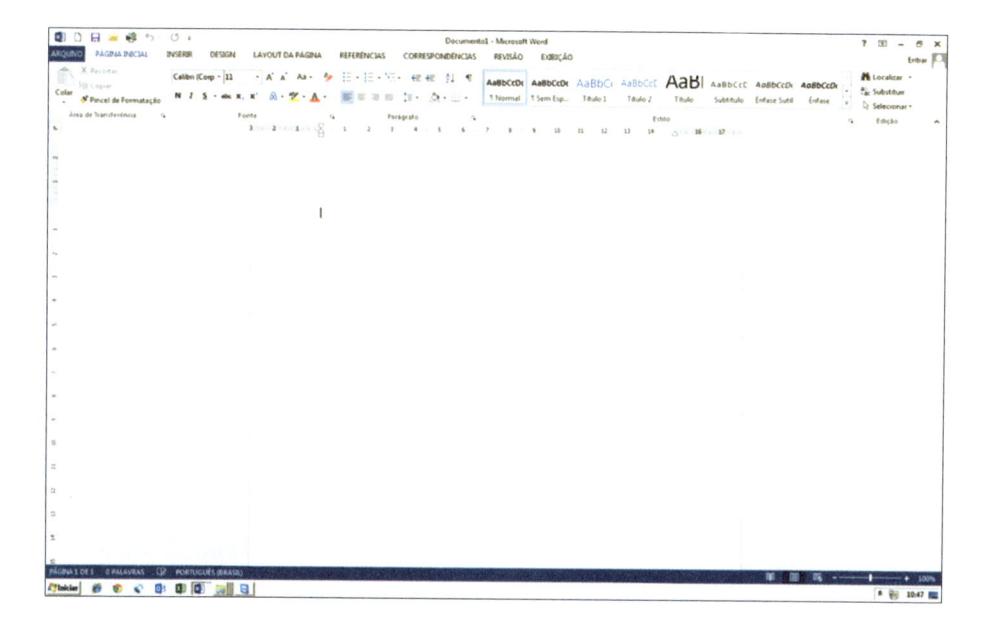

Figura 6. Tela inicial do programa editor de texto Word 2013.

Em todas as operações, são numerosos os recursos disponíveis, porém nem todos são regularmente usados nos trabalhos mais simples que se fazem na academia. Como esta não é uma iniciação à informática, mas apenas a apresentação de dicas ao usuário que precisa digitar um texto, serão apresentadas apenas aquelas operações mais comuns. Lembre-se o usuário de que a cada comando o sistema apresentará outra janela na qual constam outros comandos que devem ser acionados para que a tarefa seja executada.

Na terceira e quarta faixas encontram-se as barras de ferramentas – a padrão e a de formatação – com alguns ícones de atalho para a organização e formatação do texto a ser digitado.

Em seguida, na faixa superior da janela e na sua lateral esquerda, encontram-se réguas que facilitam a mensuração da ocupação da página que estará sendo digitada; na lateral direita, numa faixa vertical aberta e fechada por pequenas setas, pode-se rolar a página para baixo ou para cima. Já na faixa inferior há igualmente uma barra de movimentação para os lados, bem como campos informativos do andamento da digitação:

a página em que se encontra o texto, a seção, tamanho da mancha, a linha, a coluna.

ABRINDO A ÁREA PARA A DIGITAÇÃO

Ao abrir o programa Word para dar início à digitação do texto, o usuário tem diante de si, na tela do monitor, o espaço para escrever, a chamada "janela", emoldurada pelas barras e colunas anteriormente mencionadas.

Na faixa superior, estará sendo exibido o nome dado ao arquivo/documento que está sendo digitado, sempre com a extensão "doc". Este nome substitui a expressão original padrão "documento 1", "documento 2" etc. que vai aparecendo cada vez que se abre a janela para um novo texto. O nome é dado ao documento assim que ele for "salvo" pela primeira vez, mediante sua gravação no disco rígido ou em dispositivos removíveis (CD, disquete, pen drive).

CONFIGURANDO A PÁGINA

A primeira iniciativa do digitador do texto é a de configurar a página. Para tanto, na **Barra de Menus**, deve clicar em Layout de Página. Clicando neste comando, surgirá uma caixa onde consta uma guia para se determinar as margens (fig. 7) e outra o tamanho do papel (fig. 8). O Word traz um margeamento-padrão, estabelecendo as margens superior, inferior, direita e esquerda. Caso queira mudar este margeamento, basta o usuário aumentar ou diminuir os tamanhos mexendo nas setinhas que constam dos respectivos campos. Recomenda-se, no entanto, por razões estéticas, as seguintes margens: superior: 2,5 cm; inferior: 2,5 cm; esquerda: 3 cm; direita: 2 cm.

Os outros campos desta caixa não precisam ser alterados. Nos campos, do lado inferior direito da caixa de configuração, onde consta "A partir da margem", manter as medidas-padrão trazidas pelo Word: 1,25 cm.

Em seguida, abre-se, na mesma caixa, a guia "Tamanho do papel" e escolhe-se, no campo indicado, o tamanho do papel que se utilizará

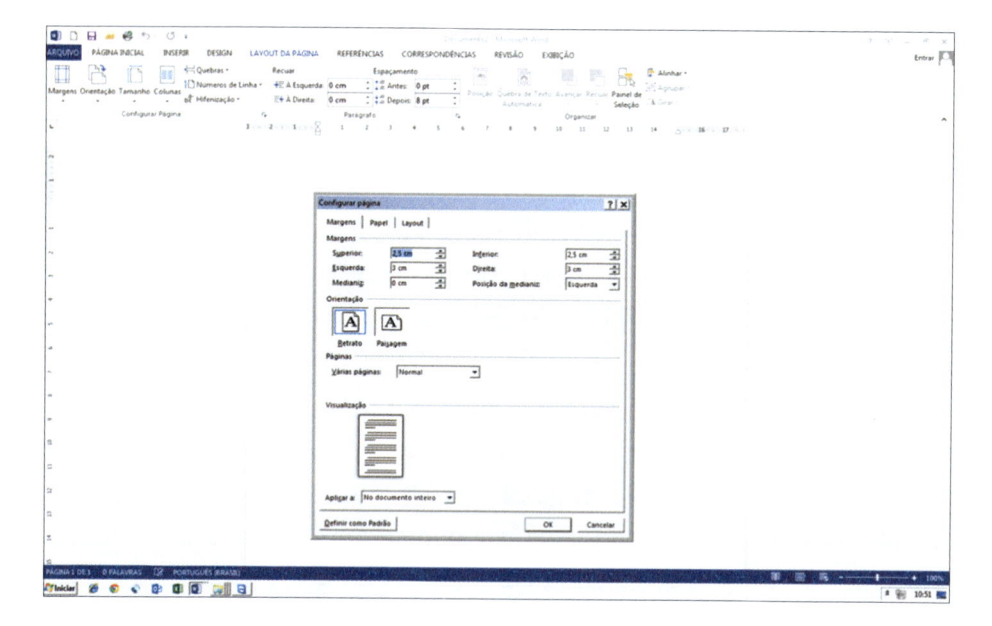

Figura 7. Configuração da página: margens.

(fig. 8). Os tamanhos mais usados são o A4 e o Letter. Pode-se adaptar a configuração para outros tamanhos, bastando para isso escolher as medidas correspondentes, nos campos das medidas. Sugere-se usar o tamanho A4, que atende muito bem às características de um texto discursivo. Suas medidas são 21 x 29,7 cm.

Na guia "Margens", no campo "Orientação", define-se a disposição da mancha do texto na página: Retrato, se ela ficar na posição vertical da folha de papel; Paisagem, se ficar na posição horizontal.

Feitas as definições preferidas, basta clicar OK. Obviamente, deve ser o mesmo o tamanho do papel que se encontra na bandeja da impressora. Quando for imprimir o texto, aberta a caixa de impressão, no botão "Propriedades ou Preferências", é preciso configurar a impressora para esse tamanho de papel (cf. fig. 17, p. 186).

Em seguida, o próximo passo é "formatar" o texto. Primeiro, nos campos específicos, escolhe-se a fonte que se quer (sendo as mais usadas a Times New Roman e a Arial), o seu estilo (normal, negrito, itálico), o tamanho da fonte (em geral, prefere-se o tamanho 12), a cor da escrita

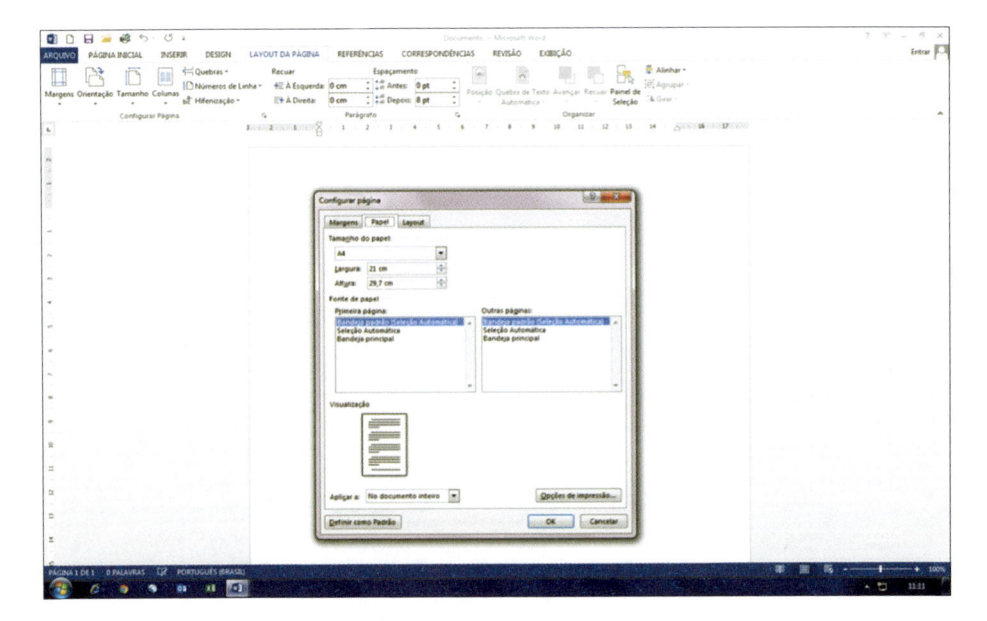

Figura 8. Configuração da página: tamanho do papel.

e quaisquer outras características, tais como sublinhado, maiúscula, ta-chado etc. (fig. 9).

Em seguida, clica-se no item Parágrafo. Aparecerá a caixa mos-trada na fig. 10.

Na caixa que aparece, podem-se determinar os "Recuos e espa-çamento" da mancha do texto que se escreve. Um primeiro parâmetro é o "Alinhamento": ou seja, nas opções apresentadas, pode-se definir o alinhamento do texto só do lado esquerdo, ou só do lado direito, dos dois lados (*justificado*), ou centralizando-se o texto. O recomendado para os trabalhos acadêmicos é o *justificado*.

Depois vem o item "Recuo", de fato, as determinações do pará-grafo propriamente dito. Estabelece-se o recuo da mancha tanto à direita como à esquerda, recuo que será definido para além daquele já estabele-cido pela margem. Num segundo campo, o do recuo "Especial", pode-se definir se a primeira linha de cada parágrafo não tem nenhum recuo, ficando junto à margem, ou se ela avançará para dentro da mancha (*pri-meira linha*) ou se serão as demais linhas do parágrafo que avançarão,

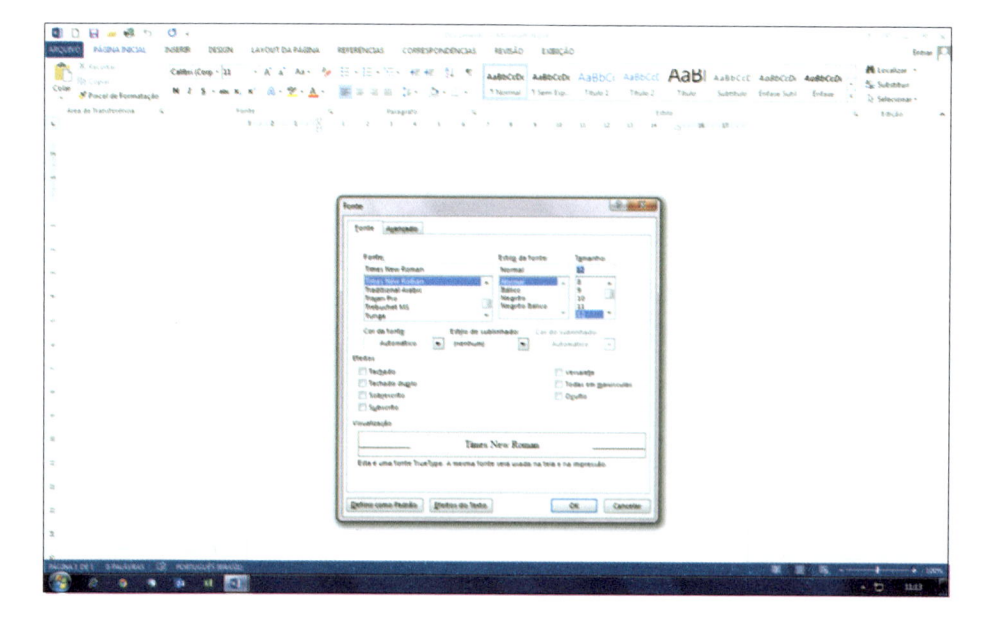

Figura 9. Caixa da fonte.

enquanto a primeira linha permanece junto à margem (neste caso, opte-se por *deslocamento*).

Na sequência, definem-se os espaçamentos: o "Espaçamento entre linhas" refere-se ao espaçamento especial para separar os parágrafos, enquanto Entre linhas indica a distância entre as linhas do mesmo parágrafo.

Para os trabalhos acadêmicos, sugere-se como melhor formatação:

- *Alinhamento*: justificado.

- *Recuos*: esquerdo e direito: 0.

- Especial: 1ª linha.

- *Espaçamentos*: antes: 6 pts.

- Depois: 0 pt.

- Entre linhas: 1,5.

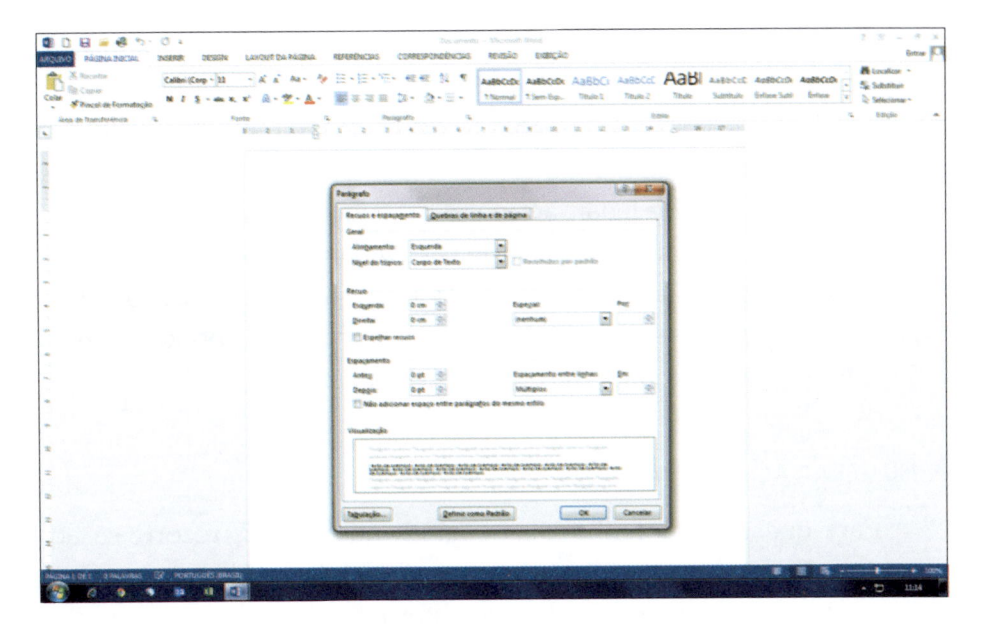

Figura 10. Configuração do parágrafo.

Os demais campos podem ser ignorados. Ao final, clicar OK. A página está configurada e o texto será composto de acordo com as especificações.

A DIGITAÇÃO

Definidos estes parâmetros, pode-se dar início à digitação do texto, que irá então sendo automaticamente formatado de acordo com os dados fornecidos. Para alterar uma palavra, uma frase, um parágrafo, uma seção do texto, de modo que tenha uma configuração diferenciada, deve-se selecionar a parte que se pretende modificar, arrastando o cursor com o botão esquerdo do mouse pressionado sobre a área desejada. Uma vez marcada a área, basta soltar o botão do mouse e clicar no ícone das barras de ferramenta ou no comando dos menus correspondentes à operação que levará à modificação.

Para mover o texto de cima para baixo, para avançar ou recuar, pode-se usar tanto os botões com setinhas da barra de movimentação da lateral direita, ou então o botão móvel que corre dentro dessa barra, puxando-o com o botão esquerdo do mouse, apertado, ou ainda comandando as teclas de setas que se encontram em dois setores do lado direito do teclado. Também se pode usar as teclas *Page Up e Page Down*. Para mudar o cursor de lugar, ao longo do texto, usam-se as teclas de setas ou então o próprio mouse. Neste caso, quando a barrinha indicativa do movimento do mouse estiver no lugar desejado, é só clicar o botão esquerdo que o cursor se transferirá para lá, marcando o ponto em que terá efeito a operação que estiver sendo acionada.

A NUMERAÇÃO DAS PÁGINAS

Para que o texto tenha suas páginas numeradas, recorre-se ao menu **Inserir**. Escolhe-se o item *Número de páginas*. Há três campos na caixa (fig. 11). O primeiro, "Posição", permite definir se o número será grafado no cabeçalho ou no rodapé; o segundo, "Alinhamento", permite indicar se o número será grafado do lado direito, do lado esquerdo, no centro, ou sempre do lado interno ou externo da página. Finalmente, caso não queira que a numeração seja exibida na primeira página, basta assinalar a opção, clicando a caixinha "Primeira Página Diferente"

Nos trabalhos acadêmicos, o modelo mais seguido é:

Posição: cabeçalho, parte superior da página, com alinhamento à direita e sem exibição de número na primeira página.

Quando se quiser mudar de página, antes de ela estar preenchida integralmente, como, por exemplo, no caso de se iniciar um novo capítulo, usa-se o mesmo menu **Inserir**, clicando o item *Quebra*; na caixa que aparece (fig. 12), basta clicar no ponto "Quebra de Página" e dar OK. Ocorrerá mudança de página no ponto em que se encontrar o cursor.

É no menu **Referências** que se encontram os comandos para a introdução das *notas de rodapé*, bem como de *cabeçalhos*, com datas e outras referências (fig. 13). Para os trabalhos acadêmicos, interessam particularmente as notas, que poderão aparecer no rodapé de cada página ou então no final do texto. Para tanto, basta colocar o cursor no

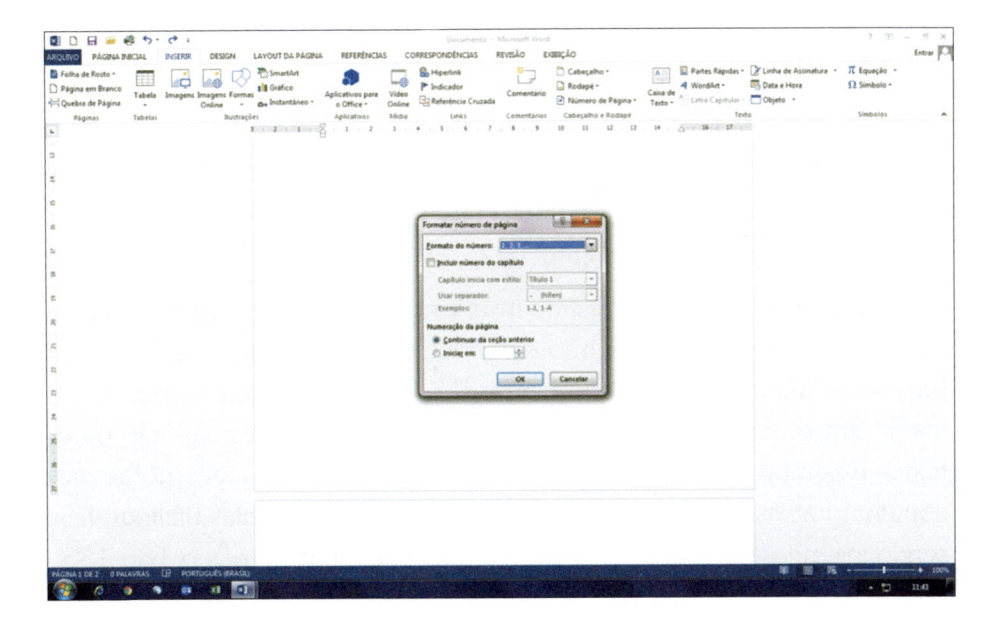

Figura 11. Caixa para numeração das páginas.

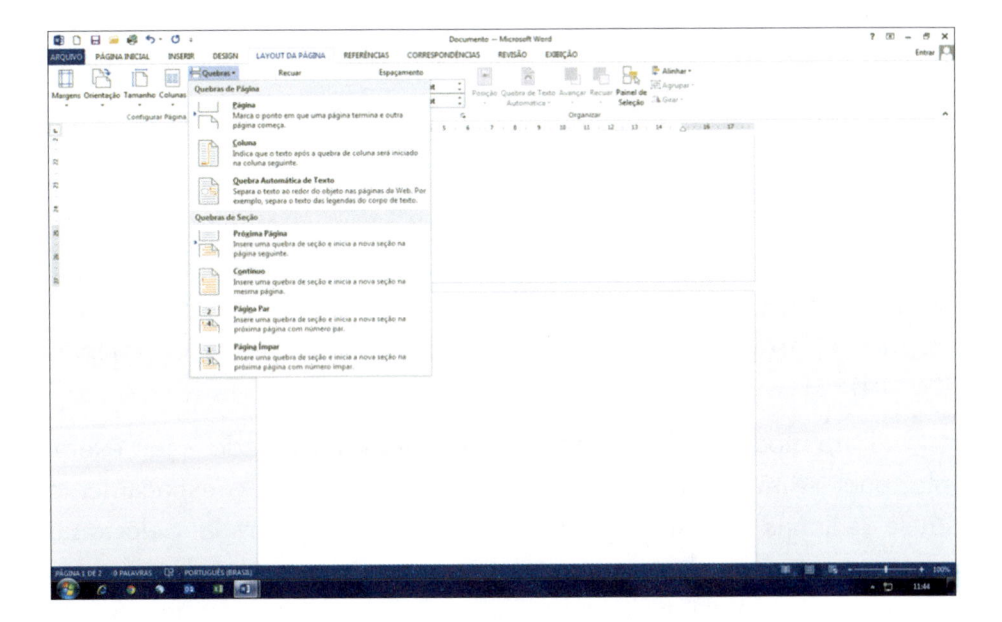

Figura 12. Caixa para quebra de paginação.

ponto em que se deve inserir o número de chamada, clicar em *Notas* e escolher o tipo de numeração. Dado o OK, o número de chamada é automaticamente inserido onde se encontra, no texto, o cursor, o qual é levado, em seguida, diretamente para o ponto escolhido, onde se redige então o teor da nota. Ao mandar fechar, o cursor volta ao seu ponto normal, para se continuar digitando o texto.

Cada vez que for necessário inserir novas notas, procede-se da mesma maneira e os números irão se adequando automaticamente, o que permite voltar atrás para retirar ou incluir notas. De preferência, as notas devem situar-se mesmo nos rodapés e não no final do capítulo ou do texto. Relembre-se de que a tendência atual é reservar essas notas para comentários, esclarecimentos, traduções etc., as referências bibliográficas sendo inseridas no corpo do texto, conforme assinalado nas p.185-188.

ALGUNS ATALHOS E OUTRAS ORIENTAÇÕES

Os micros pessoais podem ser ajustados para facilitar o manuseio de todos os comandos referidos. Assim, a tela pode ter uma configuração personalizada, com barras com ícones de vários comandos, de modo a se dispor de um atalho sem precisar passar pelo menu, bastando-se então apenas clicar no referido ícone, que corresponde aos diversos comandos. Para cada item de cada menu existe um ícone que pode ser transportado para a barra de ferramentas, logo abaixo da **Barra de Menus**. Esses ícones se encontram disponíveis em Ferramentas/personalizar/comandos: basta então clicar com o mouse no item escolhido e, mantendo apertado o botão esquerdo do mouse, arrastar o ícone para um espaço da barra de ferramentas (fig. 14).

Para modificar partes do texto que se está digitando – por exemplo, quer se mudar o tamanho ou o estilo da fonte, o espaçamento entre as linhas –, basta "selecionar" a parte a ser alterada. Selecionar é marcar com um destaque, criando um fundo para dar destaque ao texto, e aplicar a ela um comando a partir de um ícone ou de um item do menu.

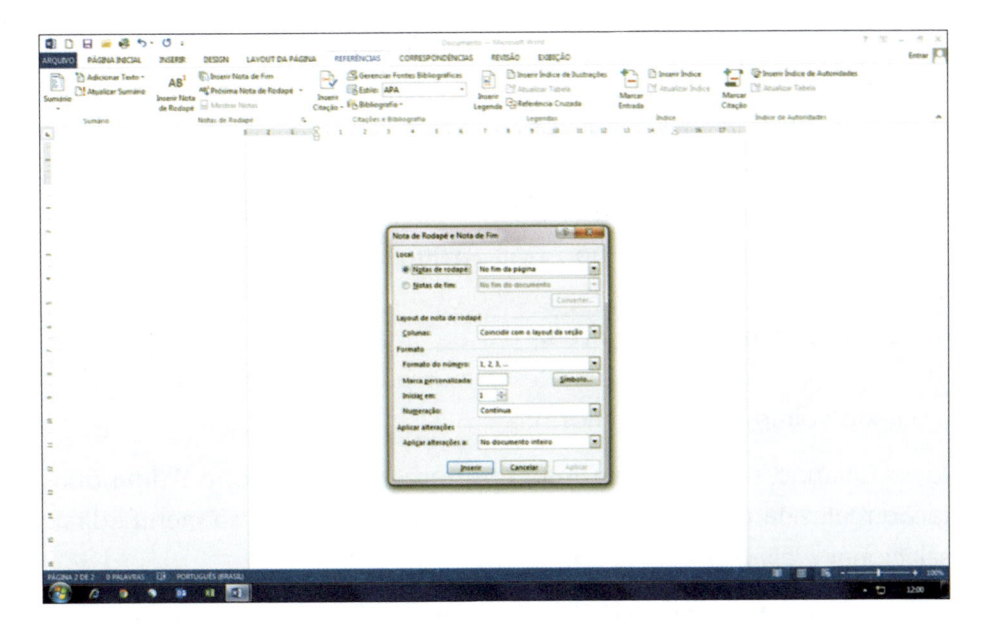

Figura 13. Caixa para inserção de notas de rodapé e cabeçalhos.

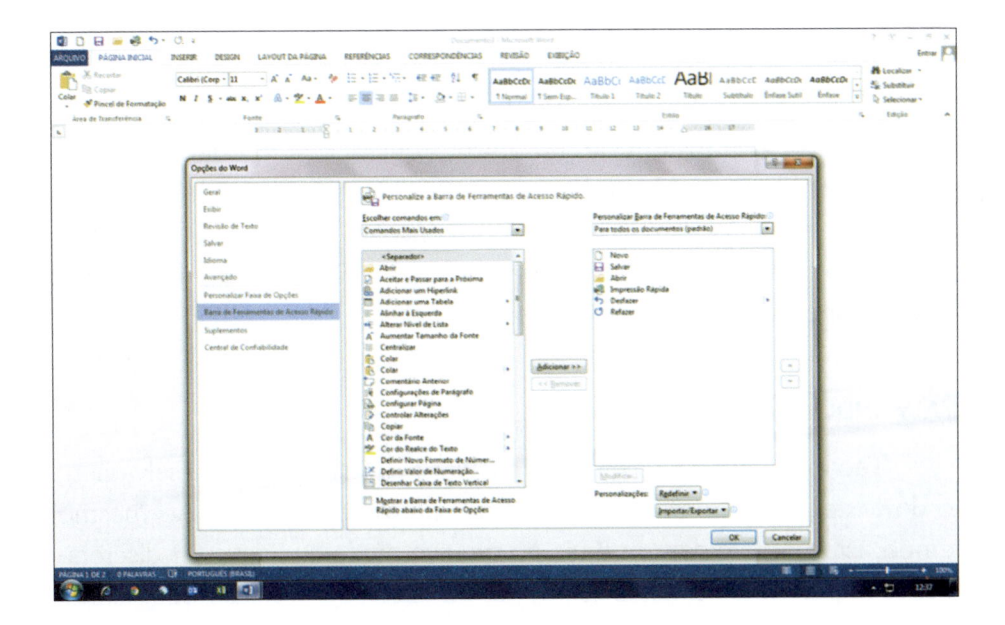

Figura 14. Caixa de ícones de comandos.

Para selecionar parte do texto (pode ser um caractere, uma palavra, uma frase, um parágrafo, um capítulo), basta apertar o botão esquerdo do mouse e ir arrastando o cursor sobre a parte que se quer selecionar. O texto vai sendo marcado e assim ficará até que se dê um toque com a setinha do mouse. Quando se precisa selecionar todo o texto já redigido, basta clicar, no menu **Arquivo**, o "Selecionar tudo", que se situa no alto, no canto esquerdo da tela. Todo o texto digitado será destacado e, em seguida, deve-se dar o comando que se pretende. Terminada a operação, clica-se no texto marcado com a setinha do mouse e o texto voltará à situação normal.

Quando se está produzindo um trabalho no micro, a última operação realizada pode sempre ser desfeita. Para tanto, ir ao menu Editar, selecionar *Desfazer operação*.

Quando se quer mudar de lugar uma parte de texto, ou mesmo inserir partes de outros arquivos, já digitados, no corpo do texto, basta selecionar a parte em questão, ir ao menu *Página Inicial*, selecionar *Recortar e*, levando o cursor para o ponto em que se quer fazer a inserção, selecionar no mesmo menu o item *Colar e*, então, clicar. Ou fazer o mesmo trajeto clicando nos ícones correspondentes eventualmente presentes na barra de ferramentas.

Se se quer transferir de um outro arquivo, de um outro texto, alguma parte que será enxertada no novo texto, então procede-se de maneira análoga, mas comandando agora *Copiar* e não mais *Recortar*, lembrando-se de que recortar apaga o texto selecionado, que fica pouco tempo disponível na área de transferência.

SALVANDO OS TEXTOS...

Tão logo iniciada a digitação, o usuário deve dar início ao salvamento do texto, evitando risco de perda das partes já digitadas. Ao mesmo tempo, isto permite dar um título ao arquivo, título que deve ser discretamente registrado ao final do texto, para que se possa, mais tarde, identificar a localização do arquivo nos diretórios e discos onde ficará gravado.

O comando para salvar um texto encontra-se no menu Arquivo, sob a designação "Salvar como". É este o comando que deve ser usado quando se tratar do primeiro salvamento do texto e toda vez que se vai gravar pela primeira vez num dispositivo removível. Quando se tratar de ir salvando as demais partes do texto, à medida que forem sendo digitadas, basta servir-se do comando "Salvar" ou do correspondente ícone (fig. 15).

Observe-se que no campo superior deve ser informado o disco em que vai ser gravada a matéria, o diretório ou subdiretório. Convencionalmente, o disco rígido é designado por "C", enquanto os dispositivos removíveis podem ser "A" ou "B" ou outra letra. Os diretórios são setores desses discos que permitem classificar as matérias gravadas, de acordo com algum critério de sistematização adotado pelo usuário. Assim, se tiver aberto um diretório, no disco C, chamado "Aulas", ele gravará todos os arquivos relacionados a esse assunto nesse diretório. Toda vez que esse diretório é aberto, ele mostrará a relação dos arquivos que lá se encontram.

Em seguida, no penúltimo campo, inscreve-se o nome que se quer dar ao arquivo. No último campo, escolhe-se o tipo do arquivo, clicando na setinha e escolhendo-se esse tipo da relação que lá se encontra, lembrando-se de que os arquivos de textos devem ser do tipo "documentos do Word".

Isso feito, é só apertar o botão Salvar, no alto à direita, que o texto será salvo no diretório e no disco indicados.

FECHANDO E ABRINDO UM ARQUIVO

A qualquer momento, pode-se interromper a digitação e fechar o arquivo. Deve-se então salvar o documento que está sendo digitado no estágio em que se encontra. Isso feito, basta dar o comando Fechar, no menu ou no ícone. Caso o autor tenha se esquecido de salvar o trabalho, o próprio Word abrirá uma caixa perguntando se deseja salvar as últimas alterações feitas no texto.

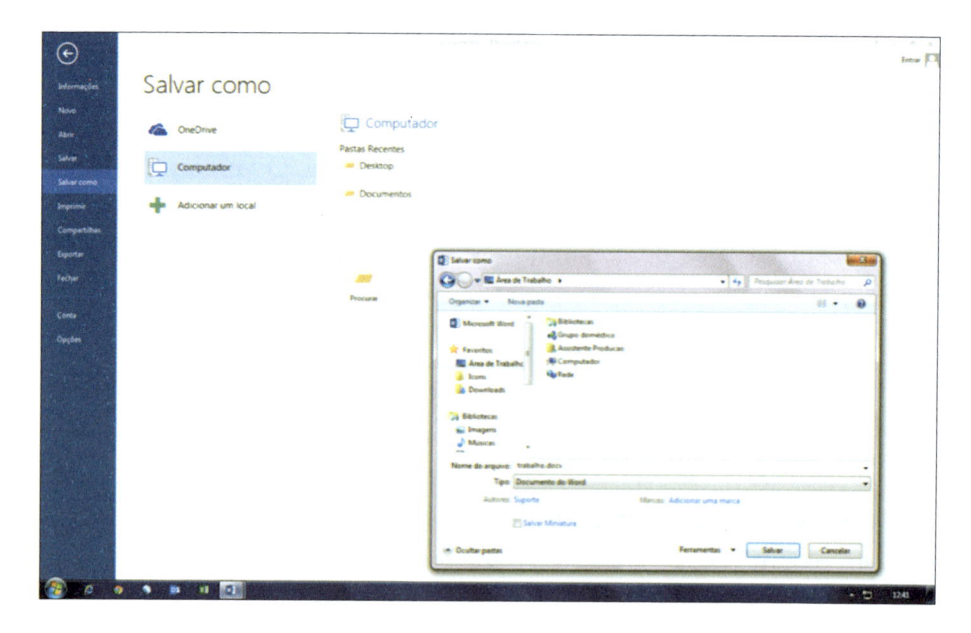

Figura 15. Caixa para salvar os textos.

Toda vez que for necessário voltar à digitação, pode-se retomar o texto, reabrindo o arquivo. Dá-se o comando Abrir, no menu ou na barra padrão, e vai-se informando o disco, o diretório e finalmente o arquivo, que com dois toques será exibido na tela (fig. 16).

A IMPRESSÃO DO TEXTO

Uma vez terminada a digitação do trabalho, feitas as devidas correções e ajustes que couberem, o texto está pronto para ser impresso. A impressora deve então ser ligada, e no menu **Arquivo** vai-se usar o comando **Imprimir**. Se o autor quiser ter uma visão antecipada de como ficará o resultado do trabalho impresso, no mesmo menu **Arquivo** deve clicar o comando Visualizar impressão; o Word mostrará, então, de forma reduzida, como se distribui o texto nas diversas páginas.

Em seguida, pode dar o comando **Imprimir**. Será aberta então a caixa de impressão, onde estão os campos para indicação de que páginas devem ser impressas e em quantas cópias. Toda vez que se tratar

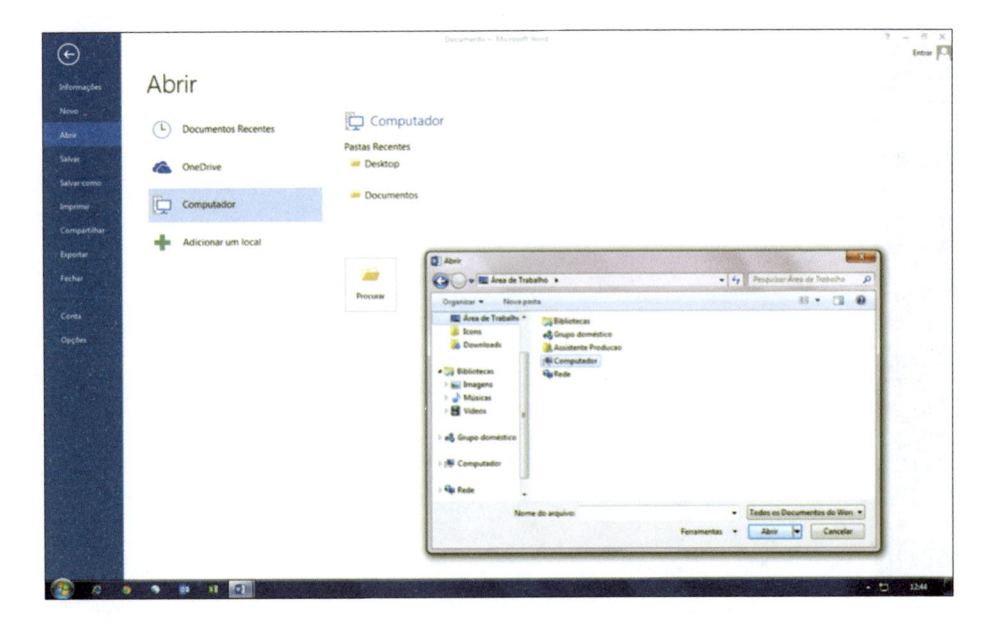

Figura 16. Comando para abertura de arquivos.

de uma primeira impressão, após ter sido ligada a impressora, é preciso apertar o botão "Propriedades ou Preferências" dessa caixa para que se possa compatibilizar a configuração da impressora com aquela do texto digitado (fig. 17).

1.c. As citações

As citações são os elementos retirados dos documentos pesquisados durante a leitura de documentação e que se revelam úteis para corroborar as ideias desenvolvidas pelo autor no decorrer do seu raciocínio. Tais citações são transcritas a partir das fichas de documentação, podendo ser transcrições literais ou então apenas alguma síntese do trecho que se quer citar. Em ambos os casos, é necessário indicar a fonte, transpondo os dados já presentes na ficha. Note-se que as citações bem escolhidas apenas enriquecem o trabalho; o que não se pode admitir em hipótese alguma é *a transcrição literal de uma passagem de outro autor sem se fazer a devida referência.*

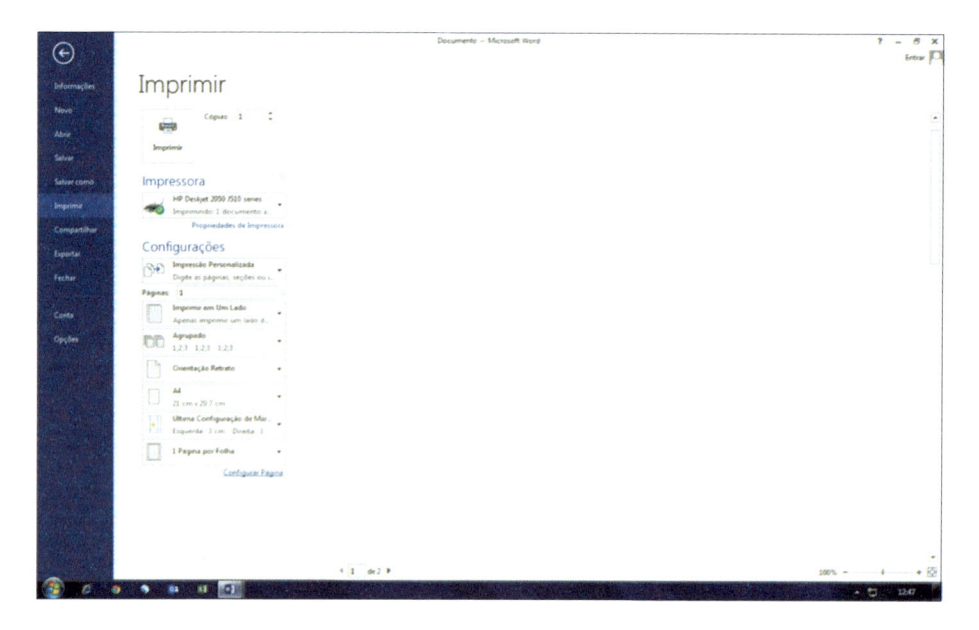

Figura 17. Caixa de comandos de impressão.

Citação é, pois, a transcrição de passagens extraídas de outras fontes e destinada a apresentar informação ou ideia relacionada ao assunto que está sendo tratado no texto em elaboração. Pode ser **direta**, quando transcreve a passagem literalmente, ou **indireta**, quando o autor retoma apenas uma síntese da passagem, redigindo-a com palavras próprias.

Mas em ambos os casos, deve-se proceder à referenciação à fonte de onde foi extraída a passagem. Esta referenciação deve ser feita no corpo do próprio texto e não em notas de rodapé.

Quando o nome do autor citado vem mencionado no curso do texto, ele será escrito em letra cursiva normal; quando não é citado, deve vir ao final da transcrição, entre parênteses e em letras maiúsculas.

Quando a citação tiver até três linhas, deve ser registrada no curso do próprio texto, entre aspas; com mais de três linhas, deve situar-se em trecho destacado, com recuo de até 4 cm, em fonte um ponto menor do que a fonte normal do texto e sem aspas.

Exemplos:

Tem toda razão Eco quando afirma que "citar é como testemunhar num processo. Precisamos estar sempre em condições de retomar o depoimento e demonstrar que é fidedigno" (1983, p. 126).

Ou:

A citação, para ter fecundidade argumentativa, precisa ser fidedigna. "Citar é como testemunhar num processo. Precisamos estar sempre em condições de retomar o depoimento e demonstrar que é fidedigno" (ECO, 1983, p. 126).

Ou ainda:

De acordo com Eco, a citação tem uma função argumentativa que pode ser aproximada do depoimento em processo jurídico, equivalendo a um testemunho fidedigno (Cf. ECO, 1983, p. 126).

No caso de transcrição de mais de três linhas:

> Citar é como testemunhar num processo. Precisamos estar sempre em condições de retomar o depoimento e demonstrar que é fidedigno. Por isso, a referência deve ser exata e precisa (não se cita um autor sem dizer em que livro e em que página), como também averiguável por todos. (ECO, 1983, p. 126).

Como se vê, a referência da citação, feita no corpo do texto, traz apenas o nome de entrada do autor, o ano da publicação-fonte e o número da página – elementos suficientes para se identificar os demais dados do documento nas Referências Bibliográficas que constam ao final do escrito. Nelas deverão constar os elementos completos para a identificação da fonte citada. Cabe lembrar que todos os documentos citados no corpo do texto devem constar nas Referências Bibliográficas, ao final do trabalho. Exemplo: ECO, Umberto. *Como se faz uma tese*. São Paulo: Perspectiva, 1983. (Estudos XVI), 188p.

Em se tratando de **citações diretas**, a transcrição deve ser literal, não se alterando em nada o texto original. Caso se identifique algum

erro do autor original no texto transcrito, mantém-se na transcrição como tal, acrescentando-se um (sic!), entre parênteses, logo após a expressão errada. Isso indica que a falha se encontra assim na fonte citada.

No caso das **citações indiretas**, quando se sintetiza o pensamento
do autor citado, inclui-se um "confira" no início da referenciação. (Cf.
ECO, 1995).

Quando se quer indicar uma obra no seu conjunto, para informar
que o assunto foi tratado nela, de modo geral e não em uma passagem
específica, basta registrar o ano de sua publicação, permitindo-se identi-
ficá-la nas Referências Bibliográficas finais.

Quando a passagem citada estiver escrita no original em língua es-
trangeira, ela deve ser traduzida para o português, colocando-se, ao final
da citação, entre parênteses, a informação (tradução nossa). A mesma
regra se aplica quando quisermos destacar, com itálico ou negrito, algum
trecho da citação: colocar a expressão (grifos nossos). Sem este informe,
fica entendido que o destaque gráfico é do original.

Trechos no interior de uma citação, que não forem pertinentes ou
necessários, podem ser excluídos. Mas, nesse caso, devem ser substituídos por reticências, colocadas entre parênteses.

Se a citação é retirada do texto de outra citação, deve-se usar a
expressão apud:

Exemplo: "A educação não é um fim em si mesma; é um processo a servir certos valores e pressupõe, portanto, a existência de valores
sobre alguns dos quais a discussão não pode ser admitida". (CAMPOS,
apud FAVERO, 2000, p. 87).

Esta forma de referenciação indica que o autor do trabalho não
teve acesso direto à fonte original, no caso, o texto de Campos, e que
retomou a citação constante na fonte secundária, no caso, trabalho de
autoria de Fávero. Embora seja legítima esta forma de citação interme-
diada, é preferível, em trabalhos científicos, a utilização da fonte original,
sempre que possível.

1.d. As notas de rodapé

As notas de rodapé têm dupla finalidade:

1. Inserem no trabalho considerações complementares que, por extenso, onerariam desnecessariamente o desenvolvimento do texto, mas que podem ser úteis ao leitor caso queira aprofundar o assunto.

2. Trazem a versão original de alguma citação traduzida no texto quando se fizer necessária e importante à comparação dos textos.

Normalmente, as notas de rodapé são digitadas em espaço simples, começando a 1 cm da margem inferior e logo após o correspondente número de chamada, na mesma linha da margem esquerda. Apenas o número tem uma pequena entrada de 1 cm. É desaconselhável colocar as notas no fim do capítulo ou no fim do trabalho.

1.e. A técnica bibliográfica

A bibliografia levantada quando da elaboração do trabalho é transcrita, inicialmente, nas Fichas de Documentação Bibliográfica (p. 73). Concluído o trabalho, com a consequente seleção das fontes aproveitadas, transcreve-se esta bibliografia, colocando-a no final do texto do trabalho.

Sua finalidade é informar o leitor a respeito das fontes que serviram de referência para a realização da pesquisa que resultou no trabalho escrito. Essa bibliografia deve conter a indicação de todos os documentos que foram citados ou consultados para a realização do estudo, fornecendo ao leitor não só as coordenadas do caminhar do autor, mas também um guia para uma eventual retomada e aprofundamento do tema ou revisão do trabalho, por parte do leitor.

A designação dessa parte final do trabalho deve ser simplesmente Bibliografia, preferencialmente à expressão, que muitas vezes é utilizada, de Referências Bibliográficas, uma vez que esta se reporta antes ao modo de se fazer tecnicamente o registro documental. No entanto, quando se usar esta designação, a relação de títulos deve conter apenas os documentos que foram efetivamente consultados e citados. Por outro lado, usa-se a designação *Bibliografia* quando se fazem levantamentos genéricos de fontes sobre um determinado tema, independentemente de sua vinculação direta a um trabalho escrito em particular.

As orientações sobre a forma técnica de elaboração de registros bibliográficos apresentadas aqui têm o objetivo de fornecer aos alunos um mínimo de diretrizes para a confecção adequada da *bibliografia* quando da redação de seus trabalhos acadêmicos e científicos. Por isso, elas se atêm aos elementos essenciais da referência bibliográfica, entendidos como aqueles que são imprescindíveis para a identificação do documento referenciado.

e.1. A elaboração da referência bibliográfica

Os parâmetros para a elaboração da referência bibliográfica, aqui apresentados, retomam as normas do Projeto de Normas Brasileiras (NBR 6023:2002), que especifica os elementos a serem incluídos nas referências destinadas a registrar a documentação de fontes de informação.

Para os fins propostos, uma referência bibliográfica deve conter os seguintes dados: autor, título do documento, edição, local da publicação, editora e data. Estes são os elementos mais importantes, os elementos *essenciais*, inclusive de acordo com norma da ABNT. Esta considera elementos *complementares* aqueles que caracterizam melhor o documento que integra uma bibliografia: indicação de responsabilidade (organização, tradução, revisão), descrição física do documento (número de páginas, ilustrações, tamanho etc.), indicação de série ou de coleção, notas especiais, número de registro de ISSN ou de ISBN. Assim, o autor do trabalho deverá cuidar para que todos os dados essenciais constem de sua referência, ficando a seu critério acrescentar alguns ou todos os dados opcionais.

Eis um exemplo das duas situações:

VIGOTSKI, Liev S. *Teoria e método em psicologia*. São Paulo: Martins Fontes, 1996.

VIGOTSKI, Liev S. *Teoria e método em psicologia*. Trad. Claudia Berliner; revisão Elzira Arantes. São Paulo: Martins Fontes, 1996. (Col. Psicologia e Pedagogia). Bibliografia. ISBN 85-336-0504-8.

Observe-se que o sobrenome do autor e o título do documento têm um destaque gráfico, ou seja, o sobrenome do autor que abre a referência deve vir em *maiúsculas* ou *caixa alta*, enquanto o título principal deve vir em *itálico*. De acordo com as normas da ABNT, o título da publicação pode receber um destaque mediante o uso de um recurso tipográfico diferenciado (**negrito**, *itálico* ou grifo), ficando a critério do autor a escolha deste. Mas, uma vez definido o destaque, ele deve ser mantido uniforme em todas as referências. Também não há necessidade de recuo nas linhas da referência posteriores à primeira, mantendo-se o mesmo alinhamento da primeira linha. Apenas a separação entre os títulos é que deve ser feita com um espaço maior. Para tanto, no caso da utilização do programa editor de texto Word, o espaço interlinear da referência deve ser o espaço simples, e o espaçamento entre parágrafos deve ser formatado como "antes 6 pt" (cf. p. 177).

Todos os elementos da referência bibliográfica são separados por *pontos*. O sobrenome de entrada do autor é separado dos demais elementos de seu nome completo por *vírgula*; o nome completo do autor é separado do título do documento por *ponto final*; o subtítulo é separado do título por *dois-pontos*; o título é separado dos elementos seguintes por *ponto final*; a editora é separada da cidade, de acordo com norma da ABNT, por *dois-pontos;* todos os sinais de pontuação são seguidos de dois espaços vazios; datas e páginas ligam-se por *hífen*; separam-se por *barras transversais* os elementos de períodos cobertos por fascículo referenciado.

Quando um dos dados bibliográficos não é identificável no documento, ele pode ser substituído pelas seguintes abreviações: s.l. = sem local de publicação; s.ed. = sem editor; s.d. = sem data; s.n.t. = sem notas tipográficas, quando faltam todos os elementos.

Por outro lado, quando o elemento não é identificado diretamente mas pode ser estimado por outros indícios, ele pode ser registrado na referência entre colchetes. Assim, [1990] quer dizer que o texto foi publicado nessa data, embora a informação não se encontre no lugar adequado; se a data for apenas provável, acrescenta-se um sinal de interrogação: [1990?], se a data for aproximada: [ca. 1993]. Ver item e.7.

Registradas estas orientações gerais, tratar-se-á em seguida de situações particulares referentes aos vários elementos de uma referência bibliográfica.

e.2. Observações referentes à indicação do autor

1. *Norma geral*: caso de autor pessoal.

A entrada da referência bibliografia é feita com o sobrenome do autor, a ser transcrito em maiúsculas; o nome do autor e os demais sobrenomes podem vir, na sequência, abreviados ou não. Trata-se do sobrenome que indica a filiação familiar do autor. No caso dos nomes portugueses e brasileiros, recomenda-se transcrever o nome principal e abreviar os outros eventuais sobrenomes, pois, em nossa cultura, esses sobrenomes identificam pouco a pessoa do autor, uma vez que são muito comuns.

Ex.: SALVADOR, Angelo D.

SANTOS, Boaventura de S.

2. *Autores estrangeiros, de sobrenomes compostos*

Às vezes, conforme índole das várias línguas, o sobrenome do autor contém mais de um elemento. Isto se deve à herança de sobrenomes tanto paternos como maternos, sendo o penúltimo o sobrenome herdado do pai e que, por isso, abre a referência. É o que ocorre com muitos autores espanhóis e italianos:

Ex.: ASTI VERA, Armando

ACOSTA HOYOS, Luis E.

3. Autores brasileiros, de sobrenomes compostos

Esta exceção se aplica também a alguns casos de autores brasileiros cujos sobrenomes são compostos seja por formarem unidade semântica, seja por estarem ligados por hífen.

Ex.: CASTELO BRANCO, Camilo

OLIVEIRA LIMA, Lauro de

FREIRE-MAIA, N.

FROTA-PESSOA, O.

ESPÍRITO SANTO, M. de

4. Autores com sobrenomes designativos de parentesco

Os elementos de designação de parentesco, tais como Júnior, Filho, Neto e outros, fazem parte integrante do sobrenome, não podendo abrir a referência bibliográfica.

Ex.: PFROMM NETTO, Samuel

LOURENÇO FILHO, M. B.

JORDÃO NETO, Antônio

5. Autores de sobrenomes compostos, consagrados pela literatura

Em alguns casos, apesar de não haver unidade semântica ou outro motivo intrínseco, certos autores tiveram seus sobrenomes compostos pelo uso na literatura específica de seus escritos.

E é como tais que devem aparecer na entrada das referências bibliográficas.

Ex.: MACHADO DE ASSIS, Joaquim M.

MONTEIRO LOBATO, José B.

6. *Autores com sobrenome especial privilegiado pelo uso*

Igualmente há casos em que um dos elementos do sobrenome, que nem sempre é o último, acaba ficando mais conhecido e consagrado pelo uso; nesses casos, inicia-se a entrada por este elemento, podendo-se inclusive omitir o último sobrenome.

Ex.: PORCHAT PEREIRA, Oswaldo, e não

PEREIRA, Oswaldo Porchat, ou ainda

PORCHAT, Oswaldo.

7. *Autores com sobrenomes portadores de partículas*

Nos sobrenomes em que entram partículas, portuguesas ou estrangeiras – de, do, das, del, de las, von, van, della etc. –, essas partículas são colocadas depois do nome, fazendo-se a entrada pelo sobrenome simples.

Ex.: STEENBERGHEN, Fernand van

Quando a partícula faz parte do sobrenome, vem geralmente em maiúsculas.

Ex.: VON ZUBEN, Newton A.

MAC DOWELL, João A.

8. *Caso de vários Autores*

a) Quando a obra é escrita até por três autores, são assinalados os três, na ordem em que aparecem na publicação, separando-se seus nomes por ponto e vírgula mais um espaço.

Ex.: SILVEIRA, Paulo; ALMEIDA, Ernesto de; SOUSA, José de.

b) Quando são mais de três autores, indica-se apenas o primeiro, acrescentando-se a expressão "et al.", para designar os demais. Em casos especiais, como em relatórios científicos, nos quais a menção dos nomes é exigida para fins de certificação, é facultativo indicar todos os nomes.

Ex.: NAGEL, E. et al.

c) No caso de obras coletivas, com vários autores, mas organizadas ou coordenadas por um deles, faz-se a entrada pelo nome deste, acrescentando-se, entre parênteses, essa indicação.

Ex.: FRIGOTTO, Gaudêncio (Org.). *Educação e trabalho.*

9. *Tradução de nomes de autores estrangeiros*

Note-se que, em todos os casos, nomes e sobrenomes dos autores são mantidos em suas línguas e grafias originais, não se permitindo a tradução; só há exceções para autores clássicos cujos nomes já foram aportuguesados pela tradição literária ou científica.

Trata-se de escrever sempre nas referências bibliográficas:

MARX, Karl e nunca: MARX, Carlos.

SARTRE, Jean-Paul e nunca: SARTRE, João Paulo.

Usa-se, porém, MAQUIAVEL, Nicolau.

10. *Casos de obras sem autor declarado*

Às vezes, os escritos não contêm indicação de autor. Neste caso, indica-se o editor ou, na falta também deste, considera-se o escrito de autor anônimo. Neste caso, entra-se pelo título, como ocorre também em se tratando de obras clássicas, de cunho coletivo. Nessas entradas pelo título, a primeira palavra vem grafada em maiúsculas. O termo "anônimo" nunca deve ser usado em substituição ao nome de autor desconhecido.

Ex.: MORGAN, Walter (Ed.). *O trabalho humano...*

A BÍBLIA sagrada...

No caso de pseudônimos declarados, procede-se como se tratasse de autor pessoal.

Se o autor é identificado por via indireta, colocar seu nome entre colchetes.

Ex.: [DIAS, Gonçalves] *Poemas obscuros...*

11. *Obras publicadas por entidades coletivas*

a) Obras publicadas por entidades coletivas, tais como associações, institutos e semelhantes, têm o nome delas no lugar do nome do autor.

Ex.: ASSOCIAÇÃO BRASILEIRA DE NORMAS TÉCNICAS. *Normalização da documentação no Brasil.*

b) Quando as entidades estiverem ligadas a órgãos públicos, devem constar, nesta ordem, os seguintes elementos: país, órgãos, repartição.

Ex.: BRASIL. Ministério da Educação e Cultura, *Plano...*

SÃO PAULO. Departamento de Educação. Chefia do Ensino Básico, *Normas...*

MARANHÃO. Superintendência do Desenvolvimento do Maranhão. Departamento de Estatística. Programa Integrado de Pesquisa, *Pesquisa socioeducacional...*

e.3. *Observações quanto ao título dos escritos*

1. *Normas gerais*

a) O título de livros é transcrito integralmente, em destaque gráfico, grifo, *itálico* ou **negrito**.

b) Nos títulos e subtítulos todas as palavras, com exceção da primeira letra inicial, são escritas em minúsculas, exceto quando nomes próprios.

c) O subtítulo é igualmente transcrito quando contiver informação essencial para o entendimento do conteúdo do livro. Separa-se do título por dois-pontos, não tendo destaque gráfico.

Ex.: SALOMON, Délcio Vieira. *Como fazer uma monografia*: elementos de metodologia do trabalho científico.

2. Os títulos de obras sem autores identificados iniciam a própria referência; a primeira palavra vem em letra maiúscula. Esta norma se aplica igualmente a documentos, tais como leis, portarias etc. Terminada a identificação do documento, indica-se sua eventual fonte.

Ex.: PROCESSO de evolução política...

DECRETO nº 70.067, de 26 de janeiro de 1972. *Adm. & Legisl.*, v. 1, n. 6, p. 35, fev. 1972.

RELATÓRIO de grupo de trabalho para a reforma do ensino de 1º e 2º graus.

LEI nº 5.766, de 20 de dezembro de 1971.

3. *Títulos de periódicos*

a) Quando se indica uma publicação periódica seriada, procede-se da seguinte maneira:

REFLEXÃO. Campinas: Instituto de Filosofia e Teologia. PUCC, 1975.

b) Se a publicação estiver encerrada, fecham-se as datas: 1967-1976.

c) Quando se indica volume determinado de uma publicação seriada, sem que esse volume tenha título específico, procede-se da seguinte maneira:

PRESENÇA FILOSÓFICA. Rio de Janeiro, v. 2, n. 3, jan. 1976.

d) Quando o volume tem título, este é acrescentado:

VOZES. Concretismo. Petrópolis, v. 71, n. 1, jan./fev. 1977.

4. *Títulos de artigos de revistas*

a) No caso de artigos assinados, a sequência é a seguinte: autor, título do artigo em redondo, título da revista com destaque gráfico, local da publicação, volume ou tomo, fascículo em redondo, páginas inclusivas, data, com a seguinte pontuação:

FERRAZ JR., Tércio Sampaio. Curva de demanda, tautologia e lógica da ciência. *Ciências Econômicas e Sociais*, Osasco, v. 6, n. 1, p. 97-105, jan. 1971.

b) No caso de separata: faz-se a citação do artigo destacado, com cidade, editora e data. Após um ponto, acrescentar Separata da revista *Vozes...* seguida dos dados acima indicados.

5. *Títulos de artigos de jornal*

Citar autor, título do artigo, título do jornal, cidade, data completa, número ou título do caderno, seção ou suplemento, indicação da página e eventualmente da coluna:

a) Tratando-se de artigo assinado:

PINTO, J. N. Programa explora tema raro na TV. *O Estado de S. Paulo*, 8 fev. 1975, Caderno 2, p. 7.

b) Tratando-se de artigo não assinado:

ECONOMISTA recomenda investimento no ensino. *O Estado de S. Paulo,* p. 21, 4-5 col., 24 maio 1977.

c) Artigo em suplemento, caderno especial, após a data acrescentar o título do suplemento, número, página e coluna.

Ex.: *Correio da Manhã*, Rio de Janeiro, 20 junho 1968. Caderno Internacional, p. 3, 6 c.

d) Tratando-se de suplementos muito especiais, como é o caso do Suplemento Cultural de *O Estado de S. Paulo*, tal suplemento é assimilado a um periódico e passa a ser citado como tal.

Ex.: SIMÕES, Gilda Naécia. A educação da vontade. *Suplemento Cultural de O Estado de S. Paulo*, 31 out. 1976, v. 1, n. 3, p. 35.

6. *Títulos de escritos inseridos em publicações mais amplas*

Neste caso, os dois textos devem ser indicados com os respectivos dados bibliográficos de forma que fiquem perfeitamente identificáveis:

a) Caso de referência de parte de um texto do mesmo autor:

GOLDMANN, Lucien. Expressão e Forma. In: *Ciências humanas e filosofia.* 2. ed. São Paulo: Difel, 1970. p. 104-10.

b) Caso de referência de contribuição de um autor em obra de outro autor. Neste caso, procede-se da seguinte maneira:

KUHN, Thomas S. A função do dogma na investigação científica. In: DEUS, Jorge Dias de (Org.). *A crítica da ciência*: sociologia e ideologia da ciência. Rio de Janeiro: Zahar, 1978. (Textos Básicos de Ciências Sociais). p. 53-80.

c) Tratando-se de referência de contribuição assinada em enciclopédias, dicionários etc., indicar o autor.

d) Tratando-se de contribuição não assinada em enciclopédias, dicionários etc.:

Indução: In: ABBAGNANO, N. *Dicionário de filosofia*. São Paulo: Mestre Jou, 1970. p. 529-33.

e.4. Observações quanto à edição do documento

1. Só é indicada a partir da 2ª edição, sempre imediatamente após o título do documento da seguinte forma: 2. ed.

   CERVO, Amado L.; BERVIAN, Pedro A. *Metodologia cien-tífica*. 2. ed. rev. ampl. São Paulo: McGraw-Hill do Brasil, 1977. 146 p.

2. Se, numa nova edição, tiverem ocorrido alterações substanti-vas, elas devem ser indicadas, de forma abreviada.

   SEVERINO, Antônio J. *Metodologia do trabalho científico*. 23. ed. rev. e ampl. São Paulo: Cortez, 2007.

3. Reimpressões de uma mesma edição não precisam ser indica-das em trabalhos acadêmicos, uma vez que nesses casos não ocorrem alterações substanciais no texto como tal.

e.5. Observações quanto ao local de publicação

1. Dado importante para a identificação do texto, o nome da cidade em que o documento é editado indica-se como apare-ce no texto: São Paulo, Stuttgart, New York. Em referências bibliográficas de trabalhos científicos, não se aportuguesam os nomes de cidades estrangeiras mesmo que existam cor-respondentes em português, nomes aportuguesados que podem ser usados no corpo do texto ou em referências de divulgação.

2. Ocorrendo nomes homônimos de cidades, acrescenta-se, abreviado, o nome dos respectivos países, na mesma língua:

San Juan, Chile.

San Juan, Puerto Rico.

3. Ocorrendo duas ou mais cidades, cita-se apenas o nome da primeira; contudo, citam-se todas quando em cada cidade situar-se uma editora diferente.

Porto Alegre-São Paulo: Globo-Edusp.

4. Não constando explicitamente o local da publicação, usa-se a expressão [s.l.] (sem local) para assinalar tal fato; sendo possível identificar de alguma maneira o local, deve constar da referência, entre colchetes.

e.6. Observações quanto à editora

1. O nome da editora consta da referência tal como se apresenta no documento, eliminando-se os elementos jurídicos ou comerciais desnecessários à sua identificação. Em alguns casos, mantém-se a abreviação Ed.:

Anhembi.

Ed. da Universidade de São Paulo.

Civilização Brasileira.

Cortez Editora.

2. Havendo mais de uma editora, pode-se indicar apenas a primeira; contudo, é preferível indicar ambas. Isto ocorre também quando a obra é publicada em coedição ou com participação de outras instituições:

LÉVI-STRAUSS, Claude. *As estruturas elementares do parentesco*. Petrópolis: Vozes-Edusp, 1976. 542 p.

MORAIS, João Francisco Regis de. *Ciência e tecnologia*: uma introdução metodológica e crítica. São Paulo-Campinas: Cortez & Moraes: Instituto de Filosofia e Teologia. PUCC, 1977.

3. Mesmo não constando explicitamente da obra, a editora, se identificada por alguma via indireta, pode ser citada entre colchetes; não sendo identificada, coloca-se o nome do impressor; faltando também este, colocar: [s.n.] entre colchetes, *sine nomine*.

4. Quando a editora é a mesma entidade responsável pela autoria da obra, não é necessário indicá-la.

UNIVERSIDADE DE SÃO PAULO. *Catálogo de teses*. São Paulo, SP, 1998. 250 p.

e.7. Observações quanto à data

1. No caso de publicações em que se indica apenas o ano, usar algarismos arábicos seguidos: 1977 e não 1 977, 1.977 ou MCMLXXVII.

2. Se nenhuma data puder ser determinada, registra-se uma data aproximada entre colchetes:
   - [1981?] para ano provável
   - [197-] para década certa
   - [197-?] para década provável
   - [18--] para século certo
   - [18--?] para século provável
   - [ca.1960] para data aproximada
   - [1985 ou 1986] um ano ou outro

3. Nas citações de publicações periódicas, os meses são resumidos pelas três primeiras letras, excetuando-se "maio", que mantém as quatro letras; quando se unem vários meses para se indicar um período, ligá-los por uma barra, conforme exemplo: jan./mar.

e.8. Observações quanto à indicação do número de páginas

1. O número total de páginas é a última informação de uma referência bibliográfica, número que vem acompanhado da abreviatura p.

Ex.: 350 p.

2. O número de páginas de um texto quando é parte de um outro texto é indicado da seguinte maneira:

p. 25-30.

e.9. Observações gerais sobre alguns casos especiais

1. *Enciclopédias, publicações de congressos etc.*

Quando se quer citar a obra como um todo, a entrada da referência é pelo próprio título, eliminando-se eventuais artigos ou partículas:

ENCICLOPÉDIA DELTA-LAROUSSE

ANAIS DO III CONGRESSO NACIONAL DE FILOSOFIA

2. *Teses não publicadas*

Segue-se a mesma caracterização do livro, indicando-se, porém, sua natureza, instituição, entre parênteses, ao final:

BUFFA, Ester. *Crítica histórica das ideologias subjacentes ao conflito escola particular escola pública (1956-1961)*. 1975. 154 p. Dissertação (Mestrado em Educação) Unimep. Piracicaba.

3. Escritos mimeografados

São citados em trabalhos científicos desde que suficientemente identificados, pressupondo-se seu valor intrínseco:

> ROXO, Roberto M. *História da filosofia*: pré-socráticos e Sócrates. São Paulo: Faculdades Associadas do Ipiranga, s.d. 53 p. (Mimeo)

4. Citação de volume de uma coleção

Quando se quer citar um volume com título específico de uma coleção de vários volumes, proceder da seguinte maneira:

> BOUVERESSE, J. e outros. O século XX. In: CHATELET, François. *História da filosofia*: ideias e doutrinas. Rio de Janeiro: Zahar, 1974. v. 8, 324 p.

Se o volume a ser citado não tiver título próprio, sendo ou não do mesmo autor, proceder do seguinte modo:

> ABBAGNANO, Nicola. *História da filosofia*. Lisboa: Editorial Presença, 1970. v. 5. 320 p.

5. Citação de trabalhos publicados em Anais ou Atas de Congressos etc.

Proceder assim:

> MORAIS, João Francisco Regis de. Cultura, contracultura e educação. In: II SEMANA INTERNACIONAL DE FILOSOFIA. Petrópolis. 1974. *Atas*. Filosofia e realidade brasileira. v. 2. Rio de Janeiro: Sociedade Brasileira de Filósofos Católicos, 1976. p. 122-130.

e.10. Referenciação bibliográfica de documentos registrados em fontes eletrônicas

Os meios tecnoeletrônicos e informáticos só podem ser usados e citados como fontes de documentação científica quando produzidos sob forma pública. Assim, um dispositivo removível particular, um vídeo, quando produzidos privadamente, não podem ser citados como fontes, pois sem as referências públicas os outros pesquisadores não teriam como localizá-los e acessá-los. Toda fonte de referenciação científica precisa ser acessível aos demais pesquisadores. Os dados constantes da referência devem ser aptos a fornecer a via de acesso completa à fonte. Por isso, mensagens constantes de *e-mails*, analogamente ao que acontece com as cartas pessoais, não devem ser referenciadas diretamente pelos autores: o texto deve ser impresso e anexado ao trabalho, quando for o caso.

No Projeto NBR 6023:2002, a ABNT estabeleceu as normas que regulam as referenciações de documentos de acesso exclusivo em meio eletrônico. Trata-se das bases de dados, das listas de discussão, de arquivos em disco rígido, em dispositivos removíveis. As referências devem conter os elementos essenciais: autor, denominação do serviço ou produto, indicações de responsabilidade, endereço eletrônico e data de acesso.

1. *Documentos e dados da Rede Internet*

Indicar o *site*, os *links* e as especificações do trabalho. A entrada deve ser pelo nome do autor da matéria, quando existe. A data deve constar do documento ou, então, deve-se indicar a data em que ele foi acessado. Para evitar fusão da data ao endereço, aconselha-se colocá-la logo após o nome do autor ou da própria matéria, deixando o endereço da localização na rede para o fim. Exemplos:

ASPIS, Renata P. L. Avaliar é humano, avaliar humaniza. Disponível em: <http://www.cbfc.com.br/reflexão.htm>. Acesso em: 20 dez. 2001.

CARLOS, Cássio S. (1997) As ideias do Norte. Disponível em: <http://www.uol.com.br/fsp/mais/fs121004.htm>. Acesso em: 13 ago. 1999.

MOURA, Gevilacio A. C. de (1996). Citações e referências a documentos eletrônicos. Disponível em: <http://www. elogica.com.br/users/gmoura/refere/html>. Acesso em: 15 dez. 2000.

Observações:

1.1. As referências, quando feitas ao longo do texto, devem ser registradas de modo análogo ao que se aplica quando de fontes impressas: (MOURA, 1996, p. 5). Isto remete o leitor para a Bibliografia final, onde o texto de Moura deve aparecer junto aos títulos das outras fontes.

1.2. Para referenciar uma *home page*, como tal, sem que se esteja citando uma matéria em particular, deve-se dar a entrada seja pelo nome da entidade a que se liga a página, seja pelo assunto geral da página.

Exemplos:

GT-CURRÍCULO/ANPED. Disponível em: <http://www.ufrgs.br/faced/gtcurric>. Acesso em: 23 jun. 2000.

Associação Nacional de Pós-graduação em Educação: www.anped.org.br

Universidade de São Paulo: www.usp.br

1.3. Documentos podem ser referenciados quando disponíveis nas Listas de Discussão, pois, embora tendo a forma de correio eletrônico, estas listas são coletivas e públicas e podem ser divulgadas. Exemplo:

DUARTE, Newton. Avaliação Capes. eduforum@uerj.br. Acesso em: 23 ago. 2001.

1.4. Em referências desta natureza, onde as fontes se assemelham mais a jornais do que a livros ou periódicos, é melhor registrar a data completa, indicando dia, mês e ano.

2. *Material gravado em CD-ROM*

2.1. Quando se trata do conjunto do material gravado no CD:

Timbalada. Carlinhos Brown e Wesley Rangel. n. 518068-2 Philips/Polygram. s/l, s/d. 1 CD-ROM

Anped. São Paulo, Anped/Inep/Ação Educativa, 1996. 1 CD-ROM.

Anais/Resumos da 53ª. Reunião Anual da SBPC. Salvador: SBPC, 2001. 1 CD-ROM.

2.2. Quando se trata de citar apenas uma parte, uma música, por exemplo:

Maria Bonita. Caetano veloso. *Fina Estampa*. Faixa 3, n. 522745-2 Polygram. s/d. 1 CD-ROM.

3. *Material gravado em disquete*

3.1. Quando se trata de uma unidade completa:

Anped/20a. Reunião Anual. GT-17 Filosofia da Educação. Caxambu-MG, 1997. 1 disquete 3 pol.

3.2. Quando se trata de parte de gravação:

GALLO, Sílvio. Subjetividade, ideologia e educação. *Anped/20a. Reunião Anual*. GT 17. Filosofia da Educação. 1997. Diretório: GT 17/Trabalhos/gallo.doc. 1 disquete, 3 pol.

4. *Material gravado em vídeo*

Exemplos:

O *enigma de Kaspar Hauser*. Dir. Werner Herzog. Cinematográfica FJ. São Paulo, 1990. FJ-101.

Conimbriga: ao encontro da história. Conimbriga, Portugal. Duvideo, junho. 1993. n. 353293E.

O piano. Dir. Jane Campion. França/Austrália. Videoteca Folha, n. 3. São Paulo, 1992.

5. *Material gravado em fita cassete*

5.1. Quando se deve indicar a fita no seu conjunto:

Maria Bethania e Caetano Veloso ao vivo. N. 7128265. Philips. s/d

5.2. Quando se trata de citar apenas uma faixa:

Caetano Veloso. Carcará. In: *Maria Bethania e Caetano Veloso ao vivo.* N. 7128265. Philips. s/d

AS EXIGÊNCIAS ÉTICAS DA PESQUISA

As pesquisas que envolvem seres humanos, além de dever cumprir as exigências éticas gerais de toda atividade científica e aquelas ligadas à ética profissional da área de atuação profissional do pesquisador, devem atender ainda a aspectos éticos específicos, tais como estão especificados na Resolução 466, do Conselho Nacional de Saúde. Desse modo, ao preparar o seu projeto de pesquisa, quando envolvendo sujeitos humanos, o pesquisador deve pautar-se igualmente nas diretrizes e normas dessa Resolução, uma vez que o seu projeto passará por apreciação de um Comitê de Ética autônomo, criado nas Instituições para esse fim. O estabelecimento dessas diretrizes e a criação dos comitês têm em vista assegurar "o respeito pela dignidade humana e pela especial proteção devida aos participantes das pesquisas científicas envolvendo seres humanos".

De acordo com os termos da Resolução, a eticidade da pesquisa implica os seguintes quesitos: 1. autonomia: consentimento livre e esclarecido dos indivíduos-alvo e a proteção a grupos vulneráveis e aos legalmente incapazes, de modo que sejam tratados com dignidade, respeitados em sua autonomia, e defendê-los em sua vulnerabilidade; 2. beneficência: ponderação entre riscos e benefícios, tanto atuais como potenciais, individuais ou coletivos, comprometendo-se com o máximo de benefícios e o mínimo de danos e riscos; 3. não maleficência: garantir que danos previsíveis serão evitados; 4. justiça e equidade: fundar-se na relevância social da pesquisa.

As instituições de qualquer natureza, nas quais se realizam pesquisas envolvendo pessoas, deverão constituir seu Comitê de Ética em Pesquisa. Caso ainda não esteja instalado, o pesquisador deve recorrer a Comitê de outra Instituição congênere. Inclusive as agências de financiamento passarão a exigir que os projetos sejam acompanhados de parecer de aprovação por Comitê de Ética.

De sua parte, os pesquisadores – seja quando da realização de suas pesquisas para obtenção de títulos acadêmicos, seja quando fazendo investigações institucionais que envolvam pessoas humanas como sujeitos pesquisados – devem providenciar o encaminhamento prévio de seus projetos para apreciação por parte do Comitê de Ética da instituição onde a pesquisa se realizará.

IV.3 – O Termo de Consentimento Livre e Esclarecido deverá conter, obrigatoriamente:

a) a justificativa, os objetivos e os procedimentos que serão utilizados na pesquisa, com o detalhamento dos métodos a serem utilizados, informando a possibilidade de inclusão em grupo controle ou experimental, quando aplicável;

b) explicitação dos possíveis desconfortos e riscos decorrentes da participação na pesquisa, além dos benefícios esperados dessa participação e apresentação das providências e cautelas a serem empregadas para evitar e/ou reduzir efeitos e condições adversas que possam causar dano, considerando características e contexto do participante da pesquisa;

c) esclarecimento sobre a forma de acompanhamento e assistência a que terão direito os participantes da pesquisa, inclusive considerando benefícios e acompanhamentos posteriores ao encerramento e/ ou a interrupção da pesquisa;

d) garantia de plena liberdade ao participante da pesquisa, de recusar-se a participar ou retirar seu consentimento, em qualquer fase da pesquisa, sem penalização alguma;

e) garantia de manutenção do sigilo e da privacidade dos participantes da pesquisa durante todas as fases da pesquisa;

f) garantia de que o participante da pesquisa receberá uma via do Termo de Consentimento Livre e Esclarecido;

g) explicitação da garantia de ressarcimento e como serão cobertas as despesas tidas pelos participantes da pesquisa e dela decorrentes; e

h) explicitação da garantia de indenização diante de eventuais dan os decorrentes da pesquisa.

Resolução 466/2012, do Conselho Nacional de Saúde. Ministério da Saúde

As Modalidades de Trabalhos Científicos

5

As diretrizes metodológicas apresentadas neste livro, embora bastante práticas, são gerais e podem presidir a qualquer trabalho de natureza científica. Como tais, são universais e devem ser aplicadas a todos os escritos que se destinam à comunicação das descobertas de informações científicas.

Todavia, apesar do caráter universal de estruturação lógica e de organização metodológica, os trabalhos científicos diferenciam-se em função principalmente de seus objetivos e da natureza do próprio objeto abordado, assim como em função de exigências específicas de cada área do saber humano.

Após a exposição das normas para qualquer trabalho científico, é conveniente fazer rápida referência aos principais tipos de trabalhos científicos comumente solicitados nos vários momentos da vida do estudioso e aos quais as várias normas, sobretudo as de natureza técnica, devem adaptar-se adequadamente.

5.1. TRABALHO CIENTÍFICO E MONOGRAFIA

O termo *monografia* designa um tipo especial de trabalho científico. Considera-se monografia aquele trabalho que reduz sua abordagem a um único assunto, a um único problema, com um tratamento especificado (SALOMON, 1973, p. 219).

Por isso, o uso deste termo para designar uma série de trabalhos escolares, ainda que resultantes de investigação científica, testemunha a incorreta generalização do conceito.

> A tese de doutorado e a dissertação de mestrado, no contexto da vida acadêmica, e os trabalhos resultantes de pesquisas rigorosas são exemplos de monografias científicas. Contudo, como são trabalhos desenvolvidos quase sempre no âmbito de cursos de pós-graduação, serão abordados no capítulo seguinte.

Os trabalhos científicos serão monográficos na medida em que satisfizerem à exigência da especificação (SALOMON, 1973, p. 219), ou seja, na razão direta de um tratamento estruturado de um único tema, devidamente especificado e delimitado. O trabalho monográfico caracteriza-se mais pela unicidade e delimitação do tema e pela profundidade do tratamento do que por sua eventual extensão, generalidade ou valor didático (SALVADOR, 1971, p. 167-168).

No momento, são abordadas aquelas formas de trabalho exigidas dos alunos durante os cursos de graduação e mesmo de pós-graduação, mas como partes das atividades do processo didático, integrantes do processo de escolaridade. É a estes trabalhos que devem ser aplicadas as diretrizes metodológicas, técnicas e lógicas de que se tratou até agora. Tais são os assim chamados "trabalhos de pesquisa", "trabalhos de aproveitamento", os relatórios de estudo, os roteiros de seminários, os resumos de capítulos ou de livros e as resenhas ou recensões bibliográficas. Esses trabalhos são exigíveis e exigidos durante os cursos de graduação, como parte do próprio processo didático, ao contrário das dissertações, teses e ensaios que, embora possam ser trabalhos acadêmicos, são resultados de uma pesquisa ampla, profunda, rigorosa, autônoma e pessoal.

5.2. OS TRABALHOS DIDÁTICOS

Exigidos sobretudo nos cursos de graduação como tarefas da própria escolaridade, são relatórios científicos de estudos realizados pelos alunos. Ainda fazem parte intrínseca da formação técnica ou científica do estudante, já que levam os alunos a buscar, nas devidas fontes, elementos complementares àqueles adquiridos no próprio curso. Esses trabalhos didáticos não podem ser deixados à pura espontaneidade criativa do aluno. Nesta fase, a exploração do patrimônio cultural e da realidade contextual é uma exigência imprescindível do processo didático-pedagógico do ensino superior. Como já se insistiu bastante nos capítulos anteriores, é através desse tipo de trabalho que o estudante, além de ampliar seus conhecimentos, se iniciará no método da pesquisa e da reflexão. Um dos intuitos deste livro é fornecer diretrizes para o "trabalho de aproveitamento", "trabalho de pesquisa", "minimonografias", tão solicitados nas escolas superiores, mas que, por falta de orientação adequada, não passam de colagens malfeitas de textos alheios.

Dependendo do nível em que se encontra o estudante, dos objetivos do curso e do próprio trabalho, ele poderá ser mais ou menos monográfico. Não se exige originalidade nestes trabalhos: são geralmente recapitulativos, com síntese de posições encontradas em outros textos ou em outras pesquisas. O que qualifica este tipo de trabalho é o uso correto do material preexistente, a maneira adequada de tratá-lo para que traga alguma contribuição inteligente à aprendizagem. Nesta categoria são incluídos os chamados "comunicados científicos" (SALVADOR, 1971, p. 161), trabalhos baseados em pesquisas de campo ou experimentais.

Com a mesma finalidade didática, terão variados níveis de profundidade e o mesmo rigor na expressão. Igualmente, as "memórias" de fim de curso são trabalhos científicos de maior nível de aprofundamento e de pesquisa que retomam a temática estudada durante um curso de formação específica.

5.3. O TCC – TRABALHO DE CONCLUSÃO DE CURSO

O Trabalho de Conclusão de Curso é parte integrante da atividade curricular de muitos cursos de graduação, constituindo assim uma iniciativa acertada e de extrema relevância para o processo de aprendizagem dos alunos. Para a grande maioria, ele representa a primeira experiência de realização de uma pesquisa. Como vivência de produção de conhecimento, contribui significativamente para uma boa aprendizagem.

Deve ser entendido e praticado como um trabalho científico e as diretrizes para a sua realização são as que foram apresentadas no capítulo quarto. Mas, contando com um orientador, o aluno terá também um acompanhamento personalizado e direto na condução de suas atividades de pesquisa.

Articulado ao próprio conteúdo do curso, as disciplinas e o convívio com os professores, no ambiente acadêmico, o aluno terá oportunidade de formular o seu projeto e de desenvolvê-lo ao longo de alguns anos, cumprindo um cronograma articulado com o planejamento do próprio curso, de comum acordo com o orientador.

Pode ser um trabalho teórico, documental ou de campo. Quaisquer que sejam as perspectivas de abordagem, a atividade visa articular e consolidar o processo formativo do aluno pela construção do conhecimento científico em sua área.

Embora o TCC tenha regulamentações específicas nas diversas instituições de ensino, em alguns casos, é prevista também apresentação e defesa públicas do trabalho, por banca examinadora própria, como via de sua avaliação final.

O texto final do trabalho tem estrutura e apresentação de acordo com os padrões gerais de todo trabalho científico (cap. 4), complementadas por eventuais diretrizes específicas definidas pela própria instituição do curso.

5.4. O RELATÓRIO DA PESQUISA DE INICIAÇÃO CIENTÍFICA

Outra significativa experiência de atividade científica, que vem ganhando cada vez mais espaço no ensino de graduação, é aquela desenvolvida no âmbito do Programa de Iniciação Científica (PIBIC). Inicialmente, lançado pelo CNPq, hoje é um programa que conta com a promoção de outras agências de fomento, particularmente pelas FAPs (Fundações de Apoio à Pesquisa), estaduais, diferenciando-se pelo fato de que estão vinculadas a uma bolsa, subsídio financeiro para que o aluno possa se dedicar mais intensamente à investigação, sendo também acompanhadas e avaliadas por comissões especializadas.

> Para conhecer mais a experiência, no Brasil, da prática da Iniciação científica, seu significado, resultados e alcance, consulte CALAZANS, Julieta (Org.). *Iniciação científica*: construindo o pensamento crítico. São Paulo: Cortez, 1999.

No Programa de Iniciação Científica, o graduando ou desenvolve um projeto pessoal, sob a supervisão de um orientador, ou então participa do desenvolvimento do projeto de pesquisa do próprio orientador, cumprindo um programa de trabalho integrado a esse projeto.

Em ambos os casos, a atividade deve levar à condução de uma investigação cujo resultado será a elaboração de um trabalho com a formatação do trabalho científico, de acordo com as diretrizes tratadas no capítulo anterior.

5.5. RESUMOS E RESENHAS

Outro tipo de trabalho didático comumente exigido em escolas superiores é o resumo ou síntese de textos, seja de toda uma obra ou de um único capítulo. É o que se faz, muitas vezes, quando do fichamento de livro.

Não se trata propriamente de um trabalho de elaboração, mas de um trabalho de extração de ideias, de um exercício de leitura que nem por isso deixa de ter enorme utilidade didática e significativo interesse científico.

> Pode-se falar do resumo como síntese de um texto, qualquer que seja sua natureza, e de resumo técnico como modo de apresentação de um trabalho, com configuração específica.

O resumo do texto é, na realidade, uma síntese das *ideias* e não das *palavras* do texto. Não se trata de uma "miniaturização" do texto. Resumindo um texto com as próprias palavras, o estudante mantém-se fiel às ideias do autor sintetizado.

Não se deve confundir este resumo/síntese, muitas vezes exigido como trabalho didático, com o resumo técnico-científico de que se tratará mais adiante (p. 220, item 5.9.). Com aquele formato, o resumo é solicitado em situações acadêmicas e científicas especiais.

Resenha, recensão de livros ou análise bibliográfica é uma síntese ou um comentário dos livros publicados feito em revistas especializadas das várias áreas da ciência, das artes e da filosofia. As resenhas têm papel importante na vida científica de qualquer estudante e dos especialistas, pois é através delas que se toma conhecimento prévio do conteúdo e do valor de um livro que acaba de ser publicado, fundando-se nesta informação a decisão de se ler o livro ou não, seja para o estudo, seja para um trabalho em particular. As resenhas permitem, como já se viu (Cf. p. 159 ss.), operar uma triagem na bibliografia a ser selecionada quando da leitura de documentação para a elaboração de um trabalho científico. Igualmente, são fundamentais para a atualização bibliográfica do estudioso e deveriam, numa vida científica organizada, passar para o arquivo de documentação bibliográfica ou geral da área de especialização do estudante (Cf. p. 73-74).

Uma resenha pode ser puramente *informativa*, quando apenas expõe o conteúdo do texto; é crítica quando se manifesta sobre o valor e o alcance do texto analisado; é crítico-informativa quando expõe o conteúdo e tece comentários sobre o texto analisado.

A resenha estrutura-se em várias partes lógico-redacionais. Abre-se com um *cabeçalho*, no qual são transcritos os dados bibliográficos completos da publicação resenhada; uma pequena *informação sobre o autor* do texto, dispensável se o autor for muito conhecido; uma *exposição sintética do conteúdo do texto*, que deve ser objetiva e conter os pontos principais e mais significativos da obra analisada, acompanhando os capítulos ou parte por parte. Deve passar ao leitor uma visão precisa do conteúdo do texto, de acordo com a análise temática, destacando o assunto, os objetivos, a ideia central, os principais passos do raciocínio do autor (Cf. p. 60-62). Finalmente deve conter um *comentário crítico*. Trata-se da avaliação que o resenhista faz do texto que leu e sintetizou. Essa avaliação crítica pode assinalar tanto os aspectos positivos quanto os aspectos negativos do texto. Assim, pode-se destacar a contribuição que o texto traz para determinados setores da cultura, sua qualidade científica, literária ou filosófica, sua originalidade etc.; negativamente, pode-se explicitar as falhas, incoerências e limitações do texto.

Esse comentário é normalmente feito como último momento da resenha, após a exposição do conteúdo. Mas pode ser distribuído difusamente, junto com os momentos anteriores: expõe-se e comenta-se simultaneamente as ideias do autor.

As críticas devem ser dirigidas às ideias e posições do autor, nunca a sua pessoa ou às suas condições pessoais de existência. Quem é criticado é o pensador/autor e suas ideias, e não a pessoa humana que as elabora.

É sempre bom contextuar a obra a ser analisada, no âmbito do pensamento do autor, relacionando-a com seus outros trabalhos e com as condições gerais da cultura da área, na época de sua produção.

Na medida em que o resenhista expõe e aprecia as ideias do autor, ele estabelece um diálogo com este autor. Nesse sentido, o resenhista pode até mesmo expor suas próprias ideias, defendendo seus pontos de vista, coincidentes ou não com aqueles do autor resenhado.

5.6. O ENSAIO TEÓRICO

O trabalho científico pode ainda assumir a forma de ensaio. Em nossos meios, este tipo de trabalho é concebido "como um estudo bem desenvolvido, formal, discursivo e concludente" (SALVADOR, 1971, p. 163), consistindo em exposição lógica e reflexiva e em argumentação rigorosa com alto nível de interpretação e julgamento pessoal. No ensaio há maior liberdade por parte do autor, no sentido de defender determinada posição sem que tenha de se apoiar no rigoroso e objetivo aparato de documentação empírica e bibliográfica, como acontecia nos tipos anteriores de trabalho. Às vezes, são encontradas teses, sobretudo de livre-docência e mesmo de doutorado, com características de ensaio que são bem aceitas devido a seu rigor e à maturidade do autor. De fato, o ensaio não dispensa o rigor lógico e a coerência de argumentação e por isso mesmo exige grande informação cultural e muita maturidade intelectual. Daí muitos dos grandes pensadores preferirem esta forma de trabalho para expor suas ideias científicas ou filosóficas.

5.7. OS RELATÓRIOS TÉCNICOS DE PESQUISA

Muitas vezes, no decorrer de sua vida acadêmica, o pesquisador é instado a apresentar Relatório de andamento ou de conclusão da pesquisa que vem fazendo ou que então está concluindo. Trata-se comumente de exigência institucional, oriunda seja de agências de fomento – no caso de bolsas ou de financiamento de projetos –, seja de órgãos da própria instituição a que o pesquisador é vinculado. Pode ser solicitado também em função de exames de qualificação, no caso de alunos de cursos de pós-graduação.

Os Relatórios de pesquisa, assim como os Relatórios de outras atividades, não devem ser confundidos com o Memorial. O Relatório, além de se referir a um projeto ou a um período em particular, visa pura e simplesmente historiar seu desenvolvimento, muito mais no sentido de apresentar os caminhos percorridos, de descrever as atividades realizadas e de apreciar os resultados – parciais ou finais – obtidos. Obviamente deve sintetizar suas conclusões e os resultados até então conseguidos, sem, no entanto, a necessidade de conter análises e reflexões mais desenvolvidas, como é o caso no Memorial.

O Relatório pode se iniciar com uma retomada dos objetivos do próprio projeto, passando, em seguida, à descrição das atividades realizadas e dos resultados obtidos. Se couber, como no caso dos Relatórios de andamento, deve ser encerrado com a programação das próximas etapas da continuidade da pesquisa. E não basta dizer que a pesquisa terá prosseguimento, é preciso detalhar e discriminar as várias atividades distribuídas nas várias etapas desse prosseguimento.

Cópias dos produtos parciais – como transcrições de entrevistas, capítulos já elaborados, dados registrados e tabulados – podem ser anexadas ao Relatório, no qual devem ter sido sintetizados, não sendo, pois, necessário que tais produtos integrem o texto do Relatório em si.

5.8. ARTIGOS CIENTÍFICOS

Destinados especificamente a serem publicados em revistas e periódicos científicos, esta modalidade de trabalho tem por finalidade registrar e divulgar, para público especializado, resultados de novos estudos e pesquisas sobre aspectos ainda não devidamente explorados ou expressando novos esclarecimentos sobre questões em discussão no meio científico.

O artigo tem a estrutura comum ao trabalho científico em geral, mas quando relacionado aos resultados de uma pesquisa, deve destacar os objetivos, a fundamentação e a metodologia desta, seguindo-se a análise dos dados envolvidos e as conclusões a que se chegou, completando-se com o registro das referências bibliográficas e documentais.

Quanto à formatação técnica do texto, as revistas e periódicos costumam estabelecer normas específicas para a publicação dos artigos, cabendo ao autor se inteirar delas antes de enviar seu trabalho à editoria.

5.9. RESUMOS TÉCNICOS DE TRABALHOS CIENTÍFICOS

O Resumo em questão consiste na apresentação concisa do conteúdo de um trabalho de cunho científico (livro, artigo, dissertação, tese etc.) e tem a finalidade específica de passar ao leitor uma ideia completa do teor do documento analisado, fornecendo, além dos dados bibliográficos do documento, todas as informações necessárias para que o leitor/ pesquisador possa fazer uma primeira avaliação do texto analisado e dar-se conta de suas eventuais contribuições, justificando a consulta do texto integral.

O que deve conter o Resumo? Atendo-se à ideia central do trabalho, o Resumo deve começar informando qual a natureza do trabalho, indicar o objeto tratado, os objetivos visados, as referências teóricas de apoio, os procedimentos metodológicos adotados e as conclusões/ resultados a que se chegou no texto. Responde assim às questões: De que natureza é o trabalho analisado (pesquisa empírica, pesquisa teórica, levantamento documental, pesquisa histórica etc.)? Qual o objeto pesquisado/estudado? O que se pretendeu demonstrar ou constatar? Em que referências teóricas se apoiou o desenvolvimento do raciocínio? Mediante quais procedimentos metodológicos e técnico-operacionais se procedeu? Quais os resultados conseguidos em termos de atingimento dos objetivos propostos?

Quando o trabalho tem a natureza de um ensaio, no qual o autor esteja expondo ideias ou opiniões, o Resumo poderá ter teor de cunho mais temático, assumindo o perfil de síntese do conteúdo nele trabalhado, atendo-se então mais ao objeto sobre o qual versa o texto. Mesmo que estas ideias tenham surgido de pesquisa pregressa, não há necessidade de retomar os elementos técnicos do Resumo. A finalidade precípua do Resumo é passar ao leitor uma visão do tema tratado e da argumentação desenvolvida na sua apresentação.

Qual o perfil do Resumo? O texto do Resumo deve ser composto de um único parágrafo, com uma extensão entre 200 e 250 palavras, ou seja, de 1.400 a 1.700 caracteres, computando-se todos os seus elementos. Limitando-se a expor objetivamente o conteúdo do texto, não deve conter opiniões ou observações avaliativas, nem conter desdobramentos explicativos. Inicia-se com a referenciação bibliográfica do documento e se encerra com a indicação dos cinco unitermos temáticos mais significativos do texto. A formatação do texto (indicação da fonte, do tipo de letra, seu tamanho, espaço interlinear, margens etc.) fica a critério dos organizadores e na dependência do tipo de publicação em que os Resumos serão divulgados.

5.9.1. Ementa

Não se deve confundir com o Resumo outra modalidade de se sintetizar um texto ou documento. Trata-se da Ementa que, no meio acadêmico, muitas vezes faz o papel do resumo. A Ementa limita-se a enunciar os principais tópicos da exposição de determinado conteúdo. É uma figura surgida no campo jurídico: toda decisão judicial, quando registrada e publicada, deve conter Ementa, ou seja, uma breve enunciação do conteúdo da decisão, feita de forma clara e concisa. Apropriada pelo discurso acadêmico, a Ementa é usada sobretudo para enunciar o conteúdo de uma disciplina, elencando sob a forma de tópicos ou discursivamente os itens e temas a serem abordados nela. O uso da Ementa é adequado para unidades textuais cujo conteúdo tenha caráter mais objetivo, pois ela traz mais informações do que argumentações. Daí sua presença no discurso jurídico (leis, acórdãos, pareceres) e acadêmico (disciplinas, cursos). Não visa colocar uma problematização para o leitor, apenas informá-lo de determinado conteúdo.

A RESENHA BIBLIOGRÁFICA

Uma resenha comporta várias partes lógico-redacionais:

Cabeçalho: transcreve os dados bibliográficos completos da publicação resenhada.

Pequena **Informação sobre o autor do texto**. Dispensável se o autor for muito conhecido.

Exposição sintética do conteúdo do texto. Esta exposição deve ser objetiva e conter os pontos principais e mais significativos da obra analisada. Pode seguir capítulo ou parte por parte. Deve passar ao leitor uma visão precisa do teor do texto.

Comentário crítico. Trata-se da avaliação que o resenhista faz do texto que leu e sintetizou. Essa avaliação crítica pode assinalar tanto os aspectos positivos quanto os aspectos negativos. Assim, pode-se destacar a contribuição que o texto está trazendo para determinados setores da cultura, sua qualidade científica, literária ou filosófica, sua originalidade etc.; negativamente, pode-se explicitar as falhas, incoerências e limitações do texto.

As críticas devem ser dirigidas às ideias e posições do autor, nunca a sua pessoa ou às suas condições pessoais de existência. Quem é criticado é o pensador/autor e suas ideias e não sua pessoa. É sempre bom contextuar a obra a ser analisada, no âmbito do pensamento do autor, relacionando-a com seus outros trabalhos e com as condições gerais da cultura da área, na época de sua produção.

Na medida em que o resenhista expõe e aprecia as ideias do autor, ele estabelece um diálogo com este autor. Nesse sentido, o resenhista pode até mesmo expor suas próprias ideias, defendendo seus pontos de vista, coincidentes ou não com aqueles do autor resenhado.

Como construir a resenha? Com relação à elaboração de uma resenha, ter presente as seguintes orientações: o cabeçalho é composto pelos dados bibliográficos do livro, a fim de se ter a identificação do texto a ser resenhado. Transcritos esses dados, construir a resenha dando os passos que se seguem. Não há necessidade de capas, páginas de rosto etc.

Fazer algumas considerações introdutórias, contextuantes, para se criar um clima, dando a entender qual o âmbito do problema que o livro vai discutir.

Em seguida trazer algumas informações sobre o autor: quem é ele, qual sua área de formação e de especialização, se já publicou outras obras, quais suas principais posições, para que escreve o atual livro etc.

Num momento seguinte, retomar e expor os principais elementos do conteúdo do livro, acompanhando o raciocínio do autor. Não é preciso detalhar muito. Se for o caso, destacar algum ponto mais relevante.

Concluir com algumas considerações finais, inclusive críticas. Trata-se de um livro importante? Por quê? Traz alguma contribuição? Para quem? Vale a pena ser lido? Por quê? Quem deve lê-lo? As posições do autor são coerentes, sólidas? São originais ou o autor é repetitivo? Etc.

No decorrer do texto, pode-se inserir pequenas passagens, quando relevantes e ilustrativas, colocando-as entre aspas e citando a página de onde foram transcritas. Mas não se deve fazer citações de outras fontes nem inserir outras referências bibliográficas. Também os comentários e apreciações podem ser distribuídos ao longo do texto, quando oportuno.

A Atividade Científica na Pós-Graduação | 6

Nos últimos vinte anos, consolidou-se o desenvolvimento dos cursos de pós-graduação no Brasil, nos moldes da legislação específica. Regulamentada a matéria pelas várias instituições, observa-se que, em todos os modelos adotados, se faz presente particular atenção às tarefas de pesquisa em sentido abrangente. A pós--graduação foi instituída com o objetivo de criar condições para a pesquisa rigorosa nas várias áreas do saber, desenvolvendo a fundamentação teórica, a reflexão, o levantamento rigoroso de dados empíricos da realidade, objetivo das várias ciências, assim como o melhor conhecimento desta realidade. Enfim, a ciência se faz em todas as frentes e não apenas se transmite. Com isto se visa fundamentalmente à qualificação do corpo docente do ensino superior, a preparação de pesquisadores e profissionais de alto nível, bem como o amadurecimento intelectual e o aprofundamento teórico de lideranças sociais.

A legislação básica para pós-graduação no Brasil encontra-se nos pareceres 977/65 e 77/69, do Conselho Federal de Educação.

Atualmente, cabe à CAPES (Coordenação de Aperfeiçoamento do Pessoal de Nível Superior) acompanhar e avaliar o desempenho desse setor do sistema educacional. No Portal dessa agência **(www.capes.gov. br)**, encontram-se disponíveis todas as informações sobre os Programas de Pós-graduação bem como toda a legislação pertinente, incluindo o Plano Nacional de Pós-graduação, PNPG 2011-2020.

Tanto no mestrado como no doutorado, a pós-graduação, *stricto sensu* como é aqui considerada, exige, além do cumprimento de determinada escolaridade, a realização de uma pesquisa que se traduza, respectivamente, na dissertação e na tese. Trata-se de concretizar os objetivos justificadores deste nível de ensino: abordar determinada problemática mediante exigente trabalho de pesquisa, análise e reflexão, apoiado num esforço de fundamentação teórica a ser assegurada através dos instrumentos fornecidos pela escolaridade.

A ciência se faz através de trabalhos de pesquisa especializada, própria dos vários campos de conhecimento; pesquisa que, além do instrumental epistemológico de alto nível, exige capacidade de manipulação de um conjunto de métodos e técnicas específicos às várias ciências.

A escolaridade de pós-graduação, em todas as áreas, via de regra, oferece cursos de "métodos e técnicas de pesquisa" aplicados às várias áreas, além da orientação metodológica fornecida pelos professores orientadores e pelos exercícios e seminários de preparação de tese.

Este capítulo trata dos aspectos específicos da atividade acadêmico-científica nesse nível, sem sair do espírito do texto, intencionalmente didático. Aplica-se, pois, o que já foi dito a respeito do trabalho científico em geral, nos capítulos anteriores, aos trabalhos normalmente solicitados nos cursos de pós-graduação.

As tarefas de estudo, de pesquisa e de elaboração, solicitados nos cursos de pós-graduação, constituindo formas por excelência de trabalhos científicos, geram exigências maiores de disciplina, de rigor, de seriedade, de metodicidade e de sistematização de procedimentos. Ademais, pressupõem, da parte do pós-graduando, maturidade intelectual e autonomia em relação às interferências dos processos de ensino. Em decorrência disso, as diretrizes apresentadas neste livro aplicam-se, com maior razão, a essas atividades.

À luz de uma concepção crítica do processo de conhecimento, de ensino e de aprendizagem, todos os momentos e espaços do ensino superior deveriam estar perspassados pela postura e pelas práticas investigativas. Com maior razão ainda, no âmbito da pós-graduação, essa postura é absolutamente imprescindível, pois a prática sistematizada da investigação científica encontra aí o seu lugar natural, uma vez que sua atividade específica é a própria pesquisa.

A realização de uma pesquisa científica está no âmago do investimento acadêmico exigido pela pós-graduação e é o objetivo prioritário dos pós-graduandos e seus professores. Até mesmo o processo de ensino/aprendizagem nesse nível é marcado por essa finalidade: desenvolver uma pesquisa que realize, efetivamente, um ato de criação de conhecimento novo, um processo que faça avançar a ciência na área. Pouco importa se as preocupações imediatas sejam com o aprimoramento da qualificação do docente universitário ou do profissional. Em qualquer hipótese, esse aprimoramento passará necessariamente por uma prática efetiva da pesquisa científica. Aliás, é preparando o bom pesquisador que se prepara e se aprimora o bom professor universitário ou qualquer outro profissional.

6.1. PERFIL DA PRODUÇÃO CIENTÍFICA

No contexto da pós-graduação, a produção científica é constituída pelos assim chamados trabalhos de grau, uma vez que resultam em estudos que visam também à aquisição de um grau acadêmico, de um título universitário: a dissertação de mestrado, a tese de doutoramento e a tese de livre-docência. A esses podem ser equiparados, dado o nível comum de exigências, o ensaio teórico, as monografias científicas especializadas, os artigos científicos e os trabalhos para eventos.

Neste último caso, está-se referindo a trabalhos monográficos resultantes de pesquisas elaboradas com finalidades não necessariamente acadêmicas. É óbvio que não é só nas universidades que se fazem trabalhos científicos de alto nível. Como sempre, na linha de uma rica tradição histórica, trabalhos de grande valor, tanto em termos de pesquisa como em termos de reflexão, são realizados em instituições não universitárias e até por pensadores isolados. A insistência intencional em se referir aos trabalhos acadêmicos decorre apenas da preocupação didática.

6.1.1. Características qualitativas

Quaisquer que sejam as distinções que se possam fazer para caracterizar as várias formas de trabalhos científicos, é preciso afirmar preliminarmente que todos eles têm em comum a necessária procedência de um trabalho de pesquisa e de reflexão que seja *pessoal, autônomo, criativo e rigoroso.*

Trabalho *pessoal* no sentido em que "qualquer pesquisa, em qualquer nível, exige do pesquisador um envolvimento tal que seu objetivo de investigação passa a fazer parte de sua vida" (CINTRA, 1982, p. 14); a temática deve ser realmente uma problemática vivenciada pelo pesquisador, ela deve lhe dizer respeito. Não, obviamente, num nível puramente sentimental, mas no nível da avaliação da relevância e da significação dos problemas abordados para o próprio pesquisador, em vista de sua relação com o universo que o envolve. A escolha de um tema de pesquisa, bem como a sua realização, necessariamente é um ato político. Também, neste âmbito, não existe neutralidade (CINTRA, 1982, p. 14).

Ressalte-se que o caráter pessoal do trabalho do pesquisador tem uma dimensão social, o que confere o seu sentido político. Esta exigência de uma significação política englobante implica que, antes de buscar-se um objeto de pesquisa, o pós-graduando pesquisador já deve ter pensado no mundo, indagando-se criticamente a respeito de sua situação, bem como da situação de seu projeto e de seu trabalho, nas tramas políticas da realidade social. Trata-se de saber bem, o mais explicitamente possível, o que se quer, o que se pretende no mundo dos homens.

Trabalho *autônomo* quer dizer que ele é fruto de um esforço do próprio pesquisador. Autonomia esta que não significa desconhecimento ou desprezo da contribuição alheia mas, ao contrário, capacidade de um inter-relacionamento enriquecedor, portanto dialético, com outros pesquisadores, com os resultados de outras pesquisas, e até mesmo com os fatos.

Este inter-relacionamento é dialético na medida em que ele *nega*, ao mesmo tempo que *afirma*, a relevância da contribuição alheia. Esta só é válida quando incrementa a instauração da autonomia de pensamento do pesquisador. É reconhecendo e assumindo, mas simultaneamente negando e superando o legado do outro, que o pensamento autônomo se constitui.

Aqui se coloca o complicado problema das relações com o orientador, no caso das pesquisas feitas para os fins acadêmicos dos cursos de pós-graduação, do qual se tratará no item seguinte.

Com relação a esta questão de autonomia, o orientando deve se convencer de que é preciso ter até mesmo um pouco de audácia, ou seja, arriscar-se a avançar ideias novas, eventualmente nascidas de suas intuições pessoais, sem que se autocensure por medo das críticas quer do orientador quer de seus examinadores, quer ainda de seus futuros leitores. É preciso soltar-se, criar, avançar e não ficar apenas num eterno repetir de ideias e descobertas já feitas. Tem-se visto trabalhos de pós-graduação que não passam de meros conjuntos rearranjados de transcrições ou de repetição de ideias já conhecidas. Como já se disse no capítulo 5, a citação e a transcrição são válidos instrumentos de trabalho científico desde que se constituam na manifestação de um diálogo crítico com os autores e dos autores entre si, ao relatarem os resultados de suas pesquisas.

Com referência ao aproveitamento das ideias ou contribuições de autores, sobretudo quando pertencentes a escolas diferentes e concretizadas através das citações, é preciso estar atento para não misturar posições divergentes. Em posições divergentes, não há como fundamentar argumentações. As citações dos autores podem ser trazidas em abono às posições defendidas pelo pesquisador. Mas é preciso ter presente que este apoio não pode decorrer de um posicionamento contraditório. Mesmo quando, apesar das oposições entre os autores, alguma colocação vem a ser aproveitada, é preciso explicitar esta contradição. Tal deve ser o critério para o aproveitamento da bibliografia, de modo a que não se apoie incoerentemente em autores e obras cujas posições vão em direção incompatível com a direção seguida pelo pesquisador.

Deste ponto de vista, cabe ressaltar uma certa diferenciação entre o trabalho do mestrando e do doutorando, pelo menos em nossas condições brasileiras.

O mestrando está ainda numa fase de iniciação à pesquisa, à vida científica. Está vivenciando uma experiência nova e dele não se pode exigir a plenitude da criação original, justificando-se, de sua parte, ainda uma certa cautela, uma atitude de prudência ao evitar precipitação. O doutorando, por sua vez, pressupõe-se, já passou por esta escola, já deve ter plena autonomia intelectual, cabendo-lhe, pois, maior audácia e maior capacidade de originalidade e de inventividade, bem como maior clareza e firmeza quanto às significações assumidas no âmbito de um projeto político-existencial. Pressupõe-se igualmente maior elaboração no que se refere ao domínio teórico. Enquanto o mestrando pode ainda estar se apoiando na teoria constituída, o doutorando já deveria estar interagindo com a teoria constituinte. Suas relações com o orientador serão, necessariamente, ainda mais igualitárias e livres.

De qualquer modo, cabe ao pós-graduando em geral, e com maior razão ao doutorando, desenvolver seu trabalho de reflexão e pesquisa do interior deste projeto político-existencial, em consonância com o momento histórico vivido pela sua sociedade concreta. Projeto que revela a sensibilidade do pós-graduando às condições que sua sociedade vive e às exigências de sua transformação, em vista de seu crescimento constante.

A descoberta científica é, sem dúvida, provocada pela tensão gerada pelo problema. Daí a necessidade de se estar vivenciando uma situação de problematização.

Estas considerações já antecipam mais uma característica do trabalho científico, em nível de pós-graduação: ele deve cada vez mais ser *criativo*. Não se trata mais de apenas aprender, de apropriar-se da ciência acumulada, mas de colaborar no desenvolvimento da ciência, de fazer avançar este conhecimento aplicando-se o instrumental da ciência aos objetos e situações, buscando-se seu desvendamento e sua explicação. Embora não se possa falar de criatividade sem um rigoroso domínio do instrumental científico, uma vez que o conhecimento humano não se dá por espontaneidade ou por acaso, é bem verdade também que não basta conhecer técnicas e métodos. É preciso uma prática e uma vivência que façam convergir estes dois vetores, de modo que os resultados possam ser portadores de descobertas e de enriquecimento. Aqui, consequência fecunda da correlação entre razão e paixão, parafraseando Rousseau.

É bom esclarecer que originalidade não quer dizer novidade. A originalidade diz respeito à volta às origens, explicitando assim um esclarecimento original ao assunto, até então não percebido. A descoberta original lança novas luzes sobre o objeto pesquisado, superando, assim, seja o desconhecimento, seja então a ignorância.

Mas o trabalho científico em nível de pós-graduação deve ser ainda extremamente *rigoroso*. Esta exigência não se opõe à exigência da criatividade, antes a pressupõe. Não há lugar, neste nível, para o espontaneísmo, para o diletantismo, para o senso comum e para a mediocridade. Aqui se define a exigência da logicidade e da competência. Além da disciplina imposta pela metodologia geral do conhecimento e pelas metodologias particulares das várias ciências, exige-se ainda a disciplina do compromisso assumido pela decisão da vontade. Não se faz ciência sem esforço, perseverança e obstinação. Ao pós-graduando, como a qualquer pesquisador, impõem-se um empenho e um compromisso inevitáveis, sem os quais não há ciência nem resultado válido. Assim sendo, a realização de um trabalho de pós-graduação exigirá muita dedicação ao estudo, à reflexão, à investigação. Exigirá muita leitura, muita participação nos debates, formal ou informalmente promovidos. Ele só se concretizará e amadurecerá na medida em que o pós-graduando criar um contexto de vida científica sistemática, mantida com insistente perseverança, sempre em busca de uma imprescindível fundamentação teórica, tanto científica como filosófica.

6.1.2. Ciência, pesquisa e pós-graduação

Neste capítulo são mencionados, ainda que esquematicamente, como tipos de trabalhos científicos apenas aqueles desenvolvidos em função de sua vinculação às exigências acadêmicas dos cursos de pós-graduação.

Tais são a tese de doutorado e a dissertação de mestrado. Obviamente, trabalhos científicos de menor porte são exigidos e realizados no decorrer dos cursos de pós-graduação; mas não são específicos deste nível e se regem pelas diretrizes gerais da elaboração do trabalho científico, tendo sido descritos no capítulo anterior.

Mas qualquer que seja a forma do trabalho científico, é preciso relembrar que todo trabalho desta natureza tem por objetivo intrínseco a demonstração, o desenvolvimento de um raciocínio lógico. Ele assume sempre uma forma dissertativa, ou seja, busca demonstrar, mediante argumentos, uma tese, que é uma solução proposta para um problema. Fatos levantados, dados descobertos por procedimentos de pesquisa e ideias avançadas se articulam justamente como portadores de razões comprovadoras daquilo que se quer demonstrar. E é assim que a ciência se constrói e se desenvolve.

Entretanto, são vários os modos de se levantar os fatos, de se produzir as ideias e de se articular uns aos outros. Várias são as formas de procedimento técnico e lógico do raciocínio científico. Por isso mesmo, são também vários os caminhos para se desenvolver um trabalho científico como uma tese.

A ciência, enquanto conteúdo de conhecimentos, só se processa como resultado da articulação do lógico com o real, da teoria com a realidade. Por isso, uma pesquisa geradora de conhecimento científico, e, consequentemente, uma tese destinada a relatá-la, deve superar necessariamente o simples levantamento de fatos e coleção de dados, buscando articulá-los no nível de uma interpretação teórica.

Por isso, fazer uma tese implica dois movimentos, com uma única significação, uma vez que são dialeticamente unificados. Com efeito, a ciência depende da confluência dos dois que, considerados isoladamente, só têm sentido formal. Só a teoria pode dar "valor" científico a dados empíricos, mas, em compensação, ela só gera ciência se estiver em interação articulada com esses dados empíricos.

Vários são os recursos utilizáveis para o levantamento e a configuração dos dados empíricos; os métodos e as técnicas empíricas de pesquisa, cuja aplicação possibilita as várias formas de investigação científica. Assim, a pesquisa experimental, a pesquisa bibliográfica, a pesquisa de campo, a pesquisa documental, a pesquisa histórica, a pesquisa fenomenológica, a pesquisa clínica, a pesquisa linguística etc. Já no plano desta elaboração dos processos metodológicos e técnicos para o levantamento dos dados empíricos, bem como na sua aplicação concreta, se faz ativa a intervenção da atividade teórica. Mas é sobretudo mediante o processo de interpretação destes dados empíricos que se faz presente e significativa esta atividade teórica. Trata-se do momento principal de articulação e de confluência do lógico com o real, quando ocorre a efetivação do conhecimento científico.

Mas do mesmo modo como existem vários processos de levantamento de dados empíricos, existem igualmente vários modos de interpretação lógica destes dados. Trata-se dos vários métodos epistemológicos utilizáveis para a compreensão significativa dos dados reais. Por isso, a ciência não pretende mais atingir uma verdade única e absoluta: suas conclusões não são consideradas como verdades dogmáticas mas como formas de conhecimento, conteúdos inteligíveis que dão um sentido a determinado aspecto da realidade.

A multiplicidade de aspectos pelos quais a realidade se manifesta abre igualmente uma multiplicidade de métodos de configuração dos dados fenomenais, bem como uma multiplicidade de métodos epistemológicos. Só para registrar os mais gerais e presentes no momento atual do desenvolvimento das teorias científicas, pode-se referir às metodologias epistemológicas mais gerais: as metodologias positivista, neopositivista, estruturalista, fenomenológica e dialética, cada uma com princípios e leis lógicas e com seus fundamentos filosóficos próprios, dando delimitações características às explicações científicas que geram. Explanações sobre estes processos técnicos e sobre estas metodologias epistemológicas se encontram nas obras de metodologias de pesquisa científica e em obras de filosofia.

6.1.3.   A tese de doutorado

A tese de doutorado é considerada o tipo mais representativo do trabalho científico monográfico. Trata-se da abordagem de um único tema, que exige pesquisa própria da área científica em que se situa, com os instrumentos metodológicos específicos. Essa pesquisa pode ser teórica, de campo, documental, experimental, histórica ou filosófica, mas sempre versando sobre um tema único, específico, delimitado e restrito.

Com maior razão do que no caso dos demais trabalhos científicos, uma tese de doutorado deve realmente colocar e solucionar um problema demonstrando hipóteses formuladas e argumentando com os leitores mediante a apresentação de razões fundadas na evidência dos fatos e na coerência do raciocínio lógico (SALVADOR, 1971, p. 169; MATCZAK, 1971, p. 16).

Além disso, exige-se da tese de doutorado contribuição suficientemente original a respeito do tema pesquisado. Ela deve representar um avanço para a área científica em que se situa. Deve fazer crescer a ciência. Quaisquer que sejam as técnicas de pesquisa aplicadas, a tese visa demonstrar argumentando e trazer uma contribuição nova relativa ao tema abordado.

6.1.4. A dissertação de mestrado

Também a dissertação de mestrado deve cumprir as exigências da monografia científica. Trata-se da comunicação dos resultados de uma pesquisa, análise e reflexão, que versa sobre um tema igualmente único e delimitado. Deve ser elaborada de acordo com as mesmas diretrizes metodológicas, técnicas e lógicas do trabalho científico, como na tese de doutorado.

A diferença fundamental em relação à tese de doutorado está no caráter de originalidade do trabalho. Tratando-se de um trabalho ainda vinculado a uma fase de iniciação à ciência, de um exercício diretamente orientado, primeira manifestação de um trabalho pessoal de pesquisa, não se pode exigir da dissertação de mestrado o mesmo nível de originalidade e o mesmo alcance de contribuição ao progresso e desenvolvimento da ciência em questão (MATCZAK, 1971, p. 17).

Não cabe eliminar da dissertação de mestrado o seu caráter demonstrativo.[1] Também ela deve demonstrar uma proposição e não apenas explanar um assunto. Esta parece ser uma exigência lógica de todo trabalho desde que tenha objetivos de natureza científica bem definidos.

Tanto a tese de doutorado como a dissertação de mestrado são, pois, monografias científicas que abordam temas únicos delimitados, servindo-se de um raciocínio rigoroso, de acordo com as diretrizes lógicas do conhecimento humano, em que há lugar tanto para a argumentação puramente dedutiva, como para o raciocínio indutivo baseado na observação e na experimentação (Cf. o capítulo 4).

---

[1] Quanto a isto aqui há divergência com a posição de Angelo D. SALVADOR, *Métodos e técnicas de pesquisa bibliográfica*, p. 169.

Às vezes, a dissertação de mestrado e até mesmo as teses de doutorado são reduzidas a um levantamento puramente experimental de dados observados e quantitativos, fundados em procedimentos prioritária ou unicamente estatísticos. Mas sem uma reflexão interpretativa que procede inclusive por dedução, não se prova nada e não há nenhuma hipótese demonstrada. Com esta afirmação não se quer negar o valor de uma série de pesquisas, sobretudo referentes a temas pouco explorados em teses acadêmicas. É válido aceitar esses tipos de trabalhos justamente por permitirem a formação de um material básico de documentação de onde partirão outros estudos interpretativos.[2] Apenas quer-se insistir que toda monografia científica deve ser necessariamente interpretativa, argumentativa, dissertativa e apreciativa. Pesquisa experimental e reflexão racional complementam-se necessariamente na elaboração da ciência. Afinal, o objetivo de uma pesquisa é fundamentalmente a análise e interpretação do material coletado. É na consecução desse objetivo que se podem aferir os resultados da pesquisa e avaliar o avanço que ela representou para o crescimento científico da área.

6.1.5. Caráter monográfico e coerência do texto

Com relação à natureza dos trabalhos de pós-graduação, cabem ainda duas observações:

1. Na elaboração de uma tese ou dissertação, não se deve pretender falar de tudo, de todos os aspectos envolvidos pela problemática tratada. O caráter monográfico do trabalho é um significativo aval de sua qualidade e de sua contribuição ao desenvolvimento científico da área. O importante é ater-se ao substancial da pesquisa, não se perdendo em grandes retomadas históricas, em repetições, em contextuações muito amplas.

---

[2] Cf. Dermeval SAVIANI, *Filosofia da educação brasileira* (Rio de Janeiro, Civilização Brasileira, 1983), p. 43-44, onde tece considerações sobre a importância e o significado destas monografias de base cujo lugar natural são os cursos de pós-graduação.

Não se pode falar de tudo ao mesmo tempo numa mesma tese. A estes aspectos pode-se referir, citando-se as fontes competentes, sem necessidade de reproduzi-las a cada novo trabalho visando ao mesmo tema.

2. A coerência interna do texto é imprescindível e ela se impõe em dois níveis: primeiro, a coerência lógico-estrutural da articulação do raciocínio, as etapas do processo demonstrativo se sucedendo dentro de uma sequência da articulação lógica (ver capítulo 2, p. 82-87); segundo, a coerência com as premissas metodológicas adotadas. Este aspecto da opção metodológica reencontra a questão do referencial teórico do trabalho, pois este implica igualmente uma opção epistemológica básica. Adotada esta, é preciso que as várias etapas do raciocínio sejam coerentes com estas estruturas epistemológicas do método: por exemplo, se o método adotado é estruturalista, não se pode argumentar diretamente de forma fenomenológica.

6.2. FORMATAÇÃO DAS TESES E DISSERTAÇÕES

As monografias científicas a serem desenvolvidas nos cursos de pós-graduação, seja a dissertação de mestrado, seja a tese de doutoramento ou demais trabalhos de alto nível, seguem as normas metodológicas gerais que foram apresentadas para o trabalho científico, no capítulo 4. Assim, por exemplo, a técnica bibliográfica a ser seguida é a mesma, mas sempre com maior exigência de rigor e completude. A bibliografia deve ser mais rica e mais bem explorada.

Todavia, algumas características técnicas são específicas desses trabalhos e é importante realçá-las, uma vez que, também no que diz respeito à forma, se cobra sempre maior rigor e precisão na sua apresentação.

Quanto à apresentação geral do trabalho, a monografia científica que se elabora como dissertação ou tese contém as seguintes partes:

- Capa
- Página de rosto
- Página de dedicatória e/ou agradecimentos
- Página de avaliação
- Sumário
- Lista de tabelas e/ou figuras
- Resumo
- Corpo do trabalho com:
  - Introdução
  - Desenvolvimento
  - Conclusão
- Referências
- Apêndices
- Anexos
- Página de créditos do autor
- Capa

São mantidas as partes principais dos trabalhos científicos em geral, sendo específicas a estas monografias acadêmicas, em contraposição aos trabalhos didáticos comuns, as seguintes partes: a página de dedicatória, a página de avaliação e o resumo. Quase todas as dissertações e teses contêm tabelas e quadros, às vezes figuras, e na maioria dos casos contêm igualmente apêndices e anexos.

A capa inicial das teses de dissertações traz a indicação da natureza do trabalho, de seu objetivo acadêmico, da instituição a que está sendo apresentada e do nome do orientador. Do ponto de vista material, as capas são de cartolina diferente do papel usado para o resto do trabalho. No alto, o nome do autor, no centro, o título do trabalho, mais abaixo, à direita, a explanação da natureza do trabalho e, embaixo, a instituição, a cidade e a data (Cf. modelo à p.240). A página de rosto retoma os dados da capa inicial; caso esta já tenha especificado a natureza do trabalho, faz-se desnecessário repeti-la nessa página.

As *páginas de dedicatória e agradecimento* aparecem em teses acadêmicas de mestrado, de doutoramento, de livre-docência e em trabalhos a serem publicados, desde que se queira prestar alguma homenagem ou manifestar algum agradecimento a outra pessoa. Nas teses de mestrado e de doutoramento é praxe agradecer pelo menos ao orientador. Evitam-se exageros na manifestação de homenagens e agradecimentos.

A *página de avaliação* aparece nas teses acadêmicas: é preciso prever espaço com tantas linhas quantos forem os membros da Comissão Julgadora[3] que assinarão alguns *exemplares* da tese. Na parte inferior da página:

Comissão Julgadora

_____

_____

_____

Em geral, dada a natureza dessas monografias, elas contêm quadros, tabelas, apêndices e anexos. Todos esses elementos constam do sumário sob forma de listas, e ainda são organizadas em sumários especiais: lista de tabelas, lista de figuras (Cf. p. 242).

Apêndices e anexos só se acrescentam quando exigidos pela natureza do trabalho; os *apêndices* geralmente constituem desenvolvimentos autônomos elaborados pelo próprio autor, para complementar o raciocínio, sem prejudicar a unidade do núcleo do trabalho; já os *anexos* são documentos, nem sempre do autor, que servem de complemento ao trabalho e fundamentam sua pesquisa e outros instrumentos de trabalho usados na pesquisa, como os questionários.

---

[3] São três examinadores nas defesas de dissertação de mestrado e cinco nas defesas de tese de doutorado e de livre-docência.

FRANCISCA ELEODORA SANTOS SEVERINO

Imagens jornalísticas: a imagem da violência como espelhamento das metamorfoses da sociedade brasileira em processo de globalização.

Tese apresentada ao Programa de Pós-graduação em Ciência da Comunicação, da Escola de Comunicação e Artes, da Universidade de São Paulo, como parte dos requisitos para a obtenção do título de Doutora em Ciências da Comunicação, sob a orientação do Prof. Waldenyr Caldas

UNIVERSIDADE DE SÃO PAULO
Escola de Comunicação e Artes / Doutorado
São Paulo – 2001

Figura 1. Modelo de capa e página de rosto.

Figura 2. Modelo de sumário, extraído da tese *Imagens jornalísticas: a imagem da violência como espelhamento das metamorfoses da sociedade brasileira em processo de globalização*, de Francisca E. S. Severino, apresentada à ECA/USP, em 2001.

TABELAS (CAP. II):

TABELAS (CAP. IV):

Figura 3. Modelo de lista de tabelas, extraído da dissertação de mestrado de Maria Luisa Santos Ribeiro, *O método dialético na investigação histórica da educação brasileira*. São Paulo: PUC-SP, 1975.

CAPELATO, M. Helena. *Os arautos do liberalismo: Imprensa paulista 1920-1945*. São Paulo: Brasiliense, 1989.

CARNEIRO, M. Luiza T. *Livros proibidos, ideias malditas: o Deops e as minorias silenciadas*. São Paulo: Estação Liberdade, 1997.

CASTELLS, Manuel. *A sociedade em rede*. vol. 1. *A era da informação: economia, sociedade e cultura*. Rio de Janeiro: Paz e Terra, 1999.

CERTEAU, Michel de. *A escrita da história*. Rio de Janeiro: Forense Universitária, 1982.

CHAGAS, Carmo, MAYRINK, J. Maria e PINHEIRO, Luiz A. *3X30: os bastidores da imprensa brasileira*. São Paulo: Editora Best Seller, [1992]

CHAPARRO, Manuel C. *Pragmática do jornalismo: buscas práticas para uma teoria da ação jornalística*. São Paulo: Summus Editorial, 1994.

CHAUI, Marilena. *Seminários*. 2. ed. São Paulo: Brasiliense, 1984.

COHN, Gabriel. (org.) *Comunicação e indústria cultural*. 5. ed. São Paulo: T.A.Queiroz, 1987.

COSTA, Caio T. *O relógio de Pascal: a experiência do primeiro ombudsman da imprensa brasileira*. São Paulo: Siciliano, 1991.

COSTILHES, Sandra R. de A. *A leitura da imagem fotográfica nos jornais: O Estado de S. Paulo e Folha de S. Paulo: eleições presidenciais de 1994*. São Paulo: ECA/USP, 1999. (Dissertação de Mestrado).

DEBORD, Guy. *A sociedade do espetáculo*. Rio de Janeiro: Contraponto, 1997.

D'ARAUJO, M. Celina, SOARES, Gláucio A. D. e CASTRO, Celso. *Os anos de chumbo: a memória militar sobre a repressão*. Rio de Janeiro: Relume Dumará, 1994.

_____,_____e_____. *A volta aos quartéis: a memória militar sobre a abertura*. Rio de Janeiro: Relume Dumará, 1995.

Figura 4. Modelo de bibliografia extraído da tese *Imagens jornalísticas: a imagem da violência como espelhamento das metamorfoses da sociedade brasileira em processo de globalização* de Francisca E. S. Severino, apresentada à ECA/USP, em 2001.

Quanto aos *índices especiais*, convém observar que não há necessidade de elaborá-los para os trabalhos acadêmicos em geral, sendo, contudo, de extrema importância nos trabalhos científicos publicados, pois facilitam bastante a pesquisa.

O *índice de assuntos* tem por objetivo facilitar a localização no texto dos temas principais tratados pelo trabalho; os temas vêm em ordem alfabética; o mesmo se dá com o *índice de autores* que classifica os nomes dos autores citados no decorrer do trabalho, tanto no corpo do texto, como nas notas de rodapé e na bibliografia.

Observações semelhantes devem ser feitas no que se refere ao *prefácio*, a respeito do qual cumpre ressaltar preliminarmente: não deve aparecer nos trabalhos didáticos nem é necessário nos trabalhos de grau. Sua importância é grande nos textos que são publicados, dados ao público. No que diz respeito ao conteúdo, o *prefácio (ou proêmio, exórdio, advertência, apresentação, isagoge)*, como a introdução, contém observações preliminares a respeito do trabalho. Mas, enquanto a introdução é essencialmente temática, trata do assunto específico do trabalho, o prefácio trata do trabalho como que extrinsecamente, considerando-o como uma obra completa, independentemente de seu conteúdo. É como que uma apresentação ao público leitor, em que o autor fala de suas intenções, de suas dificuldades, de suas expectativas, do histórico da realização do trabalho e pode ainda agradecer a seus colaboradores. Em trabalhos acadêmicos, o prefácio é desnecessário.

O prefácio, sobretudo quando escrito por alguém que não seja o próprio autor, pode ser usado para estabelecer um debate com o autor ou para apresentar ideias que criem contexto teórico mais amplo para o texto que se seguirá.

Quando houver um prefácio escrito por um especialista, o autor fará, se quiser, breve apresentação de seu trabalho, do seu ponto de vista próprio.

Quanto aos demais aspectos técnicos, os trabalhos de grau seguem as normas gerais para a elaboração da monografia científica, expostas no capítulo 4.

Acrescente-se ainda que *esses* trabalhos devem vir acompanhados de um *resumo* a ser elaborado de acordo com o que se estabelece no item 5.9, às páginas 220-221: a dissertação de mestrado com um resumo com cerca de 300 palavras; no caso da tese de doutorado, o resumo terá cerca de 500 palavras. Tais resumos, além de serem escritos em português, eventualmente podem ser também escritos em espanhol, francês e inglês. Uma cópia desses resumos, com a respectiva identificação bibliográfica, deve ser encadernada no começo do trabalho, logo após o sumário. Tais resumos devem anunciar o objetivo do trabalho, a contribuição que pretende dar, assim como fornecer uma síntese dos resultados obtidos.

Nas universidades, costuma-se distribuir aos assistentes das defesas públicas das teses separatas com esses resumos, para que possam acompanhar mais proveitosamente as arguições.

O número de exemplares da dissertação e da tese varia de instituição para instituição. Cada uma define esse número em seu Regimento, devendo o pós-graduando se informar das exigências específicas de seu Programa.

Quanto à *apresentação gráfica,* levando-se em conta o seu possível uso pelas bibliotecas, sugere-se que as dissertações e teses sejam encadernadas em forma de brochura, num tamanho-padrão de 21,5 x 29,5 cm. Capas de cartolina branca são recomendadas. É de grande utilidade a impressão do título do trabalho na lombada da brochura.

Impõe-se criar o hábito de se incluir nas dissertações e teses uma pequena síntese da biografia de seu autor, contendo os dados mais significativos de sua formação acadêmica, de suas atividades profissionais e de sua produção bibliográfica, registrando assim os *créditos do autor,* bem como o endereço para contato por parte de outros pesquisadores.

Além da exigência puramente técnica de que todo trabalho impresso devesse trazer os créditos pessoais de seu autor, a presença dessas informações é de grande relevância, não só para o conhecimento do autor do trabalho, mas sobretudo no sentido de facilitar eventuais contatos e intercâmbios por parte de outros pesquisadores que estarão investigando

temáticas afins. Aliás, cabe aqui uma crítica e uma cobrança a algumas editoras nacionais que publicam livros, às vezes, sem uma mínima referência
à pessoa do autor. Essa notícia sobre o autor deveria constituir, sobretudo
para o leitor que com ele está tomando um primeiro contato, uma importante via de acesso para a contextuação e apreensão de seu pensamento.

A tradição dos programas de pós-graduação parece não ter consagrado essa prática. No entanto, ela precisa ser instaurada, tanto mais
que, quase sempre, dissertações e teses são as primeiras publicações dos
pós-graduandos, autores ainda não conhecidos fora de seu ambiente de
trabalho e que, portanto, precisam ser divulgados. As dissertações e teses acabam alcançando um círculo mais amplo de leitores pesquisadores
eventualmente interessados em estabelecer contatos com seus autores.
Dadas as condições geográficas do país e a localização dos polos de pós-
-graduação em poucos centros urbanos, ocorre uma grande dispersão
desses autores.

> Não deixe de inserir na última página da tese ou dissertação um peque-
> no informe biográfico de contato, por parte dos leitores.

Sugere-se, então, que na última página da dissertação ou da tese
seja incluída essa síntese biobibliográfica do autor, da qual conste igualmente um endereço para contatos, preferencialmente o e-mail. É bem
verdade que a divulgação das teses é um problema muito mais complexo,
mas a prática sugerida já é uma contribuição com vistas a sua superação.

6.3. O PROCESSO DE ORIENTAÇÃO

Na seção anterior, ao tratar da exigência de autonomia do pós-
-graduando na elaboração de seu trabalho, já se anunciou o problema da
relação orientando-orientador nos cursos de pós-graduação.

Este tópico visa abordar diretamente o assunto tratando de alguns
aspectos relativos ao próprio processo de orientação da tese.

O fundamental é observar que o processo de orientação deveria ser um processo que efetivasse uma relação essencialmente educativa. Com efeito, o orientador desempenha o papel de um educador, cuja experiência mais amadurecida interage com a experiência em construção do orientando. Não se trata de um processo de ensinamento instrucional, de um conjunto de aulas particulares, mas de um diálogo em que as duas partes interagem, respeitando a autonomia e a personalidade de cada uma.

Contudo, nem sempre é claramente entendido o relacionamento entre o orientador e o orientando. Há várias posições assumidas perante este relacionamento: alguns entendem que o orientando deve pesquisar sobre o assunto de interesse do orientador e trabalhar sob um rígido esquema por ele determinado; outros já deixam o orientando totalmente solto, numa situação de total independência, até mesmo perdido. É fundamental entender-se devidamente esta relação, levando-se em consideração inclusive a distinção entre a orientação em nível de mestrado e a orientação em nível de doutorado, reconhecida a base de formação de cada nível.

O papel do orientador não é o papel de pai, de tutor, de protetor, de advogado de defesa, de analista, como também não é o de feitor, de carrasco, de senhor de escravos ou de coisa que o valha. Ele é um *educador*, estabelecendo, portanto, com seu orientando uma relação educativa, com tudo o que isto significa, no plano da elaboração científica, entre pesquisadores. A verdadeira relação educativa pressupõe necessariamente um trabalho conjunto em que ambas as partes crescem. Trata-se de uma relação de enriquecimento recíproco. É necessário que ocorra uma interação dialética em que esteja ausente qualquer forma de opressão ou de submissão.

O orientando não pode provocar no orientador uma atitude paternalista, com sua insegurança. Impõe-se-lhe a necessária maturidade e segurança para que seja suficientemente autônomo no exercício de sua criatividade, não arrastando seu orientador num processo de deterioração, de autoritarismo intelectual, do poder de aplicação do saber. Portanto, desde a delimitação do tema e do problema de sua pesquisa, durante o desenvolvimento de seu trabalho, até a conclusão de sua dissertação ou tese, ele precisa assumir competência, segurança e autonomia para sua criação intelectual. A definição do tema deve ser sua obra. Não se procura um orientador enquanto se estiver de posse apenas de ideias vagas e propostas genéricas, na esperança de que ele defina as coisas e imponha os caminhos. Não se espera do orientador que ele reescreva capítulo por capítulo, que ele indique a bibliografia, informe as bibliotecas e as fontes. A contribuição do orientador será tanto mais enriquecedora, quanto mais informado e problematizado estiver o orientando, quanto mais alto for o nível de provocação intelectual suscitada pelo orientando. Por isso, antes de procurar seu orientador, o pós-graduando deve estudar e aprofundar suas propostas iniciais, mediante leitura, seminários, debates, até que devidamente instrumentado consiga amadurecer um projeto, elaborando-o por escrito. Só então cabe iniciar sua discussão com o orientador.

Neste momento e nestas condições, o orientador poderá sugerir pistas, testando opções feitas e posições assumidas, esclarecendo os caminhos seguidos, ajudando a clarear a proposta da pesquisa e a descobrir possíveis pontos fracos. O diálogo se inicia então possibilitando ao orientador sentir a segurança, o grau de autonomia, a perseverança e demais condições intelectuais do orientando para a continuidade da pesquisa e do próprio processo de orientação.

Por mais que a autonomia do orientando seja condição imprescindível, não se pode desconsiderar a importância do diálogo e da discussão entre o orientador e o orientando. No processo de construção e crescimento intelectual do aluno, este diálogo será um elemento de definição e amadurecimento dessa própria autonomia de que o orientando necessita para desenvolver com segurança sua pesquisa, e assim ousar avançar.

Mas cabe igualmente se referir ao risco que correm os orientadores que, no afã de dar segurança e apoio ao orientando, acabam assumindo as tarefas que cabem a este, revelando não confiar suficientemente na sua maturidade e capacidade, abafando-o, impedindo seu crescimento intelectual e praticando igualmente o paternalismo. O orientador não pode assumir estas tarefas, por maiores que sejam as dificuldades que encontre o orientando, que deve, ao contrário, ser levado a superar lacunas de sua formação, bem como eventuais tendências à acomodação e à hesitação.

Pode-se dizer então que o processo de orientação consiste basicamente numa leitura e numa discussão conjuntas, num embate de ideias, de apresentação de sugestões e de críticas, de respostas e argumentações, em que não será questão de impor nada mas, eventualmente, de convencer, de esclarecer, de prevenir. Tanto a respeito do conteúdo como a respeito da forma.

Só assim o orientador pode assumir seu papel de interlocutor crítico e exercer a autoridade legítima junto ao orientando, decorrente do próprio processo.

Ao orientando cabe construir o seu projeto de dissertação ou tese, após ter definido seu tema, colocado seu problema e as hipóteses que pretende demonstrar. Já se viu que este projeto deve ser obra do próprio orientando, que o amadurecerá a partir de sua própria experiência intelectual e científica, construída com dedicação e trabalho sistemático. Cabe a ele também elaborar e desenvolver o raciocínio que demonstrará na estrutura lógica e redacional de seu texto. São estes resultados que ele irá discutindo com seu orientador, na sua totalidade ou em partes, pela análise de capítulo por capítulo.

É exatamente no momento em que o orientando apresenta o seu projeto, ainda que em forma inicial, que a contribuição do orientador começa a se realizar na medida em que discute com o orientando a consistência e a viabilidade do projeto, sugerindo eventuais direcionamentos novos, novas leituras, novos campos bibliográficos, que poderão ampliar os horizontes do trabalho. O orientando explorará, testando as sugestões, reorganizando o projeto, retornando à discussão num momento seguinte. Conquistadas conjuntamente as etapas, o trabalho de pesquisa, reflexão e redação continuará. E durante todo o seu curso, o orientador então chamará a atenção para a exigência de coerência que o trabalho deve ter: se ele está alcançando os objetivos propostos;

criticará também a presença de generalidades vagas e retóricas no texto, a imprecisão e ambiguidade dos conceitos que precisam ser devidamente definidos e explicitados.

6.4. O EXAME DE QUALIFICAÇÃO E A DEFESA PÚBLICA DA TESE E DISSERTAÇÃO

Exigência formal dos cursos de pós-graduação, o exame de qualificação é um momento intermediário importante para o desenvolvimento da pesquisa e da elaboração da dissertação ou da tese. Trata-se de uma avaliação preliminar (feita por uma banca na qual, além do orientador, atuam dois outros examinadores) dos resultados obtidos pelo pós-graduando numa fase que não seja nem muito inicial nem muito final, de modo a que o aluno possa, eventualmente, reorientar suas atividades de pesquisa e de reflexão. Representa, assim, uma contribuição valiosa para o aluno mas também para o orientador, uma vez que traz o ponto de vista de outros leitores.

Nesse exame deve-se poder aquilatar se o pós-graduando amadureceu uma proposta relevante, consistente e exequível de pesquisa e se comprova objetivamente capacidade para implementá-la, demonstrando estar de posse de recursos teóricos e metodológicos para levar a bom termo sua pesquisa. Para tanto, o candidato deve apresentar os seguintes elementos: uma retomada avaliativa de sua trajetória acadêmico-intelectual, da qual seu projeto atual de pesquisa é o fruto amadurecido. Sob a forma de um pequeno memorial, esse relatório deve apresentar uma avaliação articulada dos cursos e atividades realizados em relação a sua vida na pós-graduação; o projeto de sua pesquisa, em sua versão técnica; alguns produtos parciais já obtidos, incluindo partes da redação do texto, de modo que a banca possa formar uma noção objetiva da natureza, do estilo e da qualidade do trabalho que está sendo desenvolvido. A esses elementos básicos podem anexar-se elementos complementares:

transcrições de entrevistas, questionários, relatórios parciais de pesquisas, dossiês temáticos, registros documentais, resenhas etc.

Por isso, o exame de qualificação não deve ser feito prematuramente, quando o pós-graduando ainda não avançou na execução da pesquisa, mas também não é o caso de esperar o término da pesquisa, quando será inoportuno para que se façam modificações mais profundas. O momento em que o desenvolvimento do projeto já se traduz em alguns produtos objetivos parece o mais adequado para sua avaliação, uma vez que esta poderá referendar os caminhos até então trilhados ou sugerir correções de rota.

Quanto à avaliação em defesa pública desses trabalhos, quando conduzida de forma construtiva, tem significado relevante na vida científica. A banca representa a instituição, a comunidade científica da área e até a própria sociedade, atestando a contribuição trazida pelo trabalho. Uma prática ainda não muito comum, de se garantir ao pós-graduando a possibilidade de incorporação, na versão final da tese, de subsídios aprimorantes trazidos pelos especialistas da banca, poderia tornar ainda mais valiosa a contribuição desses trabalhos. Neste caso, o pós-graduando prepararia, dentro de um prazo mínimo razoável, aqueles exemplares destinados ao acervo permanente da instituição, com o texto revisado, incorporando as sugestões feitas por ocasião da defesa.

6.5. A EXPANSÃO DA VIDA ACADÊMICO--CIENTÍFICA

6.5.1. Participação de eventos

A vida científica de professores e estudantes universitários não se limita às atividades curriculares que se desenvolvem no interior das faculdades. Muitos eventos acontecem em outros contextos culturais e institucionais, em que estudiosos e pesquisadores, independentemente de sua origem acadêmica, apresentam e discutem teses de suas áreas, promovendo assim a divulgação e o debate de suas ideias.

Há assim os Congressos, as Conferências, os Encontros, as Reuniões, os Seminários, os Simpósios, as Jornadas etc. Todos estes eventos são entendidos como reuniões extraordinárias, congregando pessoas interessadas em algum campo temático das diversas áreas de conhecimento e da cultura, que se dispõem a discutir temas específicos, de uma forma sistemática e durante um certo período de tempo.

Em nossos meios acadêmicos atuais, nem sempre se distingue bem o significado específico de cada tipo de evento e, na linguagem comum, os termos são muitas vezes tomados uns pelos outros. No entanto, pode-se identificar algumas características peculiares que deram origem à designação, as quais, embora possam ter se perdido, indicam a ideia geratriz do evento. As caracterizações que seguem pretendem apenas delimitar um pouco os seus significados, levando-se em consideração as práticas mais comuns em nosso meio.

No âmbito desses eventos, os trabalhos científicos dos participantes são apresentados e debatidos sob diversas condições: de forma, de tempo, de aprofundamento. Dentre esses eventos são mais comuns em nosso meio os seguintes: congressos, conferências, palestras, simpósios, mesas-redondas, painéis, seminários, colóquios, cursos, comunicações etc. De modo geral, em todas estas atividades abre-se um espaço de tempo para que os participantes/assistentes possam também se manifestar entrando no debate.

Assim, *Congresso* é uma reunião, um encontro para fins de discussão e debate de ideias, promovido em geral por entidades e associações de especialistas das várias áreas, interessados em acompanhar, disseminar e debater as teses que expressam a evolução do conhecimento dessas áreas. Como este tipo de debate parece ter-se desenvolvido antes no âmbito das associações políticas, registra-se a marca inicial de que o congresso era destinado apenas a delegados, especificamente indicados para dele participarem, levando posições previamente discutidas e eventualmente acertadas pelas entidades que se faziam representar. Hoje sua significação já se estendeu, abrangendo qualquer evento, de certa proporção, em que se debatem questões de interesse dos participantes. Resta ainda a marca de que os congressos são organizados e promovidos por entidades de classe ou então por associações científicas.

Já a *Conferência*, enquanto evento geral, se aproxima muito do significado do congresso. No entanto, a conferência conota uma abordagem mais ampla do que o congresso, não partindo de uma entidade em particular, mas de todas as entidades de uma determinada área. A Conferência tende a ser um evento promovido dentro de uma certa periodicidade. Exemplo, a Conferência Brasileira de Educação, a CBE, evento convocado por várias entidades de educadores e que, até 1991, acontecia de dois em dois anos.

Mas conferência é termo usado, num sentido mais restrito e mais conhecido, como sinônimo de *palestra*. Trata-se de uma palestra numa perspectiva mais solene! Esta atividade tem caráter bem amplo e geralmente se dá num contexto não informal. Trata-se da fala de um único expositor, geralmente figura de destaque na área e no contexto sociocultural. Nem sempre sua fala é seguida de debates, limitando-se à exposição de suas ideias.

A *Palestra* é uma conferência feita em condições menos solenes, inserida no contexto de um evento maior ou mesmo pronunciada isoladamente. Também pronunciada por um único expositor, sua fala pode ser seguida de debates com os ouvintes.

O *Encontro* designa um evento de menor porte que um Congresso e mais abrangente do que uma simples reunião. Também se destina ao debate aberto de temas predeterminados, sob diversas formas de sessão.

A *Reunião*, em princípio, deveria designar um evento mais restrito; no entanto, às vezes é tomada como Encontro ou Congresso.

A *Jornada* é um encontro que faz referência a um certo tempo, em termos de dias. Mas é também tomada no sentido de Encontro.

O *Simpósio*, em princípio, é uma reunião destinada apenas a especialistas, que se reúnem para discutir tema previamente determinado. Em geral versa sobre um único tema que vem sendo pesquisado por estudiosos, em instituições diferentes, que são convidados por uma entidade, para debatê-lo, numa perspectiva de troca de informações, de ideias e de conclusões. O debate é presidido por um coordenador.

O *Seminário* é uma reunião mais restrita, como se fosse um grupo de estudos, em que se discute um tema a partir da contribuição de todos os participantes. No âmbito acadêmico, seminário é tomado muitas vezes como uma forma de atividade didático-científica, que é objeto de uma apresentação específica em outra parte deste livro, dada sua relevância no processo de ensino-aprendizagem (cf. cap. 2).

O *Colóquio*, como evento científico, é um debate que, em princípio, deveria reunir apenas especialistas no assunto em questão, sendo direcionado a um público restrito. Tem por finalidade debater, aprofundar e avaliar aspectos de um tema específico. Aproxima-se do simpósio, em que todos os participantes intervêm na discussão, embora seja desenvolvido mediante uma dinâmica menos formal.

A *Mesa-Redonda* visa à apresentação de pontos de vista diferentes sobre uma mesma questão, mas a partir da exposição de um dos participantes. Em princípio, os demais participantes tomam conhecimento prévio do texto do expositor, apresentando então comentário crítico às suas posições. Após esses comentários, a palavra volta ao expositor, podendo ser aberta também aos assistentes. Dado esse formato da mesa-redonda, é conveniente que se limite a apenas dois o número de debatedores.

O *Painel* é a apresentação de trabalhos sobre um mesmo tema, abordado sob pontos de vista diferentes, todos expostos livremente, sem referência à colocação prévia de qualquer dos participantes, que podem ser três ou mais. O que caracteriza o painel é que ele abre espaço para um maior número de exposições, embora com tempo reduzido para cada uma.

Estão se tornando comuns as designações *Oficinas e Workshops*. Trata-se de reuniões mais restritas em termos de número de expositores e de participantes, destinadas à apresentação de trabalhos, de experiências, de pesquisas, propiciando oportunidade de divulgação e debate. Elas podem ocorrer tanto no âmbito de eventos mais amplos quanto como atividades autônomas. Têm um caráter de uma realização participada, ou seja, com a preocupação de levar os participantes a vivenciarem experiências, projetos, programas etc.

Igualmente vêm se tornando comuns nos diversos encontros as *Apresentações de Pôsteres*, que são apresentações de trabalhos via cartazes, com fotos, figuras, esquemas, quadros e textos concisos, referentes a alguma experiência, atividade ou proposta. Estes pôsteres ficam expostos ao público participante, o autor destes colocando-se à disposição para fornecer eventuais esclarecimentos que forem solicitados pelos observadores.

Em encontros de grande porte, realizam-se as *Sessões de Comunicações*, destinadas sobretudo a que pesquisadores apresentem, de forma abreviada e sintética, resultados de pesquisas que vêm realizando. Tanto podem tratar de uma temática predeterminada (fala-se então de *Sessão de Comunicação Coordenada*), ou sobre temas variados (fala-se de *Sessão de Comunicações Orais*) A comunicação relata estudos, resultados de pesquisa, experiências, de iniciativa pessoal. Trata-se de uma exposição mais sucinta, uma vez que, em geral, pouco tempo lhe é reservado nos encontros.

É bom lembrar que os trabalhos enviados para participação em eventos científicos, em geral, devem ser acompanhados de um resumo contendo em média de 200 a 300 palavras. As comissões organizadoras dos eventos informam previamente, através de suas circulares, as condições de participação e o formato dos trabalhos e resumos. Algumas orientações para a elaboração do resumo já foram apresentadas neste texto (Cf. p. 220-221).

6.5.2. Curriculum Vitae e Memorial

Na vida acadêmica, dois tipos de documentos autobiográficos são frequentemente solicitados dos discentes e docentes: o Curriculum Vitae e o Memorial. O Curriculum Vitae tornou-se exigência universal para todos os profissionais, particularmente nos momentos de acesso e promoção nas carreiras nas empresas, nas entidades culturais, nas instituições universitárias e nos institutos de pesquisa.

O Curriculum Vitae é o registro, sob forma sinóptica e esquemática, da trajetória de formação e de atuação do profissional, de modo a expressar seu perfil científico e técnico.

No universo acadêmico, o formato privilegiado de Curriculum Vitae é aquele estabelecido pelo CNPq, o Currículo Lattes, ao qual se referirá posteriormente, neste capítulo (cf. p. 261 ss.). Esse currículo deve ser preenchido e registrado na Plataforma Lattes no Portal do CNPq, onde ficará armazenado, à disposição tanto do seu titular, para atualizações periódicas com acesso restrito mediante uso de senha que lhe será fornecida pelo CNPq, como do público em geral, apenas para fins de consulta aberta, sendo possibilitadas a leitura e impressão.

O Programa disponibilizado pelo CNPq na Plataforma Lattes para registro e atualização dos dados curriculares é bastante interativo, apresentando campos predefinidos, bastando ao titular apenas preenchê-los, conforme orientações constantes da própria plataforma. O interessado tanto pode baixar o programa para seu micro pessoal, atualizando o currículo e, ao final, enviando-o ao CNPq, como pode trabalhar online, tendo sempre o cuidado de salvar as inserções e, ao final, também reenviar o conjunto ao CNPq, conforme orientação tutorial que é dada. Recomenda-se que se atualize o currículo mensalmente.

No ambiente acadêmico, todos os docentes e discentes devem inscrever, o mais cedo possível, o seu Curriculum Vitae na Plataforma Lattes: além das múltiplas vantagens funcionais, trata-se de documento que lhes será frequentemente solicitado tanto ao longo da fase de formação como da fase de atuação profissional.

O Memorial tem importante utilidade na vida acadêmica, tanto em termos de uso institucional – para fins de concursos de ingresso e promoção na carreira universitária, de exames de seleção ou de qualificação em cursos de pós-graduação, de concursos de livre-docência – como em termos de retomada e avaliação da trajetória pessoal no âmbito acadêmico-profissional.

O Memorial é uma retomada articulada e intencionalizada dos dados do Curriculum Vitae do estudioso, no qual sua trajetória acadêmico-profissional fora montada e documentada, com base em informações objetiva e laconicamente elencadas. É claro que tal registro é também muito importante e suficiente para muitas finalidades de sua vida profissional. Mas o Memorial é muito mais relevante quando se trata de se ter uma percepção mais qualitativa do significado dessa vida, não só por terceiros, responsáveis por alguma avaliação e escolha, mas sobretudo pelo próprio autor. Com efeito, o Memorial tem uma finalidade intrínseca que é a de inserir o projeto de trabalho que o motivou no projeto pessoal mais amplo do estudioso. Objetiva assim explicitar a intencionalidade que perpassa e norteia esses projetos. Por exemplo, quando é o caso de se preparar um Memorial para um exame de qualificação, é o momento apropriado para se explicitar e se justificar o significado da pesquisa que está culminando na dissertação ou tese, e que tem a ver com um determinado resultado que está sendo construído em função de uma proposta mais ampla que envolve todo o investimento que o estudioso vem fazendo, no contexto de seu projeto existencial de vida e de trabalho científico e educacional.

O Memorial constitui, pois, uma autobiografia, configurando-se como uma narrativa simultaneamente histórica e reflexiva. Deve então ser composto sob a forma de um relato histórico, analítico e crítico, que dê conta dos fatos e acontecimentos que constituíram a trajetória acadêmico-profissional de seu autor, de tal modo que o leitor possa ter uma informação completa e precisa do itinerário percorrido. Deve dar conta também de uma avaliação de cada etapa, expressando o que cada momento significou, as contribuições ou perdas que representou. O autor deve fazer um esforço para situar esses fatos e acontecimentos no contexto histórico-cultural mais amplo em que se inscrevem, já que eles não ocorreram dessa ou daquela maneira só em função de sua vontade ou de sua omissão, mas também em função das determinações entrecruzadas de muitas outras variáveis. A história particular de cada um de nós se entretece numa história mais envolvente da nossa coletividade. É assim que é importante ressaltar as fontes e as marcas das influências sofridas, das trocas realizadas com outras pessoas ou com as situações culturais. É importante também frisar, por outro lado, os próprios posicionamentos, teóricos ou práticos, que foram sendo assumidos a cada momento. Deste ponto de vista, o Memorial deve expressar a evolução, qualquer que tenha sido ela, que caracteriza a história particular do autor.

O Memorial deve cobrir a fase de formação do autor, sintetizando aqueles momentos menos marcantes e desenvolvendo aqueles mais significativos; depois deve destacar os investimentos e experiências no âmbito da atividade profissional, avaliando sua repercussão no direcionamento da própria vida; o amadurecimento intelectual pode ser acompanhado relacionando-o com a produção científica, o que pode ser feito mediante a situação de cada trabalho produzido numa determinada etapa desse esforço de apreensão ou de construção do conhecimento e mediante sua avaliação enquanto tentativa de compreensão e de explicação de uma determinada temática.

O Memorial se encerra, então, indicando os rumos que se pretende assumir ou que se está assumindo no momento atual, tendo como fundo a história pré-relatada. Quando elaborado para um exame de qualificação, trata-se de situar o projeto de dissertação ou tese enquanto meta atual e a curto prazo, articulando-o com os investimentos até então feitos e com aqueles que ele oportunizará para o futuro imediato.

Enquanto texto narrativo e interpretativo, recomenda-se que o Memorial inclua em sua estrutura redacional subdivisões com tópicos/títulos que destaquem os momentos mais significativos. No mínimo, aqueles mais gerais, como os momentos de formação, da atuação profissional, da produção científica etc. Melhor ficaria, no entanto, se esta divisão já traduzisse uma significação temática que realçasse a especificidade daquele momento.

Resta dizer ainda que o Memorial não deve se transformar nem numa peça de autoelogio nem numa peça de autoflagelo: deve buscar retratar, com a maior segurança possível, com fidelidade e tranquilidade, a trajetória real que foi seguida, que sempre é tecida de altos e baixos, de conquistas e de perdas. Relatada com autenticidade e criticamente assumida, nossa história de vida é nossa melhor referência.

6.5.3 Associações Científicas, Grupos de Trabalho, Grupos de Estudos

Todas as áreas do sistema nacional de pós-graduação têm, junto à Capes, um representante de área, responsável pela coordenação do processo de avaliação dos Programas de cada uma. Esse representante se faz acompanhar de um Comitê de Área que o auxilia na condução do processo avaliativo. O representante mantém contato com as Coordenações dos Programas e com as entidades científicas nas quais os Programas também se fazem representar de forma mais institucional.

De modo geral, cada Área tem sua Associação Nacional de Pesquisa e Pós-graduação como, por exemplo, ANPED [www.anped.org.br], ANPEPP [www.anpepp.org.br], ANPAD [www.anpad.org.br], ANPOCS [www.anpocs.org.br].

Além dessas entidades diretamente vinculadas à pós-graduação, são muitas outras entidades científicas vinculadas às áreas de conhecimento. Sua finalidade precípua é organizar os especialistas para o intercâmbio científico entre os especialistas da área e divulgar os resultados de suas pesquisas junto à comunidade da área e à sociedade como um todo.

Essas entidades, por sua vez, promovem grandes eventos, em âmbitos local, regional, estadual e nacional, com vista à apresentação de trabalhos científicos produzidos pelas diversas comunidades e ao debate de ideias entre estudiosos e especialistas.

A participação do pós-graduando nesses eventos, para além de suas repercussões institucionais, é de extrema relevância, dada a importância desses encontros para o debate sobre as temáticas que estão sendo pesquisadas e estudadas nos vários Programas país afora.

O mais das vezes, a organização interna dessas entidades inclui a existência de grupos de Estudos e de grupos de Trabalho, que se especializam em subtemas no interior da área de conhecimento, cabendo aos sócios se alocarem nos grupos cuja temática é afim a seus interesses investigativos. Também os Programas de Pós-graduação têm criado seus grupos internos de Estudos e Pesquisas, grupos que se dedicam à investigação em temáticas específicas vinculadas às linhas de pesquisa do Programa. Esta tendência de se criar grupos de pesquisa decorre da ideia, cada vez mais consistente no seio da comunidade científica, de que a produção de conhecimento deve ser um trabalho coletivo, realizado em equipes. Portanto, a filiação dos pesquisadores da pós-graduação, docentes e discentes, a esses grupos é de fundamental importância. As Agências de fomento, de seu lado, têm prestigiado essa iniciativa. Particularmente, o CNPq cadastra e apoia explicitamente os grupos de Pesquisa credenciados por suas instituições de origem. Mantém, em seu Portal, um Diretório específico desses grupos de Pesquisa. Na base de dados desses Diretórios constam informações que dizem respeito aos recursos humanos constituintes dos grupos (pesquisadores, estudantes e técnicos), às linhas de pesquisa em andamento, às especialidades do conhecimento, aos setores de aplicação envolvidos, à produção científica e tecnológica e aos padrões de interação com o setor produtivo. Além disso, cada grupo é situado no espaço e no tempo.

Os grupos de pesquisa inventariados estão localizados em universidades, instituições isoladas de ensino superior, institutos de pesquisa científica, institutos tecnológicos e laboratórios de pesquisa e desenvolvimento de empresas estatais ou ex-estatais. Os levantamentos não incluem os grupos localizados nas empresas do setor produtivo.

No âmbito dos Programas, os grupos de Estudos e Pesquisas constituem-se como órgãos internos, integrando docentes e discentes, orientadores e orientandos, pesquisadores que desenvolvem atividades de pesquisa tomando como referência recortes temáticos específicos, no âmbito das temáticas mais amplas das Linhas de Pesquisa, dedicando-se a pesquisá-los, em projetos coletivos ou individuais, a debatê-los em eventos científicos, a divulgá-los através de suas publicações.

6.6. AS AGÊNCIAS DE FOMENTO E DE APOIO À PESQUISA

Capes

A Coordenação de Aperfeiçoamento de Pessoal de Nível Superior é a agência, vinculada ao MEC, que tem relação mais direta com o sistema nacional de pós-graduação, uma vez que lhe cabe acompanhar e avaliar o seu desempenho. Sua atuação envolve atividades que se agrupam em quatro grandes linhas de ação, cada qual desenvolvida por um conjunto estruturado de programas:

a) avaliação da pós-graduação *stricto sensu*. Procede a um acompanhamento anual do desempenho dos Programas, sendo que trienalmente atribui um conceito a cada curso de Mestrado e Doutorado. Essa avaliação é feita por comitês presididos por um representante da área.

b) acesso e divulgação da produção científica. A entidade coleta informação sobre toda a produção científica dos Programas, sistematizando-a e armazenando-a em Bancos de Dados.

c) investimentos na formação de recursos de alto nível no país e exterior. Desenvolve uma política de fornecimento de bolsas de estudos, de mestrado e doutorado atribuídas aos Programas, sob a modalidade de bolsas de demanda social, bem como

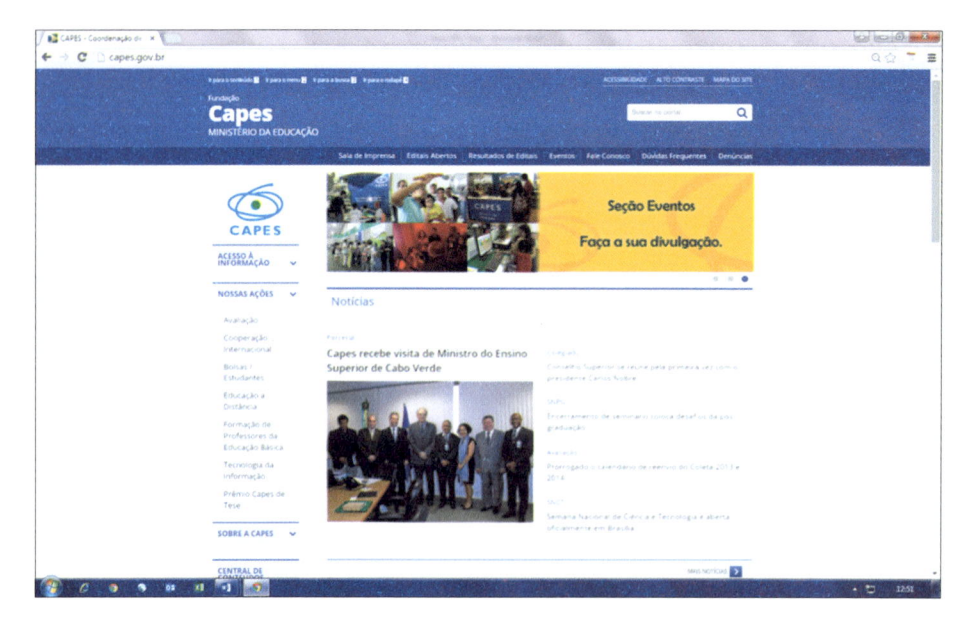

Figura 5. Portal da Capes.

bolsas sob a modalidade de programas especiais, no exterior, de doutorado, de pós-doutorado e bolsas-sanduíche (doutorado em que o pós-graduando faz uma parte de sua pesquisa no exterior).

d) promoção da cooperação científica internacional: apoia iniciativas de intercâmbio internacional dos Programas, financiando participações em eventos, convênios, visitas de professores estrangeiros.

A Capes mantém em seu site um Portal com periódicos científicos de todas as áreas, nacionais e internacionais. Mediante esse Portal, oferece acesso aos textos completos de artigos de mais de 37.000 periódicos e assemelhados internacionais, nacionais e estrangeiros, e a mais de 90 bases de dados com resumos de documentos em todas as áreas do conhecimento. Inclui também uma seleção de importantes fontes de informação acadêmica com acesso gratuito na Internet. O uso do Portal é livre e gratuito para os usuários das instituições participantes. O acesso é realizado a partir de qualquer terminal ligado à Internet localizado nas instituições ou por elas autorizado.

Quanto às teses e dissertações, o Portal oferece duas ferramentas de busca e consulta a informações sobre teses e dissertações defendidas junto a programas de pós-graduação do país:

1. Resumos – relativos a teses e dissertações defendidas a partir de 1987. As informações são fornecidas diretamente à Capes pelos Programas de pós-graduação, que se responsabilizam pela veracidade dos dados.

2. Textos Completos – contêm a íntegra de teses e dissertações por enquanto apenas da área de História. Trata-se de projeto--piloto da Área de História. As ferramentas permitem a pesquisa por autor, título e palavras-chave. O uso das informações das referidas bases de dados e de seus registros está sujeito às leis de direito autorais vigentes.

CNPq

O Conselho Nacional de Desenvolvimento Científico e Tecnológico (CNPq) é uma agência do Ministério da Ciência e Tecnologia (MCT) destinada ao fomento da pesquisa científica e tecnológica e à formação de recursos humanos para a pesquisa no país. Embora direcione seus investimentos de fomento diretamente aos pesquisadores, também concede bolsas de mestrado e doutorado aos Programas de pós-graduação, no país e no exterior. Apoia igualmente projetos de pesquisa, realização de eventos e publicações.

Para analisar, julgar, selecionar e acompanhar os pedidos de projetos de pesquisa e de formação de recursos humanos, o CNPq conta com o apoio de pesquisadores que constituem sua

Figura 6. Portal do CNPq.

Assessoria Científico-Tecnológica. Esses pesquisadores, individualmente ou em grupos, têm atribuições específicas e atuam de acordo com suas especialidades.

Além dessa Assessoria direta, o CNPq conta com um significativo corpo de assessores, que são pesquisadores selecionados de acordo com sua área de atuação e conhecimento. Eles são escolhidos periodicamente pelo Conselho Deliberativo (CD), com base em consulta feita à comunidade científico-tecnológica nacional, e integram os Comitês de Assessoramento (CAs) e os Comitês Temáticos (CTs) e têm a atribuição, entre outras, de julgar as propostas de apoio à pesquisa e de formação de recursos humanos.

Um Comitê Multidisciplinar de Articulação, formado por 15 integrantes, escolhidos pelo CD entre os membros do Corpo de Assessores, atua como um colegiado, auxiliando a Diretoria Executiva do CNPq nos assuntos relacionados aos sistemas de fomento e à formação de pesquisadores.

Como as demais agências de fomento, o CNPq recorre ainda a Consultores *ad hoc,* que são especialistas de alto nível, convidados para analisar o mérito científico e a viabilidade técnica dos projetos de pesquisa, bem como solicitações de bolsas enviadas ao CNPq.

A Plataforma Lattes

A Plataforma Lattes representa a experiência do CNPq na integração de bases de dados de currículos e de instituições da área de ciência e tecnologia em um único Sistema de Informações, cuja importância atual se estende não só às atividades operacionais de fomento do CNPq, como também às ações de fomento de outras agências federais e estaduais.

Dado seu grau de abrangência, as informações constantes da Plataforma Lattes podem ser utilizadas tanto no apoio a atividades de gestão como no apoio à formulação de políticas para a área de ciência e tecnologia. O Currículo Lattes registra a vida pregressa e atual dos pesquisadores, sendo que seu formato vem sendo adotado pela maioria das instituições de fomento, universidades e institutos de pesquisa do país, em decorrência de sua agilidade, transparência e confiabilidade.

Inep

O Instituto **Nacional de Estudos e Pesquisas Educacionais Aní-sio Teixeira** é uma autarquia federal vinculada ao Ministério da Educação (MEC), cuja missão é promover estudos, pesquisas e avaliações sobre o Sistema Educacional Brasileiro, com o objetivo de subsidiar a formulação e implementação de políticas públicas para a área educacional a partir de parâmetros de qualidade e equidade, bem como produzir informações claras e confiáveis aos gestores, pesquisadores, educadores e público em geral.

Figura 7. Plataforma Lattes.

Para gerar seus dados e estudos educacionais, o Inep realiza levantamentos estatísticos e avaliativos em todos os níveis e modalidades de ensino:

• **Censo Escolar**: levantamento de informações estatístico-educacionais de âmbito nacional, realizado anualmente.

• **Censo Superior:** coleta, anualmente, uma série de dados do ensino superior no País, incluindo cursos de graduação, presenciais e a distância.

• **Avaliação dos Cursos de Graduação**: é um procedimento utilizado pelo MEC para o reconhecimento ou renovação de reconhecimento dos cursos de graduação, representando uma medida necessária para a emissão de diplomas.

• **Avaliação Institucional**: compreende a análise dos dados e informações prestados pelas Instituições de Ensino Superior (IES) no Formulário Eletrônico e a verificação, *in loco*, da realidade institucional, dos seus cursos de graduação e de pós-graduação, da pesquisa e da extensão.

Figura 8. Portal do Inep.

• **Sistema Nacional de Avaliação da Educação Superior**: criado pela Lei n. 10.861, de 14 de abril de 2004, o Sinaes é o novo instrumento de avaliação superior do MEC/Inep. Ele é formado por três componentes principais: a avaliação das instituições, dos cursos e do desempenho dos estudantes.

• **Exame Nacional do Ensino Médio (Enem)**: exame de saída facultativo aos que já concluíram e aos concluintes do ensino médio, que vem sendo aplicado desde 1997.

• **Sistema Nacional de Avaliação da Educação Básica (Saeb)**: pesquisa por amostragem, do ensino fundamental e médio, realizada a cada dois anos.

Além dos levantamentos estatísticos e das avaliações, o Inep promove encontros para discutir os temas educacionais e disponibiliza também outras fontes de consulta sobre educação.

FAPs: Fundações de Apoio à Pesquisa

São entidades estaduais que se destinam a apoiar as atividades de pesquisas nos estados, desenvolvidas por pesquisadores ligados às Universidades e às Empresas especializadas. Essas fundações buscam implementar o apoio à pesquisa científica e tecnológica, estimulando a formação e a vinculação de pesquisadores, bem como a indução de pesquisas pertinentes às prioridades de cada região.

Além de auxílios diretos à pesquisa, concedem bolsas de mestrado, de doutorado, de pós-doutorado, de Iniciação Científica; concedem recursos para aquisição e reparo de equipamentos, financiam a participação de pesquisadores visitantes, a organização de eventos científicos, a participação de bolsistas em eventos nacionais e internacionais, bem como concedem auxílios para publicação de revistas, livros e artigos que exponham resultados de pesquisas.

Dentre as FAPs, destacam-se a Fapesp (São Paulo: www.fapesp.br); Faperj (Rio de Janeiro: www.faperj.br); Fapemig (Minas Gerais: www.fapemig.br); Fap/DF (Distrito Federal: www.fap.df.gov.br); Fapemat (Mato Grosso: www.fapemat.mt.gov.br); Fundect (Mato Grosso do Sul: www.fundect.ms.gov.br); Fapeam (Amazonas: www.fapeam.am.gov.br); Fapeal (Alagoas: www.fapeal.br); Fapesb (Bahia: www.fapesb.ba.gov.br); Funcap (Ceará: www.funcap.ce.gov.br); Fapema (Maranhão: www.fapema.br); Fapesq (Paraíba: www.fapesq.rpp.br); Facepe (Pernambuco: www.facepe.br); Fapepi (Piauí: www.fapepi.br); Fapern (Rio Grande do Norte: www.fapern.rn.gov.br); Fapitec (Sergipe: www.fap.se.gov.br); Fapesc (Santa Catarina: www.funcitec.rct-sc.br); Fapergs (Rio Grande do Sul: www.fapergs.tche.br); Fapes (Espírito Santo: www.fapes.es.gov.br); Fundação Araucária de Apoio ao Desenvolvimento Científico e Tecnológico do Paraná (www.fundacaoaraucaria.org.br).

Figura 9. Portal da FAPESP.

Fundação Ford

A **Fundação Ford** é uma organização privada, sem fins lucrativos, criada nos Estados Unidos para ser uma fonte de apoio a pessoas e instituições inovadoras em todo o mundo. Fomentando a cooperação internacional, esta Fundação financia programas de ação social e projetos de pesquisa, nas diversas áreas de conhecimento, em todo o mundo. Fundada em 1936 nos Estados Unidos, a Fundação funcionou como organização filantrópica local no estado de Michigan até expandir-se, em 1950, para se tornar uma fundação de alcance nacional e internacional. Esses recursos advêm de investimentos, originalmente ações da Companhia Automobilística Ford doadas e legadas pela família de Henry Ford. A Fundação não mais possui ações da Companhia Ford e sua diversificada carteira de investimentos é hoje administrada para ser uma fonte permanente de recursos para custear seus programas e operações. Portal: www.fordfound.org.

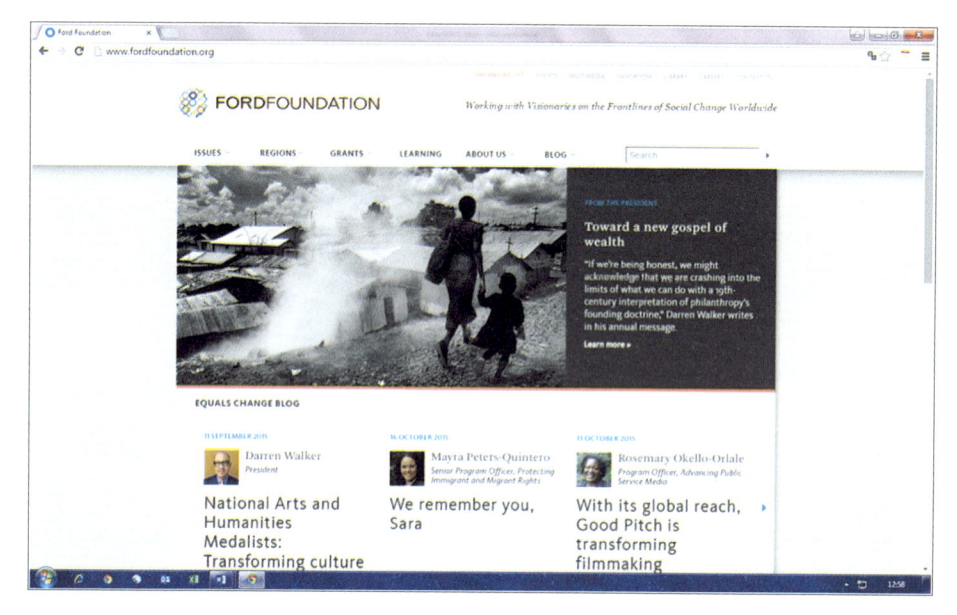

Figura 10. Portal da Fundação Ford.

Da Docência Universitária 7

Na Universidade, a aprendizagem, a docência, a ensinagem só serão significativas se forem sustentadas por uma permanente atividade de construção do conhecimento. Tanto quanto o aluno, o professor precisa da pesquisa para bem conduzir um ensino eficaz. Mas também como no caso do aprendiz, não se trata de transformar o professor no pesquisador especializado, como se fosse membro de uma equipe de um instituto de pesquisa, mas de praticar a docência mediante uma postura investigativa. Tudo aquilo de que ele vai se utilizar para a condução do processo pedagógico deve derivar de uma contínua atividade de busca.

Essa exigência decorre de duas injunções: primeiro, quem lida com processos e produtos do conhecimento precisa ficar em permanente situação de estudo, pois o conhecimento é uma atividade histórica, que se encontra em contínuo devir, e o mínimo que se exige de um professor é que ele acompanhe o desenvolvimento do saber de sua área; mas além disso, impõe-se a postura investigativa porque o conhecimento é um processo de construção dos objetos, ou seja, todos os produtos do conhecimento são consequências de processos de produção destes, processo que precisa ser refeito, sem o que não ocorre apropriação, o que se reforça pelas exigências da situação pedagógica de aprendizagem.

> São dois os motivos pelos quais o professor precisa manter-se envolvido com a pesquisa: primeiro, para acompanhar o desenvolvimento histórico do conhecimento; segundo, porque o conhecimento só se realiza como construção de objetos

Tendo bem presentes as finalidades do ensino superior, como foi visto no capítulo inicial, aos professores universitários se impõe o compromisso com um investimento sistemático no planejamento de suas disciplinas, na qualificação de sua interação pedagógica com seus alunos e numa concepção do ensino e da aprendizagem como processo de construção do conhecimento, bem como num cuidado especial com a avaliação.

7.1. PLANEJANDO O ENSINO

O plano de ensino deve ser a expressão de uma proposta pedagógica que dê uma visão integral do curso pensado com vistas ao desenvolvimento do aluno mediado pelos processos de aprendizagem. Além de constituir o roteiro do trabalho docente e da caminhada do aluno, ele deve mediar a proposta educativa visada pelo curso em geral e pela disciplina em particular. Daí a importância que tem a justificativa para alicerçar as programações.

A interação comunicativa, a capacidade de estabelecimento de uma relação profissional e democrática que se configure fundamentalmente pelo respeito mútuo, dimensão que tem a ver com o relacionamento humano e com a necessidade de um contrato entre as partes, de modo que a autoridade não se confunda com o autoritarismo nem a liberdade com libertinagem.

Uma concepção da aprendizagem como processo de construção do conhecimento. Consequentemente, adoção de estratégias diretamente vinculadas de modo que experiências práticas possam ser mobilizadas para essa aprendizagem. Ou seja, que a própria prática da pesquisa seja caminho do processo de ensino e aprendizagem. Nessa linha, todas as disciplinas do curso devem se articular, fazendo que ocorra envolvimento de todos os docentes. É necessária uma atitude coletiva convergente em termos de exigência de padrão de produção acadêmica.

O cuidado crítico com avaliação é exigência fundamental na prática docente universitária. Sem dúvida, este é um aspecto delicado do processo educacional, dado o índice de poder que ele envolve. Porque quando se torna um mecanismo de opressão compromete toda a fecundidade pedagógica. O critério a prevalecer aqui é o da medida da justiça, ou seja, que não se marque nem pela dominação nem pelo protecionismo.

O ensino não pode realizar-se de forma aleatória, diletante, espontaneisticamente conduzido, mesmo quando o professor tenha um domínio muito grande da matéria, adquirido por acúmulo de experiência. Toda aula, como intervenção pedagógica, exige, da parte do professor, um cuidadoso planejamento.

Em primeiro lugar, o professor precisa planejar sua disciplina com antecedência. Isso não deve ser feito apenas em função de obrigações burocráticas formais de registro acadêmico, mas em função da necessidade de um roteiro de trabalho. Este planejamento deve ser feito antes do início do exercício letivo, quando deve ser distribuído e divulgado para todos os alunos. Em segundo lugar, a cada semana, a aula deve ser preparada, roteirizada, em consonância e coerência com o plano da disciplina e com a lógica temática em desenvolvimento.

> A programação da disciplina deve conter os seguintes elementos: justificativa, objetivos, conteúdos temáticos, metodologia de trabalho, avaliação, leituras complementares e cronograma.

No planejamento da disciplina, é preciso levar em conta o plano maior do curso, uma vez que a disciplina é uma parte de um todo, organicamente articulado para que possa responder, adequadamente, ao projeto formativo do aluno.

É por isso que a programação da disciplina deve começar com a *justificativa*; trata-se de mostrar aos alunos o lugar que ela ocupa, em função de seu conteúdo, no projeto formativo. Apresentar a justificativa é fundamental, pois todos precisamos saber a razão pela qual uma atividade é desenvolvida. Não é válido usar apenas argumentos de autoridade, de tradição ou de determinação legal. Qualquer que seja a disciplina, cabe um esforço no sentido de mostrar aos alunos não só sua pertinência mas também sua relevância para a formação naquela área. É o momento de ressaltar, ainda que sinteticamente, a importância formativa dos elementos constitutivos da disciplina. Justificar é sempre uma maneira de expressar, de um lado, a razão de ser de uma atividade, sua validade, fundamentada em bases consistentes; de outro, o respeito pela liberdade e autonomia do aluno, que deve encontrar, na justificativa, o porquê é válido cursar essa disciplina e essa programação, de tal modo que não tenha de agir de forma mecânica ou apenas por obrigação.

Em seguida, a programação deve explicitar seus *objetivos*, ou seja, o que ela visa alcançar com relação à formação do aluno. Os objetivos são intrínsecos à própria natureza dos conhecimentos que estarão sendo trabalhados, a forma como eles poderão contribuir para a formação do estudante.

Os **conteúdos temáticos** são as mediações informativas do conhecimento daquele segmento da área estudada. Constam da programação para apresentar a delimitação, o recorte temático do conhecimento que se vai trabalhar ao longo do curso. Esses conteúdos devem ser explicitados de maneira que não seja nem muito genérica (pois assim não diriam nada), nem muito detalhada (pois aí ficariam hiperespecializados) e apresentados de forma coerente e articulada.

A **metodologia de trabalho** deve anunciar as modalidades das diferentes atividades que serão desenvolvidas pela docência do professor e daquelas que serão solicitadas dos alunos como formas de desempenho acadêmico. Deve então anunciar não apenas as formas de atuação do professor mas também as tarefas que estarão sendo atribuídas aos discentes.

A *avaliação* deve antecipar os processos e os produtos que entrarão como matéria para apreciação e avaliação por parte do professor. Estes elementos precisam ser claramente antecipados e explicitados, sem ambiguidades, para que fiquem bem claras as regras do jogo, marcando bem a proporção que cabe à demonstração de empenho por parte do aluno, bem como a seu efetivo desempenho. O processo avaliativo é, sem dúvida, a dimensão mais complexa e delicada da atividade de docência. Seu critério maior há que ser a justiça. O professor deve ter bem presente que, em matéria de avaliação, a qualidade das tarefas é mais significativa do que sua quantidade.

Leituras recomendadas são aquelas fontes que complementam e/ou desdobram a temática da disciplina. Elas representam sugestões de mais subsídios caso o aluno queira aprofundar o assunto do curso. Ao mesmo tempo, elas, como referências bibliográficas, informam as fontes utilizadas pelo docente na preparação de sua proposta de curso.

Finalmente, o *cronograma* distribui as atividades ao longo do exercício letivo e discrimina as atividades específicas de cada aula. É muito importante elaborar e entregar esse cronograma logo no início das atividades letivas, de forma a que o aluno possa também organizar seu trabalho ao longo do curso.

7.2. ENVOLVENDO O ALUNO NA PRÁTICA DA PESQUISA

O envolvimento dos alunos ainda na fase de graduação em procedimentos sistemáticos de produção do conhecimento científico, familiarizando-os com as práticas teóricas e empíricas da pesquisa, é o caminho mais adequado inclusive para se alcançar os objetivos da própria aprendizagem.

Aprender é necessariamente uma forma de praticar o conhecimento, é apropriar-se de seus processos específicos. O fundamental no conhecimento não é a sua condição de produto, mas o seu processo. Com efeito, o saber é resultante de uma construção histórica, realizada por um sujeito coletivo. Daí a importância da pesquisa, entendida como processo de construção dos objetos do conhecimento e a relevância que a ciência assume em nossa sociedade.

Felizmente, a tomada de consciência da importância de se efetivar o ensino dos graduandos mediante práticas de efetiva construção do conhecimento só tem feito aumentar nos últimos tempos. Em todos os setores acadêmicos, está se reconhecendo, cada vez mais, a necessidade e a pertinência de assim se proceder. As resistências ficam por conta da acomodação de alguns ou da ausência de projetos culturais e educacionais de outros gestores das instituições universitárias. Mas é preciso lutar contras essas situações e consolidar sempre mais esta postura. Não se trata, bem entendido, de se transformar as instituições de ensino superior em institutos de pesquisa, mas de se transmitir o ensino mediante postura de pesquisa. Trata-se de ensinar pela mediação do pesquisar, ou seja, mediante procedimentos de construção dos objetos que se quer ou que se necessita conhecer, sempre trabalhando a partir das fontes.

Os procedimentos pertinentes à modalidade da Iniciação Científica são os mais pertinentes para que se possa então realizar a aprendizagem significativa, preparando os alunos que passam por essa experiência para edificação das bases para a continuidade de sua vida científica, cultural e acadêmica, de modo geral.

Sem dúvida, para além das exigências institucionais que implicam, da parte dos gerenciadores da educação no país, a viabilidade e a fecundidade da Iniciação Científica exigem, da parte dos docentes, uma correspondente mudança de postura didático-pedagógica. Uma primeira mudança diz respeito à própria concepção do processo do conhecimento, a ser visto como efetiva construção dos objetos, ou seja, impõe-se que o professor valorize a pesquisa em si como mediação não só do conhecimento mas também, e integralmente, do ensino. Em segundo lugar, é preciso que os docentes se disponham a uma atitude de um trabalho investigativo com os iniciantes, cônscios das dificuldades

e limitações desse processo, assumindo a tarefa da orientação, da co-
-orientação, do acompanhamento, da avaliação, compartilhando inclusive suas experiências e seus trabalhos investigativos, abrindo espaços
em seus projetos pessoais.

De seu lado, as instâncias internas da Instituição de ensino superior
precisam assumir não só a luta por maior número de bolsas de Iniciação
Científica junto às agências oficiais, mas também aquela pela criação de
um sistema próprio de concessão dessas bolsas, com recursos próprios,
apoiando docentes e discentes que se disponham a desencadear o processo sistemático de seu desenvolvimento. Na verdade, impõe-se toda
uma reformulação da mentalidade e da prática de se conceber e minis-
trar o ensino nas instituições universitárias.

A aquisição, por parte dos estudantes universitários, de uma postura
investigativa não se dá espontaneamente por osmose, nem artificialmente
por um receituário técnico, mecanicamente incorporado. De acordo com
as premissas anteriormente colocadas, a aprendizagem universitária tem
muito mais a ver com a incorporação de um processo epistêmico do que
com a apropriação de produtos culturais, em grande quantidade.

O que é exigido, então, como mediações necessárias, são componentes curriculares, com configuração teórica e com desenvolvimento
prático, que subsidiem o aluno nesse processo. O ensino/aprendizagem
do processo de construção do conhecimento pressupõe, pois, um complexo investimento.

Primeiramente, é preciso garantir uma **justificativa político-
-educacional** do processo. Trata-se de mostrar ao aluno que o conhecimento é a única ferramenta de que o homem dispõe para cuidar da
orientação de sua existência, sob qualquer ângulo que ela seja encarada. A
habilidade em lidar com o conhecimento como ferramenta de intervenção
no mundo natural e no mundo social é pré-requisito imprescindível para
qualquer profissão, em qualquer área de atuação dos sujeitos humanos.
Por isso mesmo, todos os currículos universitários precisam contar com
componentes, certamente de natureza filosófica, capazes de assegurar o
esclarecimento crítico acerca das relações entre o epistêmico e o social.

Em seguida, é preciso assegurar igualmente uma **fundamentação epistemológica**, ou seja, garantir ao aprendiz o domínio do próprio processo de construção do conhecimento, consolidando-se a convicção quanto ao caráter construtivo desse processo, superando-se todas as outras crenças epistemológicas arraigadas em nossa tradição filosófica e cultural, de cunho representacionista, intuicionista etc. É pré-requisito imprescindível para que nos tornemos pesquisadores a explicitação dos processos básicos que emergem na relação sujeito/objeto quando da atividade cognoscitiva. De nada valerá ensinar métodos e técnicas se não se tem presente a significação epistêmica do processo investigativo.

Só sobre essa base ganha sentido a inclusão de componente curricular mediador de **estratégia didático-metodológica**, que cabe se designar como a metodologia do trabalho científico, onde se tratará da iniciação às práticas do trabalho acadêmico, estratégia geral de interesse de todos os estudantes, independentemente de sua área de formação.

Finalmente, é preciso colocar à disposição dos estudantes uma **metodologia técnico-científica** para o trabalho investigativo específico de cada área. Com efeito, essa etapa não deve ser identificada ou confundida com a metodologia do trabalho científico, pois ela trata dos meios de investigação aplicada em cada campo de conhecimento.

Desse modo, podemos concluir que a iniciação à prática científica na universidade exige mediações curriculares que articulem, simultânea e equilibradamente, uma legitimação político-educacional do conhecimento, sua fundamentação epistemológica, uma estratégia didático-metodológica e uma metodologia técnica aplicada.

Mas essa estratégia geral do ensino pressupõe, por sua vez, algumas táticas para se garantir sua eficácia. A primeira delas é que a intervenção desses elementos epistêmico-metodológicos se dê ao longo do tempo histórico da formação geral do aluno. A experiência mostra que de pouco adianta concentrar essa intervenção num único momento desse processo formativo e num único componente curricular. Isso tem a ver com o fato de que a formação humana é também um processo histórico, em que um estágio prático alcançado serve de base para se alcançar o próximo, não se queimando etapas. Sem dúvida, vai ocorrendo uma acumulação, mas sempre envolvendo uma criatividade transformadora. Por isso, em todas as etapas e lugares do processo, essas preocupações precisam ser levantadas e dinamizadas.

A segunda é que, sendo o conhecimento uma atividade de construção, a aprendizagem envolve necessariamente a prática. Só se aprende fazendo, pode-se afirmar, parafraseando-se Dewey. No caso, isso quer dizer que não basta dar aulas expositivas autocentradas sobre os diferentes tópicos do conteúdo das várias abordagens. Portanto, impõe-se aprender a pesquisar, pesquisando. Daí a relevância dos exercícios práticos, com destaque para a Iniciação Científica e para o Trabalho de Conclusão de Curso, pelo que essas duas modalidades envolvem de atuação concreta de investigação. Mas todas as aulas, toda nossa pedagogia, precisam adotar estratégias de exercício investigativo.

Além disso, esse processo formativo, assim concebido, deve ser desenvolvido de maneira efetivamente integrada e convergente, ou seja, todos os professores do curso do aluno, os docentes das disciplinas de conteúdo, e não só os professores das disciplinas instrumentais, precisam cobrar o desempenho dos alunos em suas tarefas didáticas, coerente com essas exigências metodológicas. Caso contrário, o investimento se perde. Portanto, o assunto precisa ser discutido, planejado, executado e avaliado por toda a equipe dos docentes de cada curso.

7.3. A AVALIAÇÃO FUNDAMENTADA

A avaliação adequadamente conduzida deve ser uma abordagem diagnóstica do desempenho do aluno, levantando aspectos positivos e negativos sempre com vistas à reorientação das ações de estudo e aprendizagem.

Avaliar o desempenho do discente é a tarefa mais delicada da vida acadêmica de professores e alunos. Além da própria dificuldade do processo em si (atribuir valor às ações humanas), a avaliação, que envolve fatores de subjetividade tanto dos avaliadores como dos avaliados, torna-se espaço privilegiado de manifestação de sentimentos complexos e de desvios reais de postura e de procedimentos, com resultados contraproducentes. O docente sempre corre o risco de transformar sua intervenção numa mera operação técnica de medição ou então num severo julgamento moral, capaz de provocar uma estigmatização do aluno, quando ela deveria ser tão somente uma análise diagnóstica destinada a identificar aspectos positivos e negativos, de modo a que se possa orientar e reorientar o aluno na condução da sua prática escolar. Por sua vez, o discente corre o risco de transformar sua atitude frente à intervenção avaliativa do professor em mera cobrança de uma retribuição quantitativa ou num sofrimento subjetivo, que compromete sua autoestima e confiança na sua capacidade.

O arraigado regime tradicional de atribuição de notas e seu decorrente ranqueamento consolida essa percepção mensurante da avaliação. É, no entanto, muito difícil substituí-lo operacionalmente por procedimentos qualitativos e mais difícil ainda convencer os alunos de que a avaliação é fundamentalmente uma imprescindível mediação para sua própria formação. Deve ser vista e vivenciada como momento de análise e reflexão para identificar dificuldades e obstáculos, para contextuar sucessos e insucessos na aprendizagem e para que sejam lançados novos pontos de partida para a reorientação de ações futuras na interação com os processos de estudo e aprendizagem.

A intervenção avaliativa do professor só se legitima quando subsidia o aluno na tomada de decisões com vista ao redirecionamento de seu próprio proceder, tornando-o mais relevante para a construção de sua autonomia intelectual.

Todas as atividades humanas precisam ser sempre avaliadas, pois elas não se determinam de forma mecânica, automática. Sendo atividades intencionais, ou seja, ganham seu sentido de uma opção valorativa da própria pessoa, elas precisam ser constantemente observadas, acompanhadas e ter seus resultados devidamente analisados, buscando-se sempre aquilatar até que ponto sua realização está se adequando a suas finalidades.

É o que precisa ocorrer também no âmbito da prática educacional e de suas mediações didático-pedagógicas, em que pese a inevitável dificuldade de procedimento avaliativo. Impõe-se fazer um diagnóstico para se aquilatar os resultados obtidos, identificar perdas e conquistas, erros e acertos, para que se possa ajustar e reorientar a prática, se assim se fizer necessário.

Quanto a seu conteúdo específico, a avaliação do desempenho do aluno deve ter como referências necessárias os objetivos e metas propostos no planejamento do curso, tendo-se então bem claro que se está tratando de construção do conhecimento e que este não seja apenas apropriado e repetido mecanicamente, mas analisado e reinventado. Competência, crítica e criatividade são as dimensões cuja presença pode assegurar a função diagnóstica e construtiva da avaliação.

Espera-se, pois, da prática avaliativa que o professor informe o aluno, o esclareça, o encoraje, orientando-o no prosseguimento de sua caminhada de aprendiz. Quaisquer que sejam as modalidades de tarefas passadas aos alunos, é preciso que haja orientação clara a respeito do que estará sendo esperado e avaliado, fornecendo-lhes diretrizes técnicas para a realização dessas tarefas. Mas na realização dessas tarefas, o que deve ser privilegiado e considerado na avaliação é a efetiva demonstração de habilidades de compreensão, de criação, de invenção. Nunca demandar apenas a capacidade de memorização e de reprodução mecânica. Trata-se de pôr em ação a inteligência do aprendiz mais que sua memória.

Só assim a avaliação terá sentido pedagógico e formativo, sua razão de ser. Avaliar não é apenas medir; a mensuração é apenas um instrumento técnico-operacional do processo que precisa ser prioritariamente qualitativo.

O professor pode recorrer a todas as modalidades de tarefas já consagradas no trabalho pedagógico: trabalhos escritos, exercícios de reflexão, relatórios de leitura, elaboração de resumos, de resenhas, relatórios de pesquisa de diversas naturezas, seminários, provas etc., levando em conta as circunstâncias contextuais das turmas. O fundamental é que estas tarefas tenham consistência e coerência, ensejem a análise precisa, a reflexão crítica e a criatividade, privilegiem o exercício da inteligência mais que o da memória, sejam exequíveis para o tempo disponível. E que, uma vez realizadas e relatadas pelos alunos, devem ser efetivamente avaliadas, com retorno formal dos resultados dessa avaliação, com as necessárias justificativas destes. Este retorno com esclarecimentos do porquê do resultado é fundamental para dar à avaliação seu significado pedagógico, tirando dela sua conotação de mero exercício de poder.

A prática avaliativa, para além de sua condição de uma prática técnica e simbólica, é, sobretudo, um exercício de relacionamento de cunho político, cuja medida básica é a justiça. Tem-se alegado que o ato de avaliação seria um ato de amor. Mas, talvez, o mais apropriado seria afirmar que ela é um ato de justiça, ou seja, que ele não se deixasse marcar nem por atitudes de dominação nem de protecionismo. A avaliação deve ser conduzida sem ser ela mesma um ato de dominação, que oprimisse o sujeito, ou um ato de proteção, que desqualifica a dignidade do educando e desrespeita o direito de terceiros, inviabilizando a cidadania como dimensão coletiva.

Para saber mais

Os textos indicados a seguir trazem mais subsídios para o entendimento e a prática do processo avaliativo, com exposição de experiências, resultados de pesquisas sobre avaliação, sugestões de procedimentos que podem ser úteis no trabalho do professor universitário:

FELTRAN, Regina C. de S. e outros (orgs.). *Experiências em avaliação na universidade.* Taubaté: Cabral Editora, 2003.

FELTRAN, Regina C. de S. *Avaliação na educação superior.* Campinas: Papirus, 2002.

CUNHA, M. Isabel. *O professor universitário na transição de paradigma.* Araraquara: J. M. Editora, 1998.

ROMÃO, J. E. *Avaliação dialógica:* desafios e perspectivas. São Paulo: Cortez, 1998.

7.4. A CARREIRA DOCENTE

As instituições de ensino superior, particularmente as universidades consolidadas, organizam o trabalho de seus professores não apenas de acordo com os dispositivos das leis trabalhistas mas também em conformidade com as diretrizes de um sistema de carreira docente. Trata-se de uma forma de reconhecer e valorizar o mérito acadêmico do desempenho dos professores no exercício de sua função educacional. As instituições acadêmicas realizam esforços para estabelecer referências mais objetivas que fundem suas decisões no efetivo mérito dos profissionais, razão pela qual o acesso e a promoção na carreira se dá através da sistemática de concursos conduzidos com maior objetividade e transparência. Às diferentes categorias da carreira vinculam-se determinadas vantagens funcionais nas funções acadêmico-administrativas da instituição e também vantagens salariais. Embora o regime de carreira docente seja uma característica predominantemente das universidades públicas, ele já existe em algumas boas universidades particulares e seria de todo desejável que se tornasse presente em todas as instituições de ensino superior.

Até bem pouco tempo atrás, bastava o diploma de graduação para que alguém se tornasse professor universitário. Era o chamado "auxiliar de ensino", docente ainda jovem, a quem cabia preparar-se para ingressar na carreira docente. No nosso contexto, esse docente era, de modo geral, o licenciado que, de longa data, vinha sendo o candidato nato ao magistério superior, na situação complicada de um processo extremamente reprodutivista presente no ensino superior brasileiro. Esse estranho fato de o ensino superior ser dominado de maneira hegemônica pelos licenciados tem a ver com a tradição luso-brasileira de concepção de ensino como simples processo de transmissão de conhecimentos acumulados e disponíveis. Não se trata de retomar esta questão aqui, mas é importante ressaltar que a ideia da carreira docente tem muito a ver com nossa relação com o conhecimento, com sua produção, com sua sistematização, com sua transmissão e com sua finalidade social. Por isso, é medida absolutamente correta vincular o ingresso à carreira docente ao título de mestre. Não, obviamente, pela simples titularidade, mas pelo fato de que, em nosso contexto, o mestrado representa uma primeira experiência de produção de conhecimento, de prática de pesquisa. Por isso, é atribuído ao mestre o direito de ingresso à carreira, significando isso o reconhecimento de que doravante estará legitimado seu trabalho docente por poder ele nascer agora de uma nova forma de relacionamento com o saber. Ele já teve uma experiência sistematizada de construção de conhecimento e espera-se que, a partir de então, seu trabalho docente evolua, deixando de ser mera repetição e passe a ser um disseminador de um processo e não um repassador de um produto. Mas esse processo de construção de conhecimento não para. Por isso, o estágio do assistente mestre deve ser curto, cabendo-lhe avançar nessa sua experiência de pesquisador, uma vez mais recorrendo-se à pós-graduação, agora ao doutorado, para que possa avançar na sua carreira. Foi o que reconheceu a norma ao dispor que o doutor pode ser promovido para um próximo estágio, o de assistente-doutor, cujo perfil é aquele de um pesquisador mais amadurecido, já dominando um campo de investigação nos universos das ciências, das artes e da filosofia. Mas o assistente-mestre, ao comprometer-se com esse avanço, ao cursar o doutorado, deve dar início a uma prática mais extensiva e mais intensiva da vida científica. A preparação de sua tese, mais que um ato meramente acadêmico, deve tornar-se um processo ainda mais sistemático de construção de conhecimento.

É por isso mesmo que as exigências em relação ao assistente--doutor precisam ser um pouco mais profundas do que aquelas feitas ao assistente-mestre. O título de doutor, ainda que requisito formal básico, não é suficiente para caracterizar esse perfil. Do doutor já se espera uma participação mais abrangente na vida científica, onde está em pauta, fundamentalmente, o empenho na universalização do conhecimento. Daí a importância das publicações, das conferências, dos debates nos eventos científicos, sem falar do óbvio componente representado pelo trabalho docente na sala de aula, bem como do necessário início do trabalho de formação de novos pesquisadores mediante a atividade de orientação de estudantes em atividades de pesquisa, particularmente nos cursos de pós-graduação.

Promovido à função de assistente-doutor, o docente está amadurecido para a consolidação desse processo de construção sistemática do conhecimento. Por mais precárias que sejam nossas condições institucionais, impõe-se reconhecer que o professor doutor precisa desenvolver seu trabalho docente com base numa rigorosa prática científica, envolvida em sistemática e abrangente atividade acadêmica, cultural e investigativa. Obviamente, não estou me referindo ao mero tarefismo acadêmico, entremeado de turismo cultural, mas de um compromisso intrínseco à natureza do trabalho de construção do saber nos diversos campos epistemológicos, típico de quem optou pela tarefa de ser funcionário do conhecimento. É preciso ficar bem claro que não se trata de supervalorizar a atividade de pesquisa em relação àquela do ensino: a meu ver, essa é uma falsa dicotomia, que não resiste a uma análise mais detida, pois não se pode ensinar eficazmente sem se praticar sistematicamente a pesquisa.

Assim, uma vez chegado ao grau de assistente-doutor, o docente precisa, para se preparar à próxima etapa da carreira, a de *associado*, de *adjunto* nas universidades federais, dedicar-se com sistematicidade ao trabalho de construção do conhecimento, via pesquisa, não perdendo de vista o caráter de centralidade em sua vida, dessa atividade. A essa altura, o produzir, sistematizar e transmitir o conhecimento assume mais algumas características. A primeira delas é exatamente a característica da especialização, entendida não como uma forma de isolamento arbitrário e artificial, mas como o reconhecimento de que a natureza e a complexidade do universo cultural e científico, frente às limitações de nossa atividade intelectual, exigem que nos concentremos, inclusive com o objetivo de tornar mais verticalmente profundo o conhecimento sobre os objetos de nossa investigação. Mas falar em especialização não é referendar a postura fragmentalista de molde

positivista: a verdadeira especialização pressupõe uma efetiva interação epistêmica com as áreas afins e com o universo do saber envolvente, o que exige certa circulação entre os diversos campos do saber.
É o necessário exercício da interdisciplinaridade, válido tanto para a
pesquisa como para o ensino, sem falar da extensão. Outra característica é a igualmente sistemática ampliação de sua intervenção para fora
da academia. Não só para multiplicar os destinatários das conclusões
de sua tese mas também para multiplicar os objetivos e procedimentos relacionados com sua área de conhecimento, é hora de integrar
a comunidade científica mais ampla. É hora também de dar início ao
processo de formação de novos pesquisadores, de compartilhar sua
competência, mediante o processo de orientação de dissertações e teses que, ao final, tem o papel de consolidá-la. Não sem razão, algumas
universidades exigem a condição de livre-docente do candidato a professor associado, como é o caso das universidades públicas estaduais
de São Paulo. É que esse concurso de Livre-Docência representa, pelas
suas exigências específicas, um estágio de significativa maturidade acadêmica e científica do docente.

Liberado das pressões formais das investigações vinculadas à titu-
lação formal, o professor doutor que se candidata à função de associado
deve apresentar à comunidade acadêmica mais que um linear cumprimento de um interstício cronológico, um acervo que testemunhe essa
maturação: além das atividades de docência, aquelas de pesquisa que as
fundamentem e que se revelam mediante publicações científicas, participações em eventos da área, multiplicação de sua prática em processos
de orientação e de formação de novos pesquisadores, participação nos
debates, intercâmbios etc. Esse conjunto de atividades repercute necessariamente na participação institucional, não apenas no âmbito da Universidade mas também em outras instâncias que servem de mediação
da atividade intelectual e científica e a sociedade mais ampla. Pode-se
dizer que o educador-cientista, ou o cientista-educador, é necessariamente uma pessoa pública, assim entendida em decorrência de que o conhecimento é, sem nenhuma dúvida, atividade de um sujeito coletivo
e uma dívida social. Ser pesquisador, numa sociedade historicamente

determinada, não é isolar-se num laboratório ou num escritório, lidando com o conhecimento como se ele fosse um processo etéreo e descompromissado com o todo da existência histórica dos homens.

Finalmente, algumas referências ao que seriam as características de um professor *titular*. A referência básica é a plena maturidade intelectual, que deve ser fruto de toda essa trajetória anterior, momento em que o acúmulo de experiências e de produções garantiria liderança, solidez, consistência e fecundidade ao seu trabalho na academia e demais instâncias. É o momento em que toda a produção assume um certo caráter de testemunho, passando a ser referência para a comunidade da área. Sem dúvida, nessa fase, talvez seja a liderança a marca maior do perfil do professor titular. Por isso mesmo, sua esfera de influência deve transcender os limites da academia, sua presença se fazendo necessária em espaços externos, colocando-se à frente de outras iniciativas, coordenando grupos e movimentos.

Resumindo, pode-se dizer que a característica mais marcante do assistente-mestre seria a persistência em dar continuidade a sua formação científica; a do assistente-doutor seria a sistematicidade da produção científica; a do associado seria a maturidade na produção científica; e a do titular seria a liderança científica.

Para saber mais

Sobre os diferentes aspectos da docência universitária, abordados neste capítulo, mais subsídios relevantes serão encontrados nos seguintes textos:

PIMENTA, Selma G.; ANASTASIOU, Lea das G. C. *Docência no ensino superior.* São Paulo: Cortez, 2003. (Coleção Docência em Formação.)

ABREU, M. Célia; MASETTO, Marcos. O *professor universitário em aula:* prática e princípios teóricos. São Paulo: Autores Associados, 1990.

MASETTO, Marcos (Org.). *Docência na universidade.* Campinas: Papirus, 1998.

CARVALHO, Ana M. P. de. A *formação do professor e a prática de ensino.* São Paulo: Pioneira, 1988.

CONCLUSÃO

Percorridas estas diretrizes para as várias tarefas do trabalho científico, tais como devem ser planejadas e executadas durante toda a vida universitária, é preciso relembrar que somente um ininterrupto exercício levará à formação de hábitos de estudo definitivos e espontâneos que o estudante continuará então sempre aplicando nas suas seguidas atividades intelectuais. Um primeiro trabalho didático bem feito, apesar das dificuldades encontradas e do eventual excesso de mão de obra, é uma garantia de que o próximo será ainda melhor, mas, ao mesmo tempo, mais fácil e mais agradável de se fazer, apesar de o próprio estudante tornar-se mais exigente quanto ao nível de rigor deste. Frise-se, porém, que não se trata de se perder em questiúnculas formais de detalhes, de pormenores de citação, de redação e outras semelhantes. O que importa é adquirir capacidade para organizar e estruturar logicamente a atividade pensante desenvolvida, seja ela qual for, e saber expressá-la numa linguagem igualmente apta a transmitir o conteúdo pensado. Não é preciso que o estudante "ritualize" mecanicamente a forma de se apresentar um seminário só por fidelidade a estas orientações didáticas. Como em todos os momentos da vida, o que importa são os fins, os objetivos e não os meios. E estas diretrizes metodológicas, como instrumental didático, querem ser apenas um caminho para a liberdade de ação do espírito em seu desenvolvimento intelectual.

Cumpre ressaltar que "diretrizes metodológicas" como as veiculadas por este manual não têm valor intrínseco, transcendental e universal. Plenamente consciente disso, o autor não pretende de maneira alguma, nem mesmo por insinuação, apresentá-las como as únicas ou como as melhores. Elas nasceram de uma experiência particular que naturalmente se preocupou em disciplinar e apoiar-se em várias fontes, mas nem por isso deixa de ser bastante particular. Ademais, não existe – nem precisaria existir – uniformidade neste assunto. O que, contudo, precisa ser cobrado, tanto dos professores como dos alunos, é a *preocupação com a disciplina intelectual* como *guia da vida científica.* Disso ninguém pode se eximir. O descaso com a correção das posturas intelectuais de estudo em nossas escolas superiores é digno de lástima, levando-se em conta as consequências negativas que tem causado. Na opinião do autor deste livro, aos professores cabe exigir e cobrar dos alunos, após a devida orientação, a organização da vida de estudos, sem as falsas ilusões da facilidade de processos didáticos de eficiência duvidosa e sem a racionalização creditada muitas vezes a mal interpretadas filosofias da educação.

Sem recusar de maneira alguma a importância dos conteúdos da informação teórica, *é preciso insistir, durante todo o período da formação universitária, sobre a metodologia adequada das várias ciências, após se insistir sobre a metodologia da vida didático-científica em geral.* Observa-se muitas vezes que as disciplinas encarregadas de ensinar a manipulação do instrumental metodológico de determinada área do saber acabam transformando-se em mais um conjunto de informações ou de sofisticadas técnicas que o estudante deve digerir mesmo que não consiga realmente utilizá-las. O que verdadeiramente importa, ou seja, o método como desencadeador de uma prática viva e atuante da ciência, não é conseguido. O estudante sai da universidade sem saber aplicar o método próprio de sua especialidade, sem saber pesquisar em sua área.

As referências epistemológicas e as diretrizes metodológicas e técnicas apresentadas neste livro, obviamente, não são suficientes para o completo domínio da prática da pesquisa científica nas diversas áreas do conhecimento. Aqui foram expostos elementos dos procedimentos exigidos na atividade científica em geral, fornecendo assim um roteiro para o trabalho de estudo e pesquisa, não se tratando das metodologias específicas de cada campo particular do conhecimento científico. Por isso mesmo, alunos e professores precisam ainda recorrer às orientações de investigação nesses campos do saber, disponíveis em obras didáticas especializadas.

Nas condições universitárias brasileiras, em que a grande maioria dos estudantes não dispõe de tempo integral para seus cursos, exige-se deles rigorosa organização do pouco tempo disponível para o estudo "em casa", indispensável para um aproveitamento inteligente do curso de graduação; exige-se deles um mínimo de capacitação qualificativa para as etapas posteriores tanto na sequência eventual de seus estudos, como para o exercício de suas atividades profissionais.

Bibliografia Comentada

1. Aspectos gerais do trabalho científico

ACOSTA HOYOS, Luiz E. *Guia práctica para la investigación y redacción de informes.* 2. ed. Buenos Aires: Paidós, 1972. (Biblioteca del Educador Contemporáneo, 146). 188 p.

> Manual com orientações técnicas e gráficas para a elaboração de um escrito de natureza científica.

ASSOCIAÇÃO BRASILEIRA DE NORMAS TÉCNICAS — ABNT. *Normalização da documentação no Brasil* (PNB66). Rio de Janeiro: IBBD.

> Texto oficial a respeito da padronização das normas técnicas para a elaboração dos trabalhos científicos. Fornece diretrizes e modelos para a bibliografia e documentação dos escritos científicos.

ASTI VERA, Armando. *Metodologia da investigação científica.* Trad. Maria Helena Guedes e Beatriz Marques Magalhães. Porto Alegre: Globo, 1973. 224 p.

> Texto dividido em três partes. Na primeira, o autor aborda a questão dos métodos atuais de pesquisa, assim como sua aplicação nas várias ciências e na filosofia; na segunda apresenta uma iniciação à pesquisa, tanto do ponto de vista experimental como da técnica bibliográfica; na terceira conceitua monografia e apresenta as normas técnicas de sua elaboração.

AZEVEDO, Israel B. de. *O prazer da produção científica.* Piracicaba: UNIMEP, 1992. 144 p.

> O texto apresenta diretrizes para a elaboração de trabalhos acadêmicos. Assim, após expor princípios gerais de uma boa comunicação, o autor apresenta orientações para a elaboração de resenhas e revisões bibliográficas, de projetos de pesquisa, de

monografias, dissertações e teses, de artigos científicos, fornecendo exemplos e modelos.

BANASS, Robert. Os *cientistas precisam escrever*. Trad. Leila Novaes Hegenberg. São Paulo: T. A. Queiroz/Edusp, 1979.
O autor expõe as exigências para se produzir um original tecnicamente bem preparado. Em apêndice, as normas técnicas propostas pela ABNT sobre o preparo de originais para serem publicados.

BARROS, Aidil P. de; LEHFELD, Neide Ap. de S. *Fundamentos de metodologia*: um guia para a iniciação científica. São Paulo: McGraw-Hill do Brasil, 1986. 132 p.
O livro apresenta diretrizes para o trabalho didático-científico da Universidade, num quadro mais amplo de análise do ensino superior e da teoria da ciência. Aborda assim o lugar da metodologia na Universidade, os métodos e estratégias de estudo e de aprendizagem, a natureza do conhecimento humano, a concepção da ciência, seus métodos e a prática da pesquisa científica.

BASTOS, Lilia da Rocha e outros. *Manual para a elaboração de projetos e relatórios de pesquisa, teses e dissertações*. 3. ed. Rio de Janeiro: Zahar, 1982. 188 p.
As diretrizes apresentadas por este livro aplicam-se ao planejamento de projetos e à elaboração de relatórios de pesquisas científicas em geral. Divide-se em três capítulos: a estrutura da dissertação, uniformização redacional e uniformização gráfica. Além dos anexos ilustrativos da matéria desenvolvida, inclui ainda: exemplo de um projeto de pesquisa, preparo de fichas de leitura e glossário de termos básicos relacionados à pesquisa científica.

BECKER, Fernando; FARINA, Sérgio; SCHEID, Urbano. *Apresentação de trabalhos escolares*. Porto Alegre: Editora Formação, [19- -]. 52 p.
O livro apresenta, de maneira esquemática, diretrizes práticas sobre a construção e redação de trabalhos escolares, sobre seu desenvolvimento e sobre seus elementos complementares. Visa possibilitar aos estudantes a visualização e a simultânea apreensão das diversas e numerosas normas de apresentação de um trabalho científico.

CARVALHO, M. C. M. (Org.). *Construindo o saber*: técnicas de metodologia científica. Campinas: Papirus, 1988.
Escrito sob forma de antologia com as partes produzidas por diferentes autores, o texto aborda os seguintes tópicos: a problemática do conhecimento; as relações mito, metafísica, ciência e verdade; a explicação científica; a construção do saber científico; a ciência e as perspectivas antropológicas de hoje; o estudo como forma de

estudo; o estudo de textos teóricos; técnicas de dinâmica de grupo; e o trabalho monográfico como iniciação à pesquisa científica.

CASTRO, Cláudio de Moura. *Estrutura e apresentação de publicações científicas*. São Paulo: McGraw-Hill, 1976. 72 p.

O livro discute a preparação de documentos científicos, de organização e de apresentação do material segundo as normas internacionais e as da ABNT. Apresenta sugestões sobre redação de trabalhos, sobre revisão de originais e publicação de trabalhos científicos. Levanta considerações que todo autor deve fazer no sentido de avaliar o próprio trabalho e tece comentários a respeito das normas brasileiras de referências bibliográficas.

_____. *A prática da pesquisa*. São Paulo: McGraw-Hill do Brasil, 1977. 156 p.

O livro discute o lugar da pesquisa no universo da prática científica, as questões referentes à metodologia científica, a escolha do tema da pesquisa, a montagem, o roteiro e a gerência da pesquisa.

CERVO, Amado L.; BERVIAN, Pedro A.; SILVA, Roberto da. *Metodologia científica*. 6. ed. São Paulo: Pearson Prentice Hall, 2006. 162 p.

Manual didático introdutório ao trabalho científico em geral com elementos sobre a natureza do conhecimento científico, sobre o método científico e noções sobre a pesquisa; apresenta as fases da pesquisa, indicando os modos de proceder à investigação e de transmitir os conhecimentos adquiridos, momento em que são expostas as normas metodológicas da elaboração da monografia científica.

CINTRA, Anna Maria M. Determinação do tema de pesquisa. *Ciência da Informação*. Brasília, v. 11, n. 2, p. 13-16, 1982.

A autora defende a ideia de que, embora os juízos para pesquisas possam ajudar a escolha de um tema, quanto aos aspectos formais, do ponto de vista do conteúdo a escolha dependerá finalmente dos valores do pesquisador, de sua relação com o universo. A pesquisa exige independência, criatividade e a integração do tema na problemática do próprio pesquisador.

COSTA, Marco A. F. da; COSTA, M. de Fátima B. da. *Projeto de pesquisa*: entenda e faça. 4. ed. revista. Petrópolis: Vozes, 2013.

O livro aborda especificamente o processo de elaboração do projeto de pesquisa, fornecendo diretrizes para tanto e esclarecendo as dúvidas relacionadas a ele. Dá um destaque especial ao projeto a ser desenvolvido no âmbito do mestrado profissional, levando em conta que o trabalho de conclusão nesse curso deve ter características próprias, por se destinar a uma aplicação prática direta.

ECO, Umberto. *Como se faz uma tese*. São Paulo: Perspectiva, 1983. (Estudos XVI). 188 p.

> Obra do renomado filósofo, ensaísta e comunicólogo italiano que soube traduzir em linguagem didática e extremamente agradável sua experiência de pesquisador e sua perícia de professor. São de grande valia para os pós-graduandos não só suas considerações sobre o ofício de se escrever uma tese como também suas sugestões técnicas e práticas para a redação desta.

ESPÍRITO SANTO, Alexandre do. *Delineamentos de metodologia científica*. São Paulo: Loyola, 1992.

> Trata-se de texto que apresenta a natureza e os procedimentos relacionados à aplicação do método científico nas atividades de pesquisa aplicada. Trata então da escolha e formulação do problema, das variáveis e suas mensurações, das hipóteses, dos fundamentos de amostragem, da revisão de literatura.

FENELON, Dea Ribeiro. *50 textos de história do Brasil*. São Paulo: Hucitec, 1974. (Textos, 2). 212 p.

> Antes da apresentação de textos representativos da história brasileira, a autora, na introdução, aborda o trabalho científico nas faculdades, apresentando diretrizes práticas concernentes às discussões em grupo, ao trabalho em classe e aos seminários.

FERRARI, Alfonso Trujillo. *Metodologia da ciência*. 3. ed. Rio de Janeiro: Kennedy Ed., 1974. 250 p.

> Aborda a natureza do conhecimento científico, estuda os principais métodos da pesquisa científica, tratando de questões de lógica, de linguagem e de estrutura da ciência. Discorre, a seguir, sobre a aplicação da pesquisa científica, sobre seu planejamento. Do ponto de vista metodológico, especial referência ao cap. VIII, sobre pesquisa bibliográfica e pesquisa documental.

FIGUEIREDO, Laura Maia de; CUNHA, Lélia Galvão Caldas de. *Curso de bibliografia geral*: para uso dos alunos das escolas de biblioteconomia. Rio de Janeiro: Record, [1967]. 144 p.

> Apresentação indicativa e técnica da bibliografia como instrumento de trabalho científico. Após conceituar bibliografia, as autoras apresentam as bibliografias de bibliografias, os guias de referência, as bibliografias internacionais e nacionais, as bibliografias de publicações periódicas. Aborda em seguida as bibliografias especializadas de biblioteconomia e documentação, expõe o planejamento da pesquisa bibliográfica e fala sobre normalização bibliográfica. Traz em apêndice o texto da ABNT (PNB66) sobre referências bibliográficas.

FONSECA, Edson Nery da. *Problemas da comunicação da informação científica*. São Paulo: Thesaurus, 1973. 140 p.

O autor discute problemas relacionados com a informação científica, abordando temas como documentação, bibliografia e outros afins, de inegável interesse para o aprofundamento teórico e crítico do assunto.

FRAGATA, Júlio. *Noções de metodologia:* para a elaboração de um trabalho científico. Porto: Tavares Martins, 1967. (Meridiano Universitário, 3). 136 p.

Após definir ciência, trabalho científico e método, o autor fala das qualidades da escrita, da escolha do assunto para o trabalho, da heurística, da crítica dos documentos, da tomada de apontamentos, da ordenação do material, da redação e da apresentação dos trabalhos, de sua estrutura externa, de seus aspectos gráficos, da publicação, da catalogação, da documentação e das recensões bibliográficas. Bastante completo e acessível.

FRAGNIÈRE, Jean-Pierre. *Así se escribe una monografia*. Buenos Aires: Fondo de Cultura Económica, 1996.

Traz orientações bem práticas para todas as atividades de investigação, registro de dados e elaboração da monografia, inspirando-se em Umberto Eco. Na parte técnica, obviamente, não segue a ABNT, em se tratando de manual europeu.

FRANÇA, Júnia L.; VASCONCELLOS, Ana C. *Manual para normalização de publicações técnico-científicas*. 7. ed. Belo Horizonte: Editora UFMG, 2004. 242 p.

O livro traz uma completa e detalhada informação sobre as diretrizes técnicas, constantes dos diversos projetos de normas da ABNT, referentes à elaboração de publicações científicas, não só quanto aos aspectos metodológicos e redacionais mas também quanto aos aspectos da produção editorial e gráfica dos documentos.

FUCHS, Angela M. S.; FRANÇA, Maira N.; PINHEIRO, M. Salete de F. *Guia para normalização de publicações técnico-científicas*. Uberlândia: EDUFU, 2013.

Após apresentar os princípios gerais para a elaboração dos trabalhos acadêmicos, trata especificamente das várias modalidades de escritos científicos como o relatório de pesquisa, o pôster, o artigo de periódico, o livro e a revista. Além das diretrizes técnicas, são fornecidos numerosos exemplos de todos os elementos apresentados.

GATES, Jean K. *Como usar livros e bibliotecas*. Trad. Edmond Jorge. Rio de Janeiro: Lidador, 1972. 258 p.

> Depois de apresentar informações básicas sobre bibliotecas, assim como sobre o arranjo e a organização de seu material, o autor apresenta várias obras de referência geral e de referência às principais áreas do saber, mostrando, por fim, como se usa a biblioteca na elaboração de um trabalho de pesquisa. A quase totalidade das obras referenciadas é de língua inglesa.

GIL, Antonio C. *Como elaborar projetos de pesquisa*. 3. ed. São Paulo: Atlas,1994.

> O livro traz as diretrizes sobre os procedimentos para a elaboração de projetos referentes aos diversos tipos de pesquisa, tais como pesquisa bibliográfica, pesquisa documental, pesquisa *ex-post-facto*, estudo de caso, pesquisa-ação e pesquisa participante. Além dos aspectos técnicos, o autor se preocupa também em esclarecer os significados teóricos dos procedimentos relacionados com a lógica e a metodologia da ciência.

GONÇALVES, Hortência de A. *Manual de resumos e comunicações científicas*. São Paulo: Avercamp, 2005.

> O livro traz as definições do resumo, da resenha e da comunicação científica, tratando tanto dos aspectos gráficos como dos respectivos conteúdos. Conceitua igualmente as diferentes modalidades de eventos científicos e traz uma proposta de oficina para a realização de resumos e comunicações científicas.

GRANJA, Elza C. et al. *Normalização de referências bibliográficas*: manual de orientação. 3. ed. rev. e aum. São Paulo: Instituto de Psicologia/ USP, 1997.

> Estudo de apresentação das diretrizes de referenciação bibliográfica a partir das normas da ABNT, com atualização e acréscimos decorrentes das inovações no campo. Assim, orienta também quanto à referenciação de documentos de fontes eletrônicas e informatizadas.

_____. *Citações no texto e notas de rodapé*: manual de orientação. São Paulo: Instituto de Psicologia/USP, 1997.

> Estudo completo e minucioso abordando as diretrizes relacionadas às citações, às notas de rodapé e aos métodos de chamadas de citações, fornecendo exemplos e esclarecendo dúvidas.

GRANJA, Elza; GRANDI, Márcia E. G. de. *Resumos*: teoria e prática. São Paulo: Instituto de Psicologia/USP, 1993. 27 p.

> Elaborado pelo Serviço de Biblioteca e Documentação do Instituto de Psicologia da USP, este caderno traz orientações teóricas e

práticas para a elaboração de resumos, destacando os tipos indicativos, informativos e críticos.

GUSMÃO, Heloisa R.; CRUZ, Anamaria da C. *Relatórios técnico-científicos:* NBR 10719. Niterói: Intertexto, 1999.

O trabalho retoma e explica as diretrizes fornecidas pela ABNT para a elaboração de relatórios técnico-científicos. Trata-se de uma orientação exemplificada, buscando esclarecer dúvidas e instruir melhor o seu uso.

HÜBNER, M. Martha. *Guia para elaboração de monografias e projetos de dissertação de mestrado e doutorado.* São Paulo: Pioneira/Mackenzie, 1998.

O texto aborda regras para a elaboração de monografias e projetos de dissertação de mestrado e de tese de doutorado. Após discutir o pensamento científico como pré-requisito para a produção de textos acadêmicos e conceituar monografia, a autora aborda os projetos de dissertação e de tese, concluindo o texto com diretrizes sobre a elaboração do texto científico. Refere-se ainda aos momentos da carreira docente, relacionados com a apresentação desses trabalhos.

INACIO FILHO, Geraldo. *A monografia nos cursos de graduação.* Uberlândia: EDUFU, 1992. 108 p.

O texto foi elaborado com a finalidade de servir de subsídio às aulas da disciplina Metodologia Científica nos cursos de graduação. Apresenta assim diretrizes para o planejamento da pesquisa, para a elaboração do texto monográfico, concluindo por uma apresentação e discussão das bases epistemológicas dos vários métodos de investigação científica.

ISKANDAR, Jamil I. *Normas da ABNT comentadas para trabalhos científicos.* Curitiba: Champagnat, 2000.

O livro recolhe, sistematiza e comenta todas as normas oficiais da ABNT concernentes aos trabalhos científicos, apresentando as diretrizes técnicas para a padronização dos textos a serem elaborados para fins acadêmicos e para publicação. Assim, fornece orientações referentes à elaboração da monografia, à inserção das ilustrações nos textos, às citações bibliográficas, ao resumo, ao sumário e índices, à paginação, às referências bibliográficas, à datação, aos aspectos gráficos do trabalho, à apresentação de relatórios, ao glosssário e à lombada das publicações.

KOCHE, José Carlos. *Fundamentos de metodologia científica.* 4. ed. Caxias do Sul. Univ. Caxias do Sul — Esc. Sup. Teol. S. Lourenço de Brindes, Porto Alegre: 1980. (Coleção Ciclo). 83 p.

O texto aborda a questão do conhecimento científico, da ciência, do método científico, das leis e teorias, das hipóteses e variáveis, do fluxograma da pesquisa científica, da estrutura do trabalho científico, concluindo com as normas técnicas de apresentação do relatório de pesquisa.

LAKATOS, E. M.; MARCONI, M. de A. *Fundamentos de metodologia científica.* São Paulo: Atlas, 1985. 240 p.

O texto contém sugestões de procedimentos didáticos (leituras, análise de texto e seminários), orientações sobre pesquisa bibliográfica e resumos. Discute a questão da ciência, dos métodos científicos, dos fatos, leis, teorias, hipóteses e variáveis; conceito, técnicas, projetos e relatórios de pesquisa, encerrando-se com diretrizes para a elaboração do trabalho monográfico.

_____. *Metodologia científica.* São Paulo: Atlas, 1986. 232 p.

O livro contém elementos de filosofia da ciência, iniciando com o estudo da natureza do conhecimento científico e da classificação das ciências. Discute a seguir os vários aspectos dos métodos científicos, em geral, abordando mais especificamente as questões referentes aos fatos, leis, teorias, à constituição e verificação das hipóteses.

LITTON, Gaston. *A pesquisa bibliográfica*: em nível universitário. Trad. Terezine Arantes Ferraz. São Paulo: McGraw-Hill, 1975. 188 p.

O autor apresenta de maneira didática e exemplificada as várias etapas de uma pesquisa bibliográfica feita com vistas à elaboração de um trabalho científico. Fornece indicações das principais obras de referência, expõe diretrizes para utilização da biblioteca, para compilação, avaliação e organização das informações, tratando igualmente da técnica bibliográfica.

LUFT, Celso Pedro. O *escrito científico*: sua estrutura e apresentação. 4. ed. Porto Alegre: Lima Ed., 1974. 56 p.

De maneira direta e concisa, o autor expõe as normas práticas para a apresentação dos trabalhos científicos, sobretudo do ponto de vista técnico e gráfico.

LUNA, Sérgio V. de. *Análise de dificuldades na elaboração de teses e dissertações a partir da identidade de prováveis contingências que controlam essa atividade.* São Paulo: PUC-SP, 1983. Tese (Doutorado em Psicologia da Educação).

Trata-se de estudo rigoroso e objetivo, baseado em pesquisa empírica, analisando o processo de elaboração dos trabalhos de pós-graduação, a partir de entrevistas com professores e alunos de cursos de Psicologia.

LUNA, Sérgio V. de. *Planejamento de pesquisa*: uma introdução. São Paulo: Educ, 2013.

O texto traz orientações para o planejamento da pesquisa, com destaque para a relevância da colocação do problema, para o levantamento das fontes de informação, para o tratamento dos dados, bem como para a revisão da literatura, considerada como parte integrante do processo de formulação do problema.

MACEDO, Neusa Dias. Normas para referência bibliográfica. *Revista de Pedagogia*. São Paulo, v. 12, n. 21, p. 71-130.

Excelente trabalho com diretrizes e normas para a redação de trabalhos científicos no que diz respeito às referências bibliográficas. O texto sempre em consonância com as normas oficiais brasileiras, apresentadas pela ABNT, é enriquecido com numerosos exemplos, sendo de grande utilidade para aqueles que sistematizam informações bibliográficas.

MANZO, Abelardo J. *Manual para la preparación de monografías*. Buenos Aires: Humanitas, 1973. 123 p.

Trata-se de um guia para a apresentação de informes e teses. É um texto bastante completo no que diz respeito à elaboração da monografia científica, explicitando pormenores técnicos e gráficos que dela devem constar.

MARTINS, Gilberto de A. *Manual para elaboração de monografias e dissertações*. 3. ed. São Paulo: Atlas, 2002.

Trata do processo de pesquisa e da apresentação dos relatórios técnico-científicos. Dirigido prioritariamente aos estudantes das áreas de Economia, Administração e Contabilidade, o livro traz 50 resumos de teses e dissertações defendidas nessas áreas. Apresenta também um Elucidário, esclarecendo o sentido de siglas e termos técnicos utilizados nos relatórios.

MARTINS, Joel; CELANI, A. Antonieta A. *Subsídios para redação de tese de mestrado e de doutoramento*. 2. ed. rev. e ampl. São Paulo: Cortez & Moraes, 1979. 38 p.

Contém este texto considerações gerais sobre as finalidades e formas de um relato, buscando apresentar um modelo da mecânica a ser seguida num trabalho científico e sistematizar princípios e regras a serem observadas na apresentação formal final de um relato. Tem servido de guia para teses de mestrado e de doutoramento no pós-graduação da Universidade Católica de São Paulo.

MARTINS, J. M. *A tese, seu assunto e forma.* São Paulo: Obelisco, 1975. 88 p.

O autor apresenta uma série de considerações gerais e particulares a respeito da ciência, da sociedade, da escola, da língua, da redação do trabalho intelectual. Deste último, aborda os elementos essenciais, a forma, assim como a parte técnica. Em apêndice apresenta formas de exercício escolar oral e outras maneiras de dialogar.

MATCZAK, Sebastian A. *Research and composition in philosophy.* 2. ed. Louvain/Paris: Béatrice/Neuwelaerts, 1971. 88 p.

Apesar de visar especificamente às monografias da área filosófica, as diretrizes desse livro são generalizáveis para qualquer trabalho fundado em pesquisa bibliográfica. Além dos aspectos técnicos, do último capítulo, apresenta as principais fontes bibliográficas da filosofia, em várias línguas.

MEDEIROS, João B. *Redação científica*: a prática de fichamentos, resumos, resenhas. São Paulo: Atlas, 1991.

O texto apresenta os diversos instrumentos para a realização de trabalhos de pesquisa. Fornece orientação para a prática da leitura, para o estudo de modo geral, para a pesquisa bibliográfica e documentação, para a elaboração de fichamentos, do resumo, da resenha, da paráfrase e das referências bibliográficas. Trata da natureza das diversas modalidades de publicações científicas e da estrutura do texto dissertativo.

MIRANDA, J. Luis C. de; GUSMÃO, Heloisa R. *Como escrever um artigo científico.* Niterói: EDUFF, 1997.

Apresentação sintética da estrutura e da apresentação gráfica de trabalho que tenha perfil de um artigo científico.

PARRA FILHO, Domingos; SANTOS, João A. *Metodologia científica.* 6. ed. São Paulo: Futura, 2003.

Parte dos princípios filosóficos do conhecimento, apresenta a evolução do método científico, passando pelo estudo da lógica como busca da verdade e chega à aplicação dos métodos específicos das várias áreas de estudo. Aborda também as diretrizes do trabalho acadêmico e científico, as técnicas operacionais da investigação, a elaboração do projeto de pesquisa, seu desenvolvimento e a redação da monografia.

PEROTA, M. Luiza L. R.; CRUZ, Anamaria da Costa. *Referências bibliográficas* (NBR 6023): notas explicativas. 3. ed. Niterói: EDUFF, 1997.

O texto retoma e explica todos os elementos das normas de referenciação bibliográfica, tais como estabelecidas pela ABNT, trazendo numerosos exemplos e dirimindo dúvidas.

PESCUMA, Derna; CASTILHO, Antonio P. F. de. *Referências bibliográficas:* um guia para documentar suas pesquisas, incluindo Internet, CD-ROM, multimeios. São Paulo: Olho d'Água, 2001.

Orientações claras e exemplificadas para a elaboração técnica das referências bibliográficas, abrangendo um amplo espectro de modalidades de fontes documentais: livros, revistas, jornais, legislações, fitas cassete, disquetes, CD ROM, filmes e Internet. Tabelas destacáveis permitem uma perfeita visualização da distribuição dos elementos da referência bibliográfica.

PRADO, Heloisa de Almeida. *Organize sua biblioteca.* 2. ed. São Paulo: Polígono, 1971. 184 p.

Todas as técnicas de organização, funcionamento e administração das bibliotecas são explicadas. Apresenta o sistema de classificação CDD e todas as técnicas da catalogação bibliográfica.

O QUE está errado com os trabalhos científicos? *O médico moderno*, v. 10, n.3, p. 74-76, jun.1970.

Apresentação e comentário do Guia para a redação de artigos científicos, publicado pela Unesco com o objetivo de contribuir para a melhoria dos trabalhos científicos. Retoma as recomendações do Guia referentes à necessidade de um resumo que todo trabalho destinado a revistas deve conter e apresenta normas para a elaboração do resumo e para a redação do artigo propriamente dito.

RAEYMAEKER, Louis de. *Introdução à filosofia.* São Paulo: Herder, 1961. 228 p.

O artigo II desse livro versa sobre o trabalho filosófico em geral, traz vasta informação sobre material bibliográfico geral da filosofia, assim como sobre a vida científica no setor da filosofia.

RAMPAZZO, Lino. *Metodologia científica*: para alunos dos cursos de graduação e pós-graduação. São Paulo: Editora Stiliano/Unisal, 1998.

Aborda conceitualmente o sentido do conhecimento, do método científico e da pesquisa. Trata em seguida das diretrizes para a pesquisa bibliográfica, para a coleta, análise e interpretação dos dados na pesquisa descritiva, concluindo com a apresentação das características e tipos de trabalhos científicos.

REIS, José. Preparo de originais. *Ciência e Cultura.* São Paulo, v. 24, n. 4, p. 339-348, abr. 1972.

Visando fornecer normas para os colaboradores da revista, o autor apresenta diretrizes referentes à técnica de elaboração de artigos e demais trabalhos científicos. Especial destaque merecem os esclarecimentos sobre as referências bibliográficas e abreviaturas mais usadas.

SAKAMOTO, Cleusa K.; SILVEIRA, Isabel O. *Como fazer projetos de iniciação científica*. São Paulo: Paulus, 2014.

> Trata-se de manual de orientação para os alunos que desenvolvem projetos de pesquisa exigidos pelo Programa de Iniciação Científica. Compõe-se de três partes: a primeira apresenta as diretrizes para a elaboração do projeto de pesquisa, a segunda aborda a questão da ética na investigação científica e a terceira traz orientações para a comunicação dos resultados da pesquisa mediante artigos científicos e trabalhos de eventos.

SILVEIRA, Amélia (Coord.). *Roteiro básico para apresentação e editoração de Teses, Dissertações e Monografias*. 3. ed. revista, atualizada e ampliada. Blumenau: Edifurb, 2009.

> Apresenta, de forma didática e com exemplos práticos, a natureza do trabalho acadêmico, esclarecendo seus elementos pré-textuais, seus conteúdos, seus complementos, sua configuração técnica e suas diversas modalidades. Acompanha o livro um CD com a apresentação de um modelo de formatação de trabalho científico, com a aplicação das diretrizes expostas no livro.

STEENBERGHEN, Fernand van. *Directives pour la confection d'une monographies cientifique*. 3. ed. rev. Louvain: Publications Universitaires, 1961. 69 p.

> Embora com aplicação à pesquisa histórico-filosófica do período medieval, o autor desenvolve diretrizes gerais válidas para a elaboração de qualquer monografia científica, do ponto de vista da técnica metodológica.

TACHIZAWA, Takeshy; MENDES, Gildásio. *Como fazer monografia na prática*. 3. ed. Rio de Janeiro: FGV Editora, 1999.

> O livro traz orientações práticas para a elaboração de trabalhos de conclusão de cursos, de iniciação científica, distinguindo os diferentes tipos de monografias. Aborda o planejamento da monografia, a escolha e a delimitação do assunto, referindo aos três tipos de monografia identificados pelos autores: a monografia de análise teórica, a monografia de análise teórico-empírica e a monografia de estudo de caso. Traz orientações para a pesquisa na Internet e para a redação final do texto.

TAFNER, Malcon A.; TAFNER, José; FISCHER, Julianne. *Metodologia do trabalho acadêmico*. Curitiba: Juruá, 2004.

> Apresentando exemplos e modelos, o livro trata dos tipos de trabalhos científicos, de suas partes integrantes, das normas de

referências bibliográficas, das citações, do registro de séries estatísticas e tabelas, bem como das unidades de medida. Os tipos de trabalhos acadêmicos destacados foram o trabalho de graduação, o trabalho final de curso, a monografia de especialização, a dissertação, a tese, artigo de periódicos e comunicação científica.

TARGINO, M. das Graças. *Citações bibliográficas e notas de rodapé*: um guia para elaboração. Nova versão. Teresina: UFPI, 1993. (Col. Pesquisador, 1). 42 p.

Com base nas normas vigentes da ABNT, a autora apresenta as orientações para a elaboração de citações bibliográficas. O texto traz inicialmente conceitos e tipos de citações bibliográficas e de sua apresentação formal, concluindo com as notas de rodapé e com o sistema de abreviaturas.

VIEGAS, Waldyr. *Fundamentos de metodologia científica*. Brasília: Editora da UnB/Paralelo 15, 1999.

O texto inicia-se com a discussão da tipologia do conhecimento e com a conceituação de metodologia científica; apresenta aspectos lógicos e metodológicos da investigação; aborda o ritual da pesquisa e os aspectos técnicos da apresentação dos trabalhos científicos.

2. Aspectos redacionais da monografia

GARCIA, Othon M. *Comunicação em prosa moderna*. 2. ed. Rio de Janeiro: Fundação Getúlio Vargas, 1975. 504 p.

Compõe-se de uma parte gramatical e de outra preocupada com os aspectos lógicos do pensamento subjacentes à redação em português. Daí fornecer eficientes subsídios para a redação de trabalhos científicos.

MOISÉS, Massaud. *Guia prático de redação*. 16. ed. São Paulo: Cultrix, 1993. 144 p.

Texto didático e bastante acessível que vem trazer uma importante contribuição para o uso correto da língua portuguesa na redação dos trabalhos acadêmicos. Auxílio indispensável para os estudantes preocupados em redigir corretamente os seus trabalhos.

REY, Luís. *Planejar e redigir trabalhos científicos*. Rio de Janeiro: Edgard Blucher/Fundação Oswaldo Cruz, 1987. 240 p.

A primeira parte do livro contém discussão sobre o conhecimento científico, envolvendo os temas da pesquisa, da metodologia da investigação, das técnicas estatísticas para análise dos dados, da inferência estatística, da regressão e correlação, do projeto e financiamento da pesquisa. A segunda parte trata dos aspectos técnicos específicos da redação de textos científicos, particularmente no campo das ciências biológicas e médicas, incluindo orientações para o tratamento do texto em computadores.

RUIZ, João Alvaro. *Metodologia científica*: guia para eficiência nos estudos. São Paulo: Atlas, 1976. 168 p.

Texto didático que apresenta, para uso dos universitários, diretrizes técnicas para o estudo eficiente e explanações epistemológicas sobre a natureza e o método do conhecimento científico. Aborda os métodos, a economia e a eficiência nos estudos, a leitura trabalhada e a elaboração de trabalhos de pesquisa: os diferentes modos de conhecer, a verdade e a certeza, a natureza da ciência e o espírito científico, o método científico e a legitimidade da indução. Traz também o PNB 66, normas de referência bibliográfica da ABNT.

SALOMON, Délcio Vieira. *Como fazer uma monografia*: elementos de metodologia do trabalho científico. 3. ed. Belo Horizonte: Interlivros, 1973. 304 p.

Um dos mais complexos trabalhos sobre o assunto em pauta. Trata-se da questão do estudo, da leitura, da elaboração de resumos e da documentação. Analisa algumas formas de trabalhos científicos, finalizando com as diretrizes para a elaboração da monografia científica.

SALVADOR, Angelo D. *Métodos e técnicas da pesquisa bibliográfica*: elaboração e relatório de estudos científicos. 2. ed. rev. ampl. Porto Alegre: Sulina Editora, 1971. 236 p.

O trabalho do autor visa não só aos aspectos técnicos da documentação bibliográfica, mas também aos processos da pesquisa e investigação das soluções, a análise dessas soluções, a integração sintetizadora, a estrutura, a redação e a apresentação formal dos relatórios científicos. Apresenta também as várias formas de trabalhos científicos.

SANTOS, Antonio R. dos. *Metodologia científica*: a construção do conhecimento. Rio de Janeiro: DP&A Editora, 1999.

O autor inicia tratando da natureza teórico-prática da pesquisa científica, destacando os diversos tipos de pesquisa, segundo os objetivos, os procedimentos de coleta e segundo as fontes de informação. Aborda, em seguida, as formas básicas de apresentação dos textos, as fases de desenvolvimento da pesquisa: o pré-projeto, o projeto, a coleta de dados, a redação do texto científico e a apresentação gráfica dos trabalhos científicos.

SPINA, Segismundo. *Normas gerais para os trabalhos de grau*: breviário para o estudante de pós-graduação. São Paulo: Fernando Pessoa, 1974. 56 p.

Versando especificamente sobre as monografias científicas de pós--graduação, aborda a questão do planejamento do trabalho, de suas fontes, do fichamento, da tese e sua estrutura, da técnica bibliográfica e da apresentação formal do trabalho.

WLASEK FILHO, Francisco. *Técnica de preparação de originais e revisão de provas tipográficas*. 2. ed. rev. ampl. Rio de Janeiro: Agir, 1977. 188 p.

Apresentação completa das técnicas de preparação de originais e de revisão de provas tipográficas, elencando todos os símbolos e sinais usados nesses trabalhos. Fornece orientações para todas as etapas dos trabalhos relacionados com a atividade editorial, tanto de jornais como de livros. São apresentados exemplos referentes a todos os casos.

3. Orientações para o estudo

BASTOS, Cleverson; KELLER, Vicente. *Aprendendo a aprender*: introdução à metodologia científica. 3. ed. Petrópolis: Vozes, 1992.

Partindo da precária situação do ensino brasileiro, o autor propõe um retorno às exigências expressas na lei 5.540 quanto à qualidade do ensino superior e apresenta orientações para facilitar o estudo, para formar hábitos de estudo sistemático, para a leitura proveito, para a realização de pesquisa científica e para a elaboração dos respectivos relatórios, encerrando o texto com referências epistemológicas ao pensamento científico.

FERNANDES, Maria Nilza. *Técnicas de estudo:* como estudar sozinho. São Paulo: EPU, 1979. 152 p.

O texto visa oferecer recursos para o estudo inteligente e criativo, estimulando o estudante na formação de atitudes e habilidades fundamentais. Propõe técnicas variadas de estudo independente referentes aos processos de leitura, compreensão, memorização, esquematização, problematização, pesquisa, debate, entrevista, bem como aos processos lógicos do conhecimento.

MADDOX, harry. *Como estudar*. Trad. Liza Vieira. 2. ed. Porto: Livraria Civilização, 1969. 340 p.

Este texto pretende analisar e apresentar os aspectos psicológicos e físicos envolvidos na atividade de estudo. O autor sugere uma série de medidas para que a vida intelectual do estudante seja mais produtiva. O cap. X, "Como escrever português", sugere algumas maneiras de aperfeiçoar o português escrito, substituindo o capítulo original que versava sobre a redação do inglês.

MAGRO, Marina Celeste. *Estudar também se aprende*. São Paulo: EPU, 1979. 194 p.

> O livro apresenta os requisitos e condições para o trabalho intelectual individual, contendo sugestões úteis aos pais e professores para ajudarem o estudante a melhorar seus métodos de trabalho. São indicados métodos de aprendizagem e técnicas de trabalho didático-científico. O texto se coloca em três planos: avaliação dos hábitos de estudo com fins de diagnóstico, planejamento da atuação para a correção das deficiências e execução do plano.

MAIA, Nelly Aleotti. *Técnica de trabalho* em grupo: texto programado. São Paulo: UFSC/Instituto de Tecnologia Educacional, [19--], 118 p.

> Utilizando-se da própria técnica do ensino programado, a autora apresenta informações concernentes ao ensino programado e ao trabalho em grupo, técnicas com as quais se pretende atingir duas das importantes exigências do ensino moderno: o hábito do trabalho em equipe e a individualização da aprendizagem. Tópicos abordados: o trabalho em grupo, a problemática do trabalho em grupo, a estruturação do grupo, rodízio de funções e ritmos do grupo, avaliação.

MARSON, Fernando. Metodologia da análise de textos. São Paulo, Revista *Tema*, v. 1, n. 1, out. 1974.

> Orientações sucintas sobre a leitura e exploração dos textos, visando sobretudo à aplicação da análise de textos nos cursos de 1º e 2º graus.

MEENES, Max. *Como estudiar para aprender*. Trad. Jorge Escobar. Buenos Aires: Paidós, 1965. (Biblioteca del Educador Contemporáneo, 11). 112 p.

> Abordagem dos aspectos psicológicos implicados no estudo. Assim, trata da motivação do estudo, da conquista dos objetivos do estudo, dos processos de aprendizagem e dos métodos de estudo, da retenção e do valor da aprendizagem.

MIRA Y LOPES, Emilio. *Como estudar e como aprender*. Trad. José Carlos Corrêa Pedroso. 2. ed. São Paulo: Mestre Jou, 1968. 98 p.

> A contribuição desse trabalho está fundamentalmente na exposição das condições psíquicas e fisiológicas para um estudo proveitoso. O autor aborda a psicologia do estudo, o aprendizado, a utilização dos textos, a questão do esquecimento e da fadiga mental.

MORGAN, Clifford T.; DEESE, James. *Como estudar*. 5. ed. Rio de Janeiro: Freitas Bastos, 1972. 148 p.

> Texto didático escrito em estilo coloquial com orientações práticas para o estudo pessoal no que diz respeito à disciplina do estudo, às

condições de leitura, à elaboração do relatório, ao estudo de línguas estrangeiras e ao estudo da matemática.

NERICI, Imídeo G. *Metodologia do ensino superior.* Rio de Janeiro: Fundo de Cultura, 1967. (Col. Estante de Pedagogia). 240 p.

Embora se trate de um texto de didática do ensino superior, o autor aborda os métodos de ensino, de preparação do material, fornecendo orientações para o rendimento do trabalho acadêmico.

RANGEL, Mary. *Dinâmicas de leitura para a sala de aula.* Petrópolis: Vozes, 1960.

O livro apresenta para uso, sobretudo dos professores, um conjunto de 37 dinâmicas de leitura, entendidas como técnicas, como procedimentos de trabalho a serem utilizados para auxiliar e para fixar a aprendizagem, para introduzir elementos que estimulem o trabalho de ler e aprender, para incentivar habilidades necessárias ao estudo e para diversificar as atividades de classe.

4. Aspectos lógicos do trabalho científico

BASTOS, Cleverson; KELLER, Vicente. *Aprendendo a aprender*: introdução à metodologia científica. 3. ed. Petrópolis: Vozes, 1992.

5. Aspectos gerais de caráter acadêmico

CARVALHEIRO, J. da Rocha. O memorial nos concursos. *Ciência e Cultura*, v. 35, n. 11, 1983.

MEMORIAL. www.doc.slide.com.br/documents/memorial.severino.html.

6. Bibliografia sobre referenciação de documentos eletrônicos

ASSOCIAÇÃO PAULISTA DE BIBLIOTECÁRIOS. *Referências bibliográficas de documentos eletrônicos.* São Paulo: APA, s.d. 2 v.

_____. *Diretrizes para apresentação de dissertações e teses.* São Paulo: Politécnica, [19--].

ISO/Internacional Standard Organization. 690-2. 1996. <http://www.nicbnc.ca/iso/tc46sc9/standard/690-2e.htm#7.12.1>.

MOURA, Gevilacio A. C. de. Citações e referências a documentos eletrônicos. 25/06/98. <http://elogica.com.br/users/gmoura/refere/html>. 10 p.

Índice de Assuntos

ENSINAR E APRENDER COM PESQUISA NO ENSINO MÉDIO

Antônio Joaquim Severino
Estevão Santos Severino

1ª edição (2012)
148 páginas - formato 16 x 23 cm
ISBN 978-85-249-1893-3

A ideia central que perpassa a proposta deste livro é de que a aprendizagem significativa só pode realizar-se mediante um sistemático processo de construção do conhecimento. Aprender é necessariamente uma forma de praticar o conhecimento, é apropriar-se de seus processos específicos. E o fundamental no conhecimento não é a sua condição de produto, mas o seu processo. Daí a importância da pesquisa, entendida como processo de construção dos objetos do conhecimento e a relevância que a ciência assume em nossa sociedade. Mas o mesmo cabe dizer a respeito do ensino: também a eficácia do ensino será proporcional ao grau de seu envolvimento com a prática de construção do conhecimento por parte do professor. A intenção deste livro é fornecer um roteiro de atividades bem práticas para professores e alunos do ensino médio obterem resultados mais fecundos em suas tarefas de ensino e de aprendizagem.

FILOSOFIA NO ENSINO MÉDIO

Antônio Joaquim Severino

1ª edição (2014)
336 páginas - formato 21 x 28 cm
ISBN 978-85-249-2182-7

· inclui *Quadro Sinótico da Filosofia Ocidental das origens ao século XXI*

O objetivo deste livro é apresentar aos estudantes e aos professores do ensino médio um roteiro didático que lhes propicie a vivência de um processo de ensino mais eficaz e de uma aprendizagem mais significativa da Filosofia. Os alunos que cursam o ensino médio já se encontram preparados para envolver-se também com a Filosofia, uma vez que estão se iniciando nas ciências, nas técnicas e nas artes. Assim sendo, é a esse grupo constituído, integradamente, de professores e alunos, que o livro se dirige, entendendo que se encontram engajados numa atividade conjunta de construção de conhecimento em que o ensinar se articula, de modo íntimo e intrínseco, com o aprender. A Filosofia é uma forma de pensar que nos possibilita compreender melhor quem somos, em que mundo vivemos: em suma, ajuda-nos a entender melhor o próprio sentido de nossa existência.